机电系统设计基础

冯华山 著

中国经济出版社
CHINA ECONOMIC PUBLISHING HOUSE

内容提要

《机电系统设计基础》以机械电子工程概念、机电系统的基本组成和分类、机电系统的理论基础与关键技术、机电系统的作用、机电系统的发展为基础，首先探讨机电系统单元技术、机电系统控制技术，然后重点研究机电系统的建模与仿真、机电系统接口与电磁兼容技术和机电一体化的系统设计。

本书可供从事机电一体化设计、制造的工程研究以及技术人员参考，也适合作为机械工程、电子工程、工业工程、生物医学工程、计算机工程，以及机电一体化工程等学科高年级本科生和研究生的教材。

图书在版编目（CIP）数据

机电系统设计基础 / 冯华山著 .—北京：中国石化出版社，2019.8（2024.8 重印）
ISBN 978-7-5114-5494-2

Ⅰ.①机… Ⅱ.①冯… Ⅲ.①机电系统 – 系统设计 Ⅳ.① TH-39

中国版本图书馆 CIP 数据核字（2019）第 175864 号

中国石化出版社出版发行

地址：北京市东城区安定门外大街 58 号
邮编：100011　电话：(010) 57512500
发行部电话：(010) 57512575
http：//www.sinopec-press.com
E-mail：press@sinopec.com
北京富泰印刷有限责任公司印刷
全国各地新华书店经销

*

710 毫米 ×1000 毫米 16 开本 13.25 印张 244 千字
2020 年 1 月第 1 版　2024 年 8 月第 2 次印刷
定价：58.00 元

前 言

机电一体化的发展是基于现代工业建立的。在其发展过程中，以微型计算机以及大规模集成电路为主的微电子技术发展得极为迅速，逐渐渗透到了传统工业领域，并高度结合了机械电子技术，实现了对多种群体技术的综合应用。其中，较为重要的就有微电子、自控、机械、软件编程以及信息测感等相关技术。其在相应系统工程中都得到了广泛应用，在可靠性、质量以及功能方面都达到了较高标准，还将能耗控制在较低标准。

机电一体化占据主导地位是制造产业发展的必然趋势。而制造产业是整个科学技术和国家经济发展的基础工业，因而机电一体化在当前激烈的国际竞争中起着举足轻重的作用，受到各工业国家的极大重视。

鉴于此，作者撰写了《机电系统设计基础》一书。机电系统设计涉及的内容十分广泛。本书在理论与实践结合的基础上，共分六章。第 1 章概论，论述了机械电子工程概念、机电系统的基本组成和分类、机电系统的理论基础与关键技术、机电系统的作用、机电系统的发展；第 2 章机电系统单元技术，阐述了机械系统技术、传感检测技术、伺服驱动技术；第 3 章机电系统控制技术，探索了计算机在控制系统中的应用、工业控制计算机、数字 PID 控制技术、嵌入式系统技术、计算机控制系统的设计；第 4 章机电系统建模与仿真论述了机电系统的数学模型、仿真理论基础、机电系统建模与仿真实例；第 5 章机电系统接口与电磁兼容技术阐述了机电一体化系统的接口技术、机电一体化系统的电磁兼容技术；第6章机电一体化系统设计，诠释了机电一体化系统的产品规划、机电一体化系统的概念设计、机电一体化系统的详细设计、机电一体化系统的评价与决策。本书结构严谨，逻辑清晰，叙述详实。

笔者在撰写本书的过程中，借鉴了许多前人的研究成果，在此表示衷心的感谢！本书还存在着诸多的不足之处，恳请前辈、同行以及广大读者斧正。

目　　录

第1章　概　论

1.1　机械电子工程概念

计算机技术在最近几年获得了突飞猛进的发展，这离不开大规模集成电路技术的支持，同时也依赖于机械技术的迅猛发展。例如，计算机辅助工程（CAE）技术依靠运行快速、存储量大和精密度高的计算机，使得一些重点力学计算难题得以攻破。伴随着计算机辅助工程技术的突破及大力发展，现代机械技术中一些较为简单以及重复的工作不再依赖人为操控，转而由计算机机械代替，这是智能机械动力发展的里程碑。

在操作技术领域中，微电子技术以及电子信息技术成为现代机械发展历史上重要的发展成果。控制技术在现代工业史上有着悠久的历史，在以往的控制技术中，主要依靠人进行操作和控制，伴随着计算机辅助技术的发展，现代控制技术已经大范围地融合了计算机自动控制、智能逻辑控制等技术，这代表着机械技术的四个支柱学科已经被广泛应用于控制技术本体中。机械技术受到计算机技术的影响，使得原有技术结构以及功能结构等基础配置发生了巨大改变，这正是机电一体化的发展目标，同时也为智能机械技术的发展奠定了坚实基础。

机电一体化技术正以各种形式渗透到社会的各个角落，社会生产、家庭生活、交通运输、航空航天及海洋开发都在使用机电一体化产品，而这一切都离不开机电一体化技术。

1996年美国机械工程师学会（ASME）与国际电气与电子工程师学会（IEEE）将机电一体化定义如下："机电一体化是指在工业产品和过程的设计与制造中，机械工程与电子和智能计算机控制的协同集成。"

1981年日本机械振兴协会经济研究所对机电一体化概念的解释如下："机电一体化是在机械主功能、动力功能、信息功能和控制功能上引进微电子技术，并将机械装置与电子装置用相关软件有机结合而构成系统的总称。"目前该种提法被普遍采用。

机电一体化是近些年才被提出的课题，它由最开始的概念性学科逐步演变成具有实际操作意义的新型学科。随着科学技术的不断发展和进步，机电一体化技术开始慢慢形成具有自身特点的新型技术代表。

在机电一体化的技术中，可以窥察到包含计算机技术、人工智能技术、微电子技术、机械原理以及电子信息技术等现代技术领域的渗透和影响。机电一体化的不断发展，带动了电子电力技术、接口技术以及信号变换等技术的提升，机电一体化技术将以上提到的所有现代化技术进行了整合和布控，进而完成高质量、高效率的机械技术工作。由此而产生的功能系统则成为一个以微电子技术为主导，在现代高新技术支持下的机电一体化系统或机电一体化产品。因此，机电一体化涵盖“技术”和“产品”两个方面。

第一，机电一体化技术不仅代表一种或者某种技术形式，还代表将机械技术、电子技术以及计算机技术融合为一体的技术整体，同时其又区别于传统的机械电气技术。

首先，电气机械的机械构成和机动装置上采用的是电机组以及基本的传动装置，没有采用电器等技术装置；其次，电气装置在连接原理上和机械装置有着明显区别；最后，电气装置中大量采用电磁学原理以及继电器等电子元件装置，属于强电的范畴。

机械电气化发展到一定阶段，仅体现在由机械制造转而代替传统人力输出方面，而机电一体化则代表着计算机技术、微电子技术等融合在机械技术中，比较典型的应用场景是自动化机械处理、自动检修、自动记录以及自动调节等功能，这表明机电一体化不仅在操作流程上代替了人力输出，而且在思维逻辑方面呈现出智能化的工作模式。

第二，机电一体化产品既不同于传统的机械产品，也不同于普通的电子产品，它是机械系统和微电子系统有机结合，从而赋予其新功能和新性能的一种新产品。

机电一体化产品的特点是其产品功能的实现是所有功能单元共同作用的结果。

机电一体化这一新兴学科有其技术基础、设计理论和研究方法，机电一体化的目的是使系统（产品）高附加值化，即多功能化、高效率化、高可靠化、节能化，不断满足人们生活和生产的多样化需求。所以，一方面，机电一体化既是机械工程发展的继续，也是电子技术应用的必然；另一方面，机电一体化的研究方法应该从系统的角度出发，采用现代设计分析方法，充分发挥边缘学科技术的优势。

1.2 机电系统的基本组成和分类

1.2.1 机电系统的功能组成

机电一体化技术不仅能够解决物质流和能量流的问题，还能解决信息流的问题。系统的主功能包含三个方面，即变换再加工、传递以及存储。主功能是系统的主要特征部分，是实现系统目的功能直接必需的功能，主要是对物质、能量、信息或其相互结合进行变换、传递和储存。

物质流在实际生活中广泛存在，比如运输、能量传递以及信息再加工处理等。这里的物料搬运以及加工主要功能，是将物料的位置以及形态进行二次改造，也称之为再加工，如机械制造、交通运输机械、食品加工机械以及纺织机械等。

能量流主要指以能量为中心进行传输。能量包含物质和信息，在工业领域里被称之为动力机。比如人们常见的电动机、内燃机以及水轮机等。

信息流主要用于传播信息和能量。信息一般指一些数据、影音、文字等，也被我们称之为信息机，比如计算机、传真机、仪器仪表等。

以上所提到的主功能只是机电一体化技术中的一部分，除此之外，动力功能、自动检测与控制功能以及构造功能等，也都在机电一体化技术中有所体现。其中，动力功能主要指向系统提供原动力，只有得到动力的系统才具备可操作性以及运转的能力。

信息流动则主要体现在自动检测与控制功能中，该功能可以完成对信息的获取和传递，只有这样才能够确保整个机械系统按照初始设定进行操作和执行。

构造功能可以实现对整体系统中的元部件的协调和控制，借以保证整体系统能够稳定输出。同时，在信息流的过程中，不仅具有信息的输入与输出功能，还具备动力的输入与输出功能。除此之外，机电一体化技术在机械运转中，还需要特别注意外部环境所引发的一些信息干扰和破坏。

以上我们阐述了功能构成的各种原理，这种原理有两大优势：一是可以拓宽设计者的思路，有利于新产品、新功能的发明创造；二是可以更好地设计机电一体化产品或系统。比如按照不同的主功能以及功能的输入与输出，可以组合成9种类型的机电一体化产品或相关系统，如表1–1所示。

表1–1 不同主功能及输入/输出组合

序号	主功能	输入/输出	组合实例
1	变换	物质	材料加工或处理机
2	传递	物质	交通运输机
3	储存	物质	自动化仓库、包装机
4	变换	能量	动力机械
5	传递	能量	机械或流体传动装置
6	储存	能量	机械或流体蓄能器
7	变换	信息	电子计算机、仪器

续表

序号	主功能	输入 / 输出	组合实例
8	传递	信息	通信系统、传真机
9	储存	信息	存储器、录像机

1.2.2 机电系统的构成要素

从机电一体化系统的功能看，人体是机电一体化系统的理想参照物。而机电一体化系统构成要素与人体构成要素的对应关系，则如表 1–2 所示。

表 1–2 机电一体化系统构成要素与人体构成要素的对应关系

机电一体化系统构成要素	功能	人体要素
控制器（计算机等）	控制（信息存储、处理、传送）	神经和大脑
传感器	检测（信息收集与变换）	感觉器官
执行装置	驱动（操作）	肌肉
能源	提供动力（能量）	内脏
机械本体	支撑与连接	骨骼

以上是机电一体化技术中所有的组成部分，从表 1–2 中不难看出，机电一体化基础除了要具备机械本体、动力系统、传感系统以及信息传输系统以外，还须具备接口系统以及执行系统。

1.2.2.1 机械本体

机电一体化技术应用范围很广，其产品及装置的种类繁多，但都离不开机械本体。例如，机器人和数控机床的本体是机身和床身；指针式电子手表的本体是表壳。因此，机械本体是机电一体化系统必要的组成部分。

1.2.2.2 动力系统

动力系统是机电一体化技术中的主要动力输出元件，动力系统驱动其他机构完成执行指令。动力系统包含点力、液体以及气体等动力来源。

1.2.2.3 传感与检测系统

传感与检测系统是机电一体化技术得以均衡所有环境物质的核心系统。其利用对物质的检测以及信息的传感技术，将物理量进行测定与评估，从而帮助机电一体化技术完成对所需信息的转换和处理。

传感系统在操作过程中，由传感器和各种仪表完成工作，并且这些仪表或传感器普遍具有体积小、便于携带和安装的特点。

1.2.2.4 信息处理及控制系统

信息处理及控制系统在机电一体化技术中起着较为重要的作用。该系统模块的主要作用是对传输的信息进行二次处理以及控制，并且根据所传输信息的内容进行反馈以及决策计算，从而完成对产品质量的把控。该系统模块主要由计算机硬件、软件部分以及接口组成。

1.2.2.5 执行装置

机电一体化技术的发挥和应用离不开执行装置，这也是机电一体化技术的主功能。在执行装置中有着不同的运动部件，如机械机构、气体机构等，不同的种类和操作对象有着不同的执行装置。执行装置的优劣往往决定着产品总体质量的好坏。

在产品的应用过程中，机电一体化技术的五个组成部分共同参与工作，并且这五个组成部分在结构上也形成相互统一的整体。在实际操作中，机电一体化技术中的各个构成要素之间也有着复杂的关系。由此可见，机电一体化中各个组成部分不是并列存在着的，这主要体现在以下方面。

第一，执行装置的主体是机械部分，同时机械本体也是系统的重要组成部分。在机电一体化产品中，所有的动能元件都需要依靠机械装置完成。我们经常看到的电子计算机或者非指针的电子仪器等都属于电子产品，这些产品中的主要构成部分不是机械系统，所以不能作为机电一体化产品。机械系统如果要完成机电一体化技术产品的组成和构造，其本身需要具备非常高的标准，这不仅体现在制作工艺以及材料上，在外观、产品性能上也要符合超高标准。

为了使机械系统之间的各个模块能够快速融合和交换，机械系统要着重考虑对系统模块以及标准化的开发和研究。

第二，电子技术是机电一体化技术操作中的核心技术。电子技术的发展和运转离不开微电子技术以及电子技术的渗透和发挥。其中，微处理器应用起到了至关重要的作用。机电一体化技术需要多种技术相融合。在现代技术中，非数控机床因为由电动机构成，所以并不是正规的机电一体化产品。

综上所述，可以概括出以下结论：

（1）机电一体化是一种以产品和过程为基础的技术；

（2）机电一体化以机械为主体；

（3）机电一体化以微电子技术，特别是计算机控制技术为核心；

（4）机电一体化将工业产品和过程都作为一个完整的系统看待，因此强调各种技术的协同和集成，不是简单地将各个单元或部件拼凑到一起；

（5）机电一体化贯穿设计和制造的全过程。

1.2.3 机电产品和系统的分类

机电一体化的产品种类很多，系统也多种多样。如果按功能以及含量划分，其可以分为两类，即以电子装置为主体的机械电子产品和以机械装置为主体的机械电子产品；如果按照机电相结合的程度划分，可以分为三类，即机电整合型电子产品、功能替代型电子产品和功能附加型电子产品；如果按用途划分，则如表 1–3 所示。

表 1–3 机电一体化产品和系统

<table>
<tr><td rowspan="3">生产用机电一体化产品和系统</td><td>数控机床、机器人、自动生产设备</td></tr>
<tr><td>柔性生产单元、自动组合生产单元</td></tr>
<tr><td>FMS、无人化工厂、CIMS</td></tr>
<tr><td rowspan="3">运输、包装及工程用机电一体化产品</td><td>微机控制汽车、机车等交通运输机具</td></tr>
<tr><td>数控包装机械及系统</td></tr>
<tr><td>数控运输机械及工程机械设备</td></tr>
<tr><td rowspan="3">储存销售用机电一体化产品</td><td>自动仓库</td></tr>
<tr><td>自动空调与制冷系统及设备</td></tr>
<tr><td>自动称量、分选、销售及现金处理系统</td></tr>
<tr><td rowspan="3">社会服务性机电一体化产品</td><td>自动化办公机械</td></tr>
<tr><td>动力、医疗、环保及公共服务自动化设施</td></tr>
<tr><td>文教、体育、娱乐用机电一体化产品</td></tr>
<tr><td rowspan="3">家庭用机电一体化产品</td><td>微机或数控型耐用消费品</td></tr>
<tr><td>炊事自动化机械</td></tr>
<tr><td>家庭用信息、服务设备</td></tr>
<tr><td rowspan="3">科研及过程控制用机电一体化产品</td><td>测试设备</td></tr>
<tr><td>控制设备</td></tr>
<tr><td>信息处理系统</td></tr>
<tr><td>农、林、牧、渔及其他民用机电一体化产品</td><td>—</td></tr>
<tr><td>航空航天、国防用武器装备等机电一体化产品</td><td>—</td></tr>
</table>

1.3 机电系统的理论基础与关键技术

1.3.1 理论基础

现代机械工程中的机电一体化技术的应用，代表着一次全新的技术革命。该技术带动了系统信息技术、控制技术以及微电子技术的发展。这三种技术也被称之为系统论、信息论以及控制论，同时这三种论述也构成机电一体化技术的理论基础。

机电一体化技术在实际应用过程中，不仅要考虑工程构思以及规划设计等问题，还应将机械、电子技术进行充分融合，解决信息在传输和流动过程中产生的问题，这样才能有条不紊地制造出符合标准的产品或者系统。

机电一体化技术标准的建立和实施，需要依靠技术人员进行不断的测试和制造，这是机电一体化工程实施的基本过程。机电一体化技术的应用结果是产生新的机电一体化产品，而系统工程学就是将这些边缘科学进行统一和规划。系统工程中既有概念化的系统，也包含整体中的工程。而系统工程与机电一体化工程的特点如表 1–4 所示。

表 1–4　系统工程与机电一体化工程

	系统工程	机电一体化
产生年代	20 世纪 50 年代（美国）	20 世纪 70 年代（日本）
对象	大系统	小系统机器
基本思想	系统概念	机电一体化概念（系统及接口概念）
技术方法	利用软件进行优化、仿真、鉴定、检查等	硬件的超精密定位、超精密加工、优化设计、微机控制及仿真等
信息处理系统	大型计算机	微型计算机
实例	阿波罗计划、银行在线系统、日本新干线	CNC 机床、ROBOT（机器人）、VTR（录像机）、摄像机等
共同点	应用计算机，具有实用性、综合性、复合性	—

机电一体化系统是一个包括物质流、能量流和信息流的系统，其对各种信号所携带的丰富信息资源的有效利用，则有赖于信号处理和信息识别技术。考察机电一体化产品就会看到，准确的信息获取、处理、利用在系统中起到实质性作用。

将工程控制理论用于机械工程技术而派生的机械控制工程为机械技术引入了崭新的理论、思想和语言，把机械设计技术由原来静态的、孤立的传统设计思想引向动态的、系统的设计环境，使科学的辩证法在机械技术中得以体现，为机械设计技术提供了丰富的现代设计方法。

1.3.2　关键技术

从某种意义上来说，控制论、信息论以及系统论是机电一体化的理论基础，精密机械技术、微电子技术则是技术基础。微电子技术，特别是计算机技术发展非常迅速，这使机电一体化的技术发展有了坚实基础。正是有了计算机，才使机械、电子、信息的一体化得以实现。有了微型计算机的日新月异，才有了机电一体化技术的勃勃生机。

在机电一体化技术的发展中，不能低估精密机械加工技术对它的贡献。超精密加工技术被运用到机电一体化产品的加工和制造当中，生产制造出很多重要零部件。微电子技术自身与精密机械技术有着密切联系。有了精密机械加工技术，微电子技术才有可能得到发展，而精密机械技术的更新，也离不开微电子技术的发展。

机电一体化是一个庞大的系统，也是一个系统化的工程。因此，它的发展不仅要依靠信息技术、控制技术、机械技术、电子技术和计算机技术的发展，还要依靠其他技术的发展，同时要受到社会条件、经济基础的影响。

机电一体化技术在发展过程中面临着信息处理技术、传感检测技术、自动控制技术、接口技术、精密机械技术、伺服驱动技术、系统总体技术等关键技术。

1.3.2.1 传感检测技术

机电一体化产品工作过程中所有参数、工作状态，还有与工作过程相关信息等的接收，都是由传感器实现的，再经过信号检测装置进行测量，输送到相应的信息处理、反馈装置，最终实现产品的自动化工作。

机电一体化产品对传感器有较高的要求，其不仅能够快而准地获取信息，而且稳定性极强，即使外界环境及条件发生改变，也不会受到影响。同时，检测装置在对信号进行输送、转换以及放大的过程中，能够确保信息不失真。

传感技术自身就是一门多学科、知识密集的应用技术。传感技术被列为六大核心技术（计算机、激光、通信、半导体、超导和传感）和现代信息技术的三大基础（传感技术、通信技术、计算机技术）之一。

传感器开发过程中需要考虑三个重要因素：一是传感技术原理；二是传感材料应用；三是加工装配技术选择。传感器属于独立的元器件，但是目前正在变得更加智能化，进入集成化发展阶段。传感器分为两类，即信息型传感器和智能型传感器。信息型传感器是将信号处理电路和传感器元件集成制造在一个芯片上；智能型传感器则是在信息型传感器的芯片上，又设置了微处理器。

传感器的发展速度比计算机要慢很多，基本上无法与技术发展同步。很多机电一体化设备无法达到预定效果，或是无法实现设计目标。这些问题存在的最关键点是传感器不适用。所以致力于传感器研究工作，将会加速机电一体化技术的发展。

1.3.2.2 信息处理技术

信息处理技术是指在机电一体化产品工作过程中，与工作过程各种参数、状态以及自动控制有关的信息输入、识别、变换、运算、存储、输出和决策分析等技术。

机电一体化产品和系统的效率与质量如何，与信息处理的准确性与及时性有非常直接的关系。所以，信息处理的准确性与及时性也是机电一体化的重要方面。

机电一体化产品的信息处理工作是由计算机完成的。计算机技术包括软件技术、硬件技术、数据处理技术、网络与通信技术以及数据库技术等内容。

计算机信息处理装置是机电一体化产品的“心脏”，机电一体化产品运行中所有的控制与指挥工作都是由计算机信息处理装置完成的。信息在处理过程中的准确率以及时率，对系统工作的效率以及质量都有着直接影响。所以，在机电一体化的发展与变革过程中，计算机应用及信息处理技术是关键因素。计算机信息处理技术包括专家系统技术、人工智能技术、神经网络技术等。

1.3.2.3　自动控制技术

自动控制是利用遥控器，对过程或对象进行控制，使其能够按照预先设定的程序进行自动运行。整个过程没有人直接参与。

自动控制技术的最终目的是使机电一体化系统能够得到最大程度的优化。自动控制原理是自动控制的理论依据，以此为基础，首先设计控制系统或者装置，然后进行仿真操作，现场调试。经过一系列调整之后，确保所研制的控制系统能够稳定可靠地运行。

由于存在多种控制对象，所以自控技术所涵盖的内容也是非常广泛的，包括速度控制、位置控制、自适应控制、最优控制、智能控制等，都属于机电一体化系统中自控技术的主要内容。

近年来，受现代应用数学和计算机技术快速发展的影响，均在各自领域取得了非常大的进步。

1.3.2.4　伺服驱动技术

伺服驱动技术主要是指机电一体化产品中的执行元件和驱动装置设计中的技术问题，是关于设备执行操作的技术，会对所加工产品的质量及性能产生直接影响。

机电一体化产品中的执行元件主要有两方面作用，一是与计算机相连，以便接收控制系统发出的各项命令。机电一体化产品与计算机相连，是通过接口电路实现的。二是为了实现预设动作，机电一体化产品会与执行机构连接起来，而这部分是通过机械接口和机械传动实现的。执行元件共有三大类：利用电能的电动机、利用液压能量及气压能量的液压驱动装置和气压驱动装置等。

目前，电力领域的电子技术有了日新月异的发展，电力控制系统能够有效驱动电动机的运行，而且与之前相比，这种系统的体积明显减小，也更易于控制，对直流电动机和交流电动机都能够实现快速、高精度控制。液压执行装置常见于推土机中驱动动力铲，还被用于机器人手臂的驱动装置当中。尽管液压执行装置必须要有液压站系统，但是可以通过比较简单的结构，产生功率较大的驱动力。

气动执行装备的特点如下：一是可以充分利用工厂的气源；二是结构非常简单；三是使用方法简便。其适用于对较轻的物体进行推拉等简单操作，但用这种执行装置实现高精度控制比较困难。

机电一体化产品的功能操作和执行与伺服驱动技术有着直接联系，伺服驱动技术决定着机电一体化产品的稳定程度、操作级别、控制品质等。

1.3.2.5 接口技术

机电一体化系统使电子、信息、机械等性能各不相同的技术成为一个统一的综合体，该综合体的各组件与子系统之间的接口是非常关键的。这些接口从系统外部看，是指输入和输出，是连接系统和环境、人以及其他系统的接口；从内部看，机电一体化系统各组件输入、输出装置之间的联结，就是通过若干个接口实现的。由此可知，整个系统性能的优劣与这些接口的性能有着至关重要的关系。所以，接口设计成为机电一体化系统设计工作中的重要环节。

1.3.2.6 精密机械技术

机械技术是关于机械机构及利用其机构传递运动的技术，机电一体化产品的主功能和构造功能大都以机械技术为主来实现，因此它是机电一体化的基础技术。

机械技术的着眼点在于如何与机电一体化的技术相适应，通过设计使得产品结构更加优化，材料更加适宜，重量更轻，体积更小，精度更高，刚度更强，性能更加完善。

将计算机辅助技术、人工智能与专家系统等运用到机电一体化的接卸理论和工艺之中，从而形成一种新的机械制造技术。但需要注意的是，原有的机械技术，即知识与技能，是没有其他技术可以取代的。

1.3.2.7 系统总体技术

系统总体技术的出发点是整个体系的全局，若干个子系统共同组成总系统。在设计每个子系统的技术方案时，必然要考虑整个系统的技术协调性，对于子系统间的矛盾或子系统和系统整体之间的矛盾都要从总体协调的角度出发。机电一体化系统实际上是一个技术性的综合体系，系统总体技术可以将不同的技术整合起来进行综合利用，让总系统的性能更加优化。

根据性能以及规律分，在机电一体化产品中，电气、电子和机械是大不相同的。所以，它们匹配的难度很大。电子与电气可进一步分为强电、弱电，数字、模拟等，避免不了存在干扰与耦合的情况。系统的可靠性与复杂性有很大关系。由于产品规模小，从而使得维修与监控过程难度加大。产品多功能特性，使得相应的诊断技术也多种多样。所以，需要考虑产品寿命周期内的综合技术。

1.4 机电系统作用

机电一体化技术发展得越来越快，其优越性和潜在的应用性是传统电气技术无法比拟的，其产品越来越多地代替传统的电气化产品。较传统的机械电气化产品，机电一体化产品的附加值和功能水平比较高。所以，不论是生产者、开发者还是用户都受益良多。

1.4.1 精度提高

因为机械传动部件的数量在机电一体化技术的作用下大大减少，直接导致由零件磨损、零部件受力变形以及间隙配合不适当而造成误差的情况也大大减少。机电一体化技术中采用电子技术，使检测与控制实现了自动化，同时因干扰因素而产生的动态误差，也能够及时得到校正与补偿，此种工作精度是单纯的机械设备无法达到的。

1.4.2 生产能力和工作质量提高

自动控制和自动处理信息的功能，是绝大多数机电一体化产品都具备的功能，且检测和控制范围、精度以及灵敏度等提高的幅度较大，在自控系统的作用下，执行机构可以非常精准地按照设定要求达到预计效果，全程无操作者主观意识参与，使工作质量和产品的合格率达到最好效果。与此同时，自动化的工作流程使得生产率也得到提升。

1.4.3 安全性和可靠性提高

自动诊断、自动保护、自动监视、自动报警是绝大多数机电一体化产品动具有的功能。产品或设备在运行过程中，如果发生过流、过载、过压或者短路的情况，会自动启动相应的保护装置，从而降低机器故障和人员伤害事故发生的概率，设备的安全性能得到提升。

机电一体化产品运用多种电子元器件代替可动构件以及磨损零部件，减少了误差产生的概率，提高了产品的可靠性和灵敏度，促使发生故障的概率降低，使用寿命延长。

1.4.4 调整和维护方便，使用性能改善

当被控对象有相应的数学模型，对外没参数发生改变时，高级的机电一体化产品可以自行选择最佳的工作程序，进行最优操作。

由于大量采用数字显示和程序控制，机电一体化产品上的操作手柄或者操作按钮变得很少，这样在操作过程中既简单又方便。由于预先设定了机电一体化产品的工作流程，所以其工作基本上都是通过电子控制系统指挥实现的，且所有动作可以重复进行。

1.4.5 具有复合功能，适用面广

复合功能和复合技术是机电一体化产品的特色之一，这两大特点增加了产品的自动化程度，提高了产品的功能水平。机电一体化产品一般有很多自动化功能，如自动补偿、自动化控制、自动调节、自动保护、自动校验、智能化等。这些功能适应性强，很多场合与领域都可以使用，能够满足用户的不同需求。

1.4.6 改善劳动条件，有利于自动化生产

由于机电一体化产品具有知识和技术密集的特点，自动化程度较高。通过这种方式，人们可以不再从事繁重的体力劳动，还可以使一系列自动化产业，如自动化农业、自动化工厂、自动化交通、自动化办公，甚至是自动化居家能够更快实现。

1.4.7 节约能源，减少耗材

机电一体化产品的驱动机构耗能少，调节控制处于最佳状态，设备的能源利用率因此得到提高，节能效果非常显著。

机电一体化系统融合了很多学科，这使得很多功能由机械领域向计算机、微电子领域，硬件系统向软件系统迁移，机电一体化系统正在变得又轻又小，材料消耗也大大减少。

1.4.8 增强柔性

当使用要求发生改变时，机电一体化系统可以对其产品的工作过程以及功能做出相应调整，使用户的要求能够得到最大程度的满足。不同的零件可以有不同的加工工艺，运用柔性加工系统或者数控加工，再对系统运行的程序进行调整便

可实现。对加工程序进行编制，便可改变工作方式，从而满足各种用户和各种参数的需要。机电一体化的这种柔性应用功能，构成了机械控制“软件化”和“智能化”的特征。

机电一体化技术和产品可以给使用者还有生产者带来良好的社会效益与经济效益。所以，全世界都在大力推行和发展这一技术，特别是日本、美国和欧洲各国和地区。

20 世纪 60 年代，制造者开始将电子技术应用于汽车产品中，时隔不久便出现了汽车上的点火装置和充电电压调整器，开始利用电子控制装备控制汽车的燃油喷射。在这一时期，汽车产品的机电一体化随着微型计算机的发展，已经运用到了日常生活中。

1977 年，美国 GM 公司率先开发了 MISAR 和 ECCS 发动机控制系统，日本日产公司也于 1979 年开发了 MISAR 和 ECCS 发动机控制系统。微处理器、电子点火器以及传感器等是该系统的主要组成部分，微处理器主要负责接收各状态信息，如气缸负压、曲轴位置、发动机转速、冷却水温度、排气中氧浓度、吸入空气量、基准时间设置等，这些信息由各功能传感器发出，微处理器根据这些信息计算出最佳点火时间，对执行器的点火动作进行控制。

汽车发动机的微处理器控制系统大大提高了汽车的性能，成为汽车系统控制技术微电子化的开端。20 世纪 80 年代以来，为进一步解决节能、排气防污、功能完善及安全和维修等问题，相继开发了电子控制化油器、交流发动机 IC 调节器、发动机旋转检测装置、电子控制自动变速器、电子刹车控制装置、防滑装置、自动稳速控制装置、电子自动刮水器、排气污染的电子控制器、发动机诊断系统等，为行车舒适而开发出了汽车空气净化及调节装置、音响、钟表及调光照明系统等。

汽车防抱死制动系统（anti-lock brake system，简称 ABS）也是一个典型的应用。ABS 的组成部分主要有轮速传感器、ABS 执行器和电子控制单元（ECU）。在驱动轮上安装轮速传感器，可以持续获取轮速，然后将获取到的信息传递给 ABS 的电子控制单元进行处理，处理之后的信息会和电子控制单元预先输入的参考值进行比较，若车轮的角速度剧增，则意味着车轮会立刻抱死，ABS 的电子控制单元会给执行器发送一条指令，令其将车轮制动轮缸的制动液压降低，这时车轮开始转动；当传感器接收到车轮正常运行的信号时，ABS 电子控制单元又会给执行器发送一条指令，令其将制动液压升高，执行器根据 ECU 所发出的指令，对车轮制动轮缸的制动液压进行调控；再采用脉冲的方式对制动压力进行调控，脉冲频率为 4~10 次 /s，使车轮滑移率维持在最佳状态范围之内，目的是确保在制动时，车轮和路面之间保持最大的侧向力和地面制动力，使制动距离缩短，尽可能确保车轮在制动时保持稳定，以提高安全系数。

汽车产品在微电子技术和微处理机技术的影响下，发生了巨大变化——“汽车电子化”是汽车技术发展史上质的飞跃。

现代新型汽车运用机电一体化技术，使汽车在可操作性、安全性、舒适度等方面得到提升，在油耗、排污量等方面得到改善，汽车产品的市场竞争力与其电子化程度有很大关系，汽车电子逐渐成为一个新兴产业。汽车工业的变革，一方面是汽车产品的机电一体化革命，另一方面汽车的生产制造系统也发生了巨大的变化。

日本从 20 世纪 70 年代开始注重汽车生产系统的机电一体化改造和更新，1980 年日本汽车产量超过了传统的汽车王国——美国。日本每个汽车工人平均年生产 70 辆车，法国仅为 8 辆。日本每辆车成本比美国低 1000~2000 美元，这正是日本汽车在国际市场上具有强大竞争力的重要原因之一。

传统产业机电一体化革命所带来的优质、高效、低耗、柔性提高了企业的经济竞争力，引起各国企业的极大重视。在世界机电产品市场上，高技术产品出口贸易总额增长速度十分惊人，1976 年仅为 500 亿美元，2014 年后的 1990 年已达到 3500 亿美元，年平均增长达 14.8%，约为世界出口贸易总额增长率的 4 倍，从而使高新技术出口占世界出口总额的比重由 1976 年的 5.1% 上升到 1990 年的 11%。

大多数传统机械产品必然会被机电一体化的新型产品所取代，机械装备以及相应的管理系统升级改造，成为机电一体化的生产系统。今后，在机械工业中，机电一体化的产品将成为主流，传统的机械工业将发展成为机械电子工业。

1.5 机电系统的发展

1.5.1 机电系统的发展状况

机电一体化及其周边技术的发展如表 1–5 所示。其以下列技术为例，即作为机械技术代表的机械系统、作为电子技术代表的半导体技术、作为通信技术代表的网络技术、作为工程设计代表的 CAD（computer aided design）技术、作为生产制造技术代表的 CAM（computer aided manufacturing）技术等，分别列举了这些技术近 50 年的发展概况：从 20 世纪 50 年代的基于晶体管技术的 NC 技术；60 年代的基于 IC 技术的机器人技术；70 年代的 LSI（Large scale integrated）技术，特别是基于微型计算机技术的 FMS（flexible manufacturing system）技术；80 年代的基于 VLSI（very large scale integrated circuit）技术的伴随着 16 位个人计算机普及化的 FA（factory automation）技术；90 年代的基于 32~64 位 CPU 的 CIM（computer integrated manufacturing）技术，随着机械制造技术和电子技术的不断进步，21 世纪已经全面进入了 IT（information technology）时代。

表 1–5 机电一体化及其周边技术的发展

项目	20 世纪 50 年代	20 世纪 60 年代	20 世纪 70 年代	20 世纪 80 年代	20 世纪 90 年代	21 世纪
机械系统	NC 的出现	机器人的出现	FMS 的出现	FA 的出现	CIM 的出现	IT 的出现
	机器人诞生 NC 诞生 （用 MIT3D 轮廓加工）	反演机器人	CNC 化 DNC 化 APT 化 PC（程序控制器） 工业机器人普及	自动搬送机器人 传感器反馈机器人 自动仓库 复合加工机	人工智能 智能机器人 MAP/TOP CAD/CAM	2 足步行机器人 BPR，ERP，SCM Remote 控制
半导体	晶体管诞生	IC 诞生	LSI 微型计算机诞生 （4~16 位） 1KB DRAM （存储器）	VLSI 个人计算机 16 位微型计算机成为主流 64KB DRAM	V2LSI WS. EWS 32~64 位 4MB DRAM	V4LSI 1GB 个人计算机 128 位 256MB DRAM
网络	利用形态	集中批处理	集中阶层联机	TSS，分散处理	综合网络	大容量网络
	关联技术 无线通信	大型通用计算机控制计算机	构造型数据库 实时处理	TSS（分时系统） UNIXS. LAN	复合 PBX，OSI Ethemet，ISDN Windows Netscape	光纤通信 IPV6，便携 LINUX
CAD	自动化初期 CAD 投影仪 （MIT） SKETCHPAD	DAC–1（GM） Coons 理论 （MIT） CADAM （100khead）	3DSOlid Modeling 的提案 （TLPS，BUILD） GKS 提案 （德国）	IGES 提案 CAD/CAM 的统合化 Product Model	Database 的一元化 CAD/CAE/CAM/CAT 的统合化	Feature 识别 PDM 统合
CAM	APT1，APT2 （MIT） APT3（AIA） FAPT （富士通）		APT4（ALRP） EXAPT	Bezier 普及 同时进行 5 轴控制加工	NURBS 补偿 128 步 先读控制 高速加工	Feature 识别 自动工程识别

机电一体化之所以得到快速发展，是因为半导体技术的快速发展为机电一体化技术的发展奠定了基础。计算机的性能随着半导体技术的进步而提高，CPU 的

性能每隔 1.8~2 年提高 1 倍。半导体制造技术从量的扩大时代向着质的革新时代的转变，要求开发与半导体的微细化和高速、高密度化相适应的半导体制造装置。随着半导体技术的快速发展，过去只有借助于齿轮、连杆或凸轮等机械机构才能进行的作业，现在已经可以用 LSI、IC 或其组合的微型计算机来代替，同时也加速了家用电器、精密机器等技术领域的机电一体化进程。其中具有代表性的产品有数字钟表、数码照相机等。具有微米精度的精密机械加工技术也已经实现了自动化或系统化，如 CNC 机床及加工中心等。随着用户需求的多样化，与产品多品种化相对应的、专门适应多品种小批量生产的 FMS 于 20 世纪 70 年代出现在生产现场。到了 20 世纪 80 年代，工厂和企业开始采用计算机管理，从而进入了工厂自动化（即 FA 化）时代。

20 世纪 90 年代的计算机集成制造（CIM）则是 FA 工厂与企业的企划、运营、销售及售后服务等各部门的协同统合，在进行企业活动时，这是一种实现了具有必要的统一信息管理的规模更大的系统。1995 年，随着作为个人计算机操作系统的 Windows95 的大量销售，个人计算机迅速普及。与此同时，由于 Internet 的软件 Netscape 的发行，随着世界的网络化和全球的信息化，2000 年，IT 技术波及全世界，不仅涉及经济、金融等领域，而且渗透到物流、制造等领域，人类已经进入信息时代。

进入 21 世纪后，机电一体化技术涉及环境、信息、生命和纳米等技术领域，其中纳米技术不仅是涉及通信、医疗、环境、能源等领域发展的基础技术，还涉及高分子、碳、金属、陶瓷等几乎所有材料的领域。机电一体化技术将全面进入纳米技术领域的控制技术、传感器技术及传动技术等各个方面。

1.5.2 机电系统的发展趋势

机电一体化将多种学科融为一体，包括计算机学、机械工程、电子工程、光学、控制技术等，这些学科的发展与进步也会促进机电一体化的研发使用。今后，机电一体化必将朝着以下几个方面不断发展。

1.5.2.1 智能化

智能化是 21 世纪机电一体化技术发展的一个重要发展方向。从智能功能来说，机电一体化的产品是不可能与人站在同一高度的，也不是任何时候都必须做到智能化。但通过高性能、高速度微处理器让机电一体化产品拥有低级智能或人的部分智能，则是完全可能且有必要的。

1.5.2.2 模块化

模块化是一项重要且艰巨的工程。机电一体化产品种类繁多，有多种单元接口，如标准机械接口、电气接口、动力接口、环境接口，又有众多的生产厂家，这使得产品的研制和开发非常复杂，又十分重要。此外，利益的冲突导致很难在短时间内制定国际或国内关于这方面的标准，但是可以通过组建一些大企业以逐渐形成标准。

不论是对生产标准机电一体化单元的企业，还是对生产机电一体化产品的企业，电气产品的标准化、系列化带来的好处都是显而易见的，模块化一定会为机电一体化企业创造美好的前景。

1.5.2.3 网络化

网络技术是 20 世纪 90 年代计算机技术的杰出成就。网络技术的兴起和飞速发展，改变了科学技术、工业生产、政治、军事、教育等领域。各种网络连接了全球的经济与生产，同时也加速了全球企业间的竞争。一旦有功能独到、质量可靠的机电一体化新产品被研制出来，便会很快在全球畅销。

网络的普及，使基于网络的各种远程控制和监视技术飞速发展，而远程控制的终端设备本身正是机电一体化产品。在现场总线和局域网技术的影响下，家用电器网络化成为趋势。以计算机为中心，利用家庭网络（home net）将各种家用电器连接成的计算机集成家电系统（computer integrated appliance system，简称 CIAS），可以使人们在家中畅享各种高端技术所带来的快乐与便捷。所以，网络化已经成为机电一体化产品未来的发展方向。

1.5.2.4 微型化

20 世纪 80 年代末微型化逐渐兴起，它是指机电一体化向微型机器和微观领域发展的趋势，泛指几何尺寸不超过 $1cm^3$ 的机电一体化产品，并向微米、纳米级方向发展。国外称其为微电子机械系统（micro electro mechanical system，简称 MEMS）或微机电一体化系统。

微机电一体化产品具有体积小，耗能少，运动灵活的特点，在生物医疗、军事、信息等方面，其优越性是其他产品无可比拟的。微机械技术则是微机电一体化发展中的“瓶颈”。随着微细加工技术的持续发展，已经出现超小型的机械结构，如 1μm 大小的电动机。在必须进行微小运动的机械中，就需要利用这种超小型机械来开发机电一体化系统。

1.5.2.5 绿色化

工业的发达从两个方面改变了人们的生活。一方面使人们的物质更加丰富，生活更加舒适；另一方面使资源不断减少，生态环境受到严重污染。于是人们开始倡导保护环境资源，回归大自然。绿色产品概念便是人们倡导下的产物，绿色化已经成为时代趋势。

绿色产品不论是从设计到制造，还是从使用到销毁，都符合特定的环境保护和人类对健康的要求。在保证最高资源利用率的同时，其对生态环境几乎无害或危害极少。因此，对绿色机电一体化产品的设计具有远大的发展前途。绿色机电一体化产品的特点是在被使用时不会污染生态环境，被报废时不会成为机电垃圾，可以回收利用。

1.5.2.6 人格化

产品与人的关系是未来机电一体化关注的重点。机电一体化的人格化有两层含义，一层是因为机电一体化产品的最终使用对象是人，所以让机电一体化产品具备人的智能、情感、人性显得至关重要，尤其是对家用机器而言，人机一体化是其最高境界；另一层是通过对生物机理的模仿，研制出各种机电一体化产品。实际上，许多机电一体化产品的研制受到了动物的启发。

1.5.2.7 自适应化

机械启动后，可以自动完成指定的各项任务，并且在整个过程中自动适应所处状态和环境的变化而不需要进行人工干预。机械在适应各种变化的同时作出新的判断，决定下一步动作。比如自适应移动机器人的运行过程，首先需要通过机械眼睛观察自己所处的状态和环境，然后确定目标路线，最后根据路线移动。

思考题与习题

1-1 试说明机电一体化的含义。

1-2 机电一体化系统的主要组成、作用及其特点分别是什么？

1-3 工业三大要素是什么？

1-4 传统机电产品与机电一体化产品的主要区别是什么？

1-5 试举几个日常生活中的机电一体化产品。

1-6 应用机电一体化技术的突出特点是什么？

1-7 机电一体化的主要支撑技术有哪些？它们的作用分别是什么？

1-8 试论述机电一体化的发展趋势。

第 2 章　机电系统单元技术

机电一体化是一门发展中的交叉学科，是根据生产实际需要，在传统技术的基础上，与一些新技术相结合而发展起来的多学科领域综合交叉的技术密集型学科。在机电一体化技术所涉及的关键技术中，除系统总体技术外，其他技术（在本书中称其为单元技术）已发展成为相对独立的学科领域，并具有各自的知识体系。本章从机电一体化系统设计的角度，对精密机械技术、传感检测技术、伺服驱动技术等的主要概念、原理、设计原则和选用方法进行纲要性的介绍，以便对系统的设计工作起到指导性的作用。有关各单元技术的详细内容可参阅相关教材和论著。

2.1　概述

各种机械从构思到实现要经过设计和制造两个不同的阶段。机械设计是机械生产的第一道工序。在机电产品的设计制造中，设计人员根据市场对产品的需求和公司对产品的定位，提出机械设计的任务，并运用各种先进的设计方法，获得一个既满足使用要求，又保证技术先进、经济合理、综合性最优的产品设计方案，绘制出全部生产用图。机械生产人员则按照图纸实现产品的制造。

2.1.1　机电一体化对机械系统的基本要求

机电一体化系统的机械系统与一般的机械系统相比，除了要求具有较高的定位精度之外，还应具有良好的动态响应特性，就是说响应要快、稳定性要好。其中高精度是机电一体化系统的首要要求，机械系统的精度直接影响产品的质量和精度。一个典型的机电一体化系统，通常由控制部件、接口电路、功率放大电路、执行元件、机械传动部件、导向支撑部件，以及检测传感部件等部分组成。这里所说的机械系统一般由减速装置、丝杠螺母副、蜗轮蜗杆副等各种线性传动部件，以及连杆机构、凸轮机构等非线性传动部件、导向支撑部件、旋转支撑部件、轴系及架体等机构组成。为确保机械系统的传动精度和工作稳定性，在设计中常提出无间隙、低摩擦、低惯量、高刚度、高谐振频率、适当的阻尼比等要求。为达到上述要求，主要从以下方面采取措施：

（1）采用低摩擦阻力的传动部件和导向支撑部件，如采用滚珠丝杠副、滚动导向支撑、动（静）压导向支撑等。

（2）缩短传动链，提高传动与支撑刚度，如用加预紧的方法提高滚珠丝杠副和滚动导轨副的传动与支撑刚度；采用大扭矩、宽调速的直流或交流伺服电动机直接与丝杠螺母副连接并减少中间传动机构；丝杠的支撑设计中采用两端轴向预紧或预拉伸支撑结构等。

（3）选用最佳传动比，以达到提高系统分辨率、减少执行元件输出轴上的等效转动惯量，尽可能提高加速能力。

（4）缩小反向死区误差，如采取消除传动间隙、减少支撑变形的措施。

（5）改进支撑及架体的结构设计，以提高刚性，减小振动，降低噪声。如选用复合材料等来提高刚度和强度，减小质量、缩小体积使结构紧密化，以确保系统的小型化、轻量化、高速化和高可靠性。

上述措施反映了机电一体化系统设计的特点和要求。

2.1.2　机械系统的组成

机电一体化机械系统应包括三大部分机构：

（1）传动机构。机电一体化机械系统中的传动机构不仅是转速和转矩的变换器，还是伺服系统的一部分，它要根据伺服控制的要求进行选择设计，以满足整个机械系统良好的伺服性能。因此传动机构除了要满足传动精度的要求，还要满足小型、轻量、高速、低噪声和高可靠性的要求。

（2）导向机构。其作用是支撑和导向，为机械系统中各运动装置能安全、准确地完成其待定方向的运动提供保障。

（3）执行机构。它是用以完成操作任务的。执行机构根据操作指令的要求在动力源的带动下完成预定的操作。一般要求它具有较高的灵敏度、精确度，良好的重复性和可靠性。由于计算机的强大功能，使传统的作为动力源的电动机发展成为具有动力、变速与执行等多重功能的伺服电动机，从而大大地简化了传动和执行机构。

2.1.3　机械参数对系统性能的影响

在机械系统设计中，为了确保机械系统具有良好的伺服特性，提出无间隙、低摩擦、低惯量、高刚度、高谐振频率、适当阻尼比等要求。机电一体化系统中常见的机械参数有刚度、惯量、摩擦、传动误差等。下面对这些参数进行阐述。

2.1.3.1　刚度

刚度是机械零件和构件抵抗变形的能力。在弹性范围内，刚度是弹性体产生的变形量所需的作用力。刚度分为静刚度和动刚度。静刚度是指在静载荷下抵抗变形的能力；动刚度是指在动载荷下抵抗变形的能力。影响刚度的因素是材料的弹性模量和结构形式，改变构件的结构形式对刚度有显著的影响，选择合理的刚度，对机械系统十分重要。系统的刚度越大，失动量越小，则系统的固有频率越高，超出系统的频带宽度，不易产生谐振。对于质量不变的情况，当外界干扰频率和固有频率接近或者相同时，系统出现谐振现象，此时，动刚度最小，机械结构极易变形和破坏，在工程中要尽量避免这种现象的产生。

2.1.3.2　惯量

机械系统的各个部件中，惯量对系统性能的影响应该考虑。惯量对机械传动系统的启停特性、控制的响应速度、控制偏差等有一定的影响。在传动机构的设计中，惯量的大小一般取决于机构各部件的质量和尺寸。

机械系统设计中，在不影响刚度的条件下，机械部件的惯量要小，通过减小和合理分配机械的质量，以减小机械部件的惯量和转动惯量。如果机械系统中的惯量增大，会导致一些现象的出现，如机械负载增大、系统响应速度减慢、系统灵敏度降低、系统固有频率下降，容易产生谐振。这些现象在工程中要尽量避免。对于常见的直流伺服电动机，转动惯量增大时，机电常数变大，转动波动增大，低速运行不平稳，换向火花大，使得电动机的寿命降低。

2.1.3.3　摩擦

当前机械设计领域要有跨时代的发展，需要从机械系统的本质出发，考虑机械系统的摩擦学问题，尽可能地降低系统的摩擦耗能，使得机械系统向着新的领域发展。摩擦对机械系统的性能影响显著。摩擦是接触物体的两个表面之间，在产生相对运动趋势或已经存在相对运动的情况下，所存在的现象。在工程中用表面间的摩擦力表示机械系统摩擦的动力学特性，摩擦系数往往反映摩擦界面间的摩擦特性。摩擦力一般分为黏性摩擦力、库伦摩擦力和静摩擦力，具体相关知识可以查阅其他资料。

在实际中，摩擦特性随材料和表面状态的不同有很大的区别，对于不同的材料表面，在不同的运行情况下，摩擦特性也不相同。表面之间的摩擦系数是摩擦系统中至关重要的参数，影响摩擦系数的因素很多，如材料因素、测试条件、表面加工情况、表面粗糙度及表面吸附技术等，对于表面之间摩擦系数的研究仍然是摩擦学研究的难点问题。

摩擦力影响系统的传动精度和运动平稳性。对于不同的机械结构，采用不同的材料，不同的润滑系统，其摩擦特性各不相同。在机电一体化系统中，应尽量降低机构摩擦副之间的摩擦系数，降低摩擦能耗，减少机械结构的磨损量，从而增长结构的使用寿命，增大机械系统的运行平稳性。

2.1.3.4 传动误差

机械系统中影响系统传动精度的误差分为传动误差和回程误差，对于机械结构中各个零件间的传动间隙都会产生传动误差和回程误差。当输入轴单向转动时，输出轴转角的实际值相对理想值的变化量称为该系统的传动误差；齿轮传动时，当主动齿轮转过一定的间隙后，从动齿轮才能够转过，所以，在啮合间隙会造成一定的传动死区，也称为失动量。

回程误差不同于传动误差，但与传动误差紧密相连。当输入轴由正向旋转变为反向旋转时，输出轴在转角上的滞后量便是回程误差。回程误差的存在使得输出轴不能立即随着输入轴反向旋转，输出轴产生滞后运动。

机械系统中传动误差较大时，系统会产生低频的振荡，因此机电一体化机械系统中，应采用齿侧间隙小、精度较高的机械构件。减小机械系统的传动误差对系统的传动至关重要，在工程设计中可以从下面几个方面考虑：①提高零部件的制造精度；②合理设计系统的传动链；③降低机构之间的装配误差；④采用消隙机构，以减小和消除回程误差。

2.2 机械系统技术

2.2.1 机械系统概述

传统的机械系统和机电一体化系统的主要功能都是完成一系列的机械运动，但由于两者的组成不同，导致其各自实现运动的方式也不同。传统机械系统的组成一般是由动力件、传动件和执行件三部分加上电气、液压和机械控制等部分；机电一体化系统中的机械系统则是由计算机协调与控制的，用于完成包括机械力、运动和能量流等动力学任务且机电部件信息流相互联系的系统。其核心是包括机、电、液、光、磁等技术的伺服系统，由计算机控制。在机电一体化系统中，传统机械中作为动力源的电动机在计算机强大的控制功能下转换为具有动力、变速与执行等多种功能的伺服电动机。而机械传动中对传动比有严格要求的变速机构又在很大程度上被其伺服变速功能所替代。伺服电动机的使用，缩短了系统的传动链，减少了机械系统中传动部件的数量，简化了系统的机构，并使动力件、传动件与执行件逐步向合为一体的最小系统发展。

2.2.1.1 机械系统的组成

一个典型的机电一体化系统的机械系统主要由五大部分组成，即传动机构、导向机构、执行机构、轴系、机座或机架。

（1）传动机构。传动机构是一种转矩、转速变换器。它在机电一体化机械系统中的主要功能是传递转矩和转速。

（2）导向机构。导向机构有支承和限制运动部件，按给定的运动要求和给定的运动方向运动的作用，可以保障机械系统中各运动装置能安全、准确地完成其特定方向的运动。

（3）执行机构。动力源会带动执行机构按照所给定的指令，完成预先设定的各项操作。执行机构需要有较高的灵敏度，精确度的要求也比较高，应当具有一定的重复性，而且可靠性也需要有所保证。

（4）轴系。轴系由轴、轴上安装的齿轮、带轮、轴承等传动性部件组合而成。轴系主要用于传递转矩，进行较为精确的回转性运动。外力是指力矩，主要由轴系承受。

（5）机座或机架。机座和机架属于基础性部件，主要用于支承其他零部件。机座和机架承受其他零部件的工作负荷，也承受它们的重量，还发挥着保持各部件位置不偏离基准的作用。

2.2.1.2　机械系统设计的基本要求和内容

2.2.1.2.1　机械系统设计要求

与一般的机械系统相比，机电一体化系统的机械系统，既要求具有较高的定位精度等静态特性，又要求具有特别良好的动态响应特性。在确保稳定性的同时，还能确保动作响应快速，用以满足伺服系统的设计要求。

（1）高精度。相比普通机械产品，机电一体化产品不论从技术性能、功能还是工艺水平上均有大幅度提高。其中首要的要求便是机械系统本身的高精度，精度达不到要求，则采用何种控制方式都不可能达到机电产品的设计要求。传动精度主要是由传动件的制造误差、装配误差、传动间隙和弹性变形引起的。

（2）良好的稳定性。稳定性主要指机电一体化系统有抗干扰的功能，以避免受外界环境的影响，工作性能比较稳定。当伺服系统较为稳定时，一旦有扰动的作用的信号消失，那么这个系统就能很快恢复稳定，继续运行。但如果伺服系统不稳定时，扰动信号一旦消失，系统就很容易受到干扰，甚至出现振荡的现象。系统的稳定性会受到诸多因素的影响，比如机械传动部件的转动惯量、阻尼、刚度、固有频率等。对这些相关参数要做到合理选择，要让它们保持相互间的匹配。

（3）快速响应性。快速响应就是要让机械系统尽可能缩短自接到运行指令起到执行运行指令之间的时间。将具体的运行情况以较快的速度向控制系统做出反馈，方便控制系统及时有效地将命令传达出去，保证整个机构系统在高效而准确的状态下运行。固有频率和阻尼比是影响系统快速响应性的主要参数。

2.2.1.2.2 设计内容

（1）机械本体设计。机械本体设计由多个部件组成，一是线性传动部件，主要有丝杠螺母副、蜗杆副、减速装置等；二是非线性传动部件，主要有凸轮机构、连杆机构等；三是特殊传动部件，主要有间歇传动部件、挠性传动部件等；四是支承部件，主要有旋转支承部件、机座和导向支承部件等。保证机械系统的传动精度和工作稳定性，在设计中应满足无间隙、低惯性、低振动、低噪声和适当阻尼比等要求。

（2）机械传动设计。机械传动的主功能是完成机械运动。实际上，气动传动和液压传动也属于机械传动。在一部机器中，若干个机械运动应当相互协调，每个机械运动可由单独的电动机驱动、液压驱动或气动驱动，也可以通过传动件和执行机构与它们相互协调实现驱动。在机电一体化产品中，这些机械运动通常由计算机来协调与控制，这就要求在机械传动设计时要充分考虑到机械传动的控制问题。

2.2.2 机械传动机构

2.2.2.1 机械传动机构概述

2.2.2.1.1 机械传动机构的基本要求

经常用于机电一体化系统中的传动机构主要包括同步带传动、螺旋传动、各种非线性传动、齿轮传动胶高速带传动等。所以在选择和设计传动部件时，应当尽可能满足以下要求：一是体积较小；二是重量较轻；三是传动间隙较小；四是精度较高；五是摩擦力较低；六是能够保持平衡的运动；七是有较大的传递转矩；八是有较快的响应速度；九是有较高的谐振频率；十是与其他环节的匹配度高。为了达到上述要求，可以采取的措施主要有如下几种：

第一，让传动部件保持较小的静摩擦力。尽量保持较小的动摩擦力正斜率，否则就会出现爬行的情况，降低部件的精度，减少部件的寿命。所以对于有较高精度要求的系统来说，应当选用摩擦助力较低的传动部件，导向支承部件也同样应当先用摩擦阻力较低的部件。

第二，将传动链尽可能缩短，以获得更高的传动刚度以及支承刚度。

第三，选择最好的传动比率，让系统保持更高的分辨率，进一步提高加速能力。

第四，令反向死区的误差尽可能小，比如可以尽可能消除传动的间隙，减少支承变形等。

第五，适当增加阻尼比。

机电一体化系统中所用的传动机构及其传动功能如表 2-1 所示，可以看出，一种传动机构可满足一项或同时满足几项功能要求。

表 2-1　传动机构及其传动功能

基本功能 / 传动机构	运动的变换				动力的变换	
	形式	行程	方向	速度	大小	形式
丝杠螺母	√				√	√
齿轮			√	√	√	
齿轮齿条	√					√
链轮链条	√					
带、带轮			√	√		
缆绳、绳轮	√		√	√	√	√
杠杆机构		√		√	√	
连杆机构		√		√	√	
凸轮机构	√	√	√	√		
摩擦轮			√	√	√	
万向节			√			
软轴			√			
蜗轮蜗杆			√	√	√	
间歇机构	√					

对于工作机当中的传动机构，不仅需要变换运动，而且需要变换动力，对于信息机中的传动机构，更重要的是要具有运动变换功能。

2.2.2.1.2　机械传动机构的设计内容

机械传动系统的设计任务包括系统设计和结构设计两个方面。其具体设计内容如下：

（1）估算载荷。

（2）选择总传动比，选择伺服电动机。

（3）选择传动机构的形式。

（4）确定传动级数，分配各级传动比。

（5）配置传动链，估算传动链精度。

（6）传动机构结构设计。

（7）计算传动装置的刚度和结构固有频率。

（8）做必要的工艺分析和经济分析。

2.2.2.2 机械传动系统的特性

拥有好的伺服性能对于机电一体化的机械系统来说十分重要。机械传动部件应当保持较高的制造精度，转动惯量要比较小，阻尼要合理，振动特性要好，摩擦力较小，刚度要较大，传动的间隙要小，而且执行元件和机械传动部分的动态特征之间要相互匹配。机械传动系统主要有以下几种特性：一是转动惯量；二是阻尼；三是刚度；四是传动精度。

2.2.2.2.1 转动惯量

1）转动惯量的影响

机械传动系统当中的转动惯量也会产生一些不利的影响，这主要体现在以下方面：一是会令机械的负载有所增加，消耗更多的功率；二是会降低系统的响应速度，灵敏度有所降低；三是会令系统原有的频率有所下降，有可能产生谐振；四是降低电气驱动部件的谐振频率，令阻尼有所增大。所以，在保证系统刚度不受影响的前提下，应当尽量减小机械部分的转动惯量以及质量。

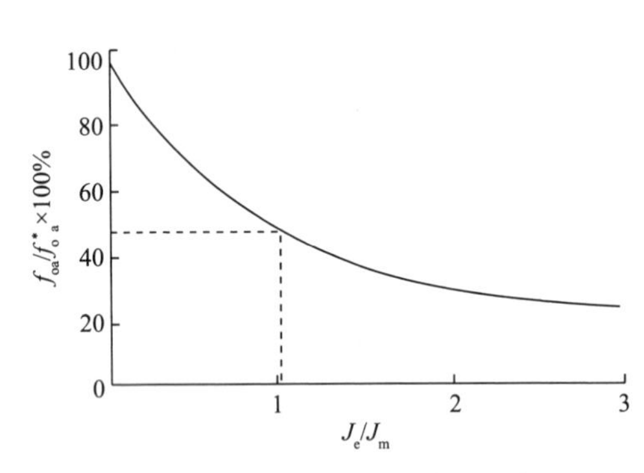

图 2-1 外载荷的转动惯量对谐振频率的影响

机械传动部件的转动惯量如何对小惯量电动机驱动系统谐振频率产生影响的情况如图 2-1 所示。横坐标代表的是为外载荷折算到电动机轴的当量负载转动惯量 J_e 与电动机转子转动惯量 J_m 的比率；纵坐标代表的是系统带有外载荷时折算到电动机轴的谐振频率 f_{oa} 与不带外载荷的谐振频率 f_{oa}^{*} 的比率。我们可以将谐振频率 f_{oa}^{*} 和电动机轴的转动惯量 J_m 看作常数。根据曲线变化可以分析得出，随着惯性负载的不断增大，驱动系统的实际谐振频率会不断降低。当电动机转子惯量与折算的负载转动惯量相等时，固有频率就会下降，直至占到空载谐振频率的 50%；当折算惯量比电动机转子惯量小时，系统的快速性就呈较好的状态。所以，在进行机械设计时，应当将系统的转动惯量作为电动机动力的重要参数依据。

2）转动惯量的计算

①圆柱体的转动惯量。在机械传动系统中，齿轮、丝杠等传动件可视为圆柱体来近似计算转动惯量。其计算公式为

$$J=\frac{1}{8}md^{2} \tag{2-1}$$

式中　m——质量，kg；

d——圆柱体直径，m。

②直线运动物体的转动惯量。如图 2–2（a）所示，由导程为 L_0 的丝杠驱动总质量为 m_r 的工作台和工件，其折算到丝杠轴上的等效转动惯量为

$$J_e = m_r\left(\frac{L_0}{2\pi}\right)^2$$

如图 2–2（b）所示，由齿轮齿条机构驱动总质量为 m_r 的工作台和工件，折算到节圆半径为 r_0 的小齿轮上的等效转动惯量为

$$J_{er} = m_r r_0^2$$

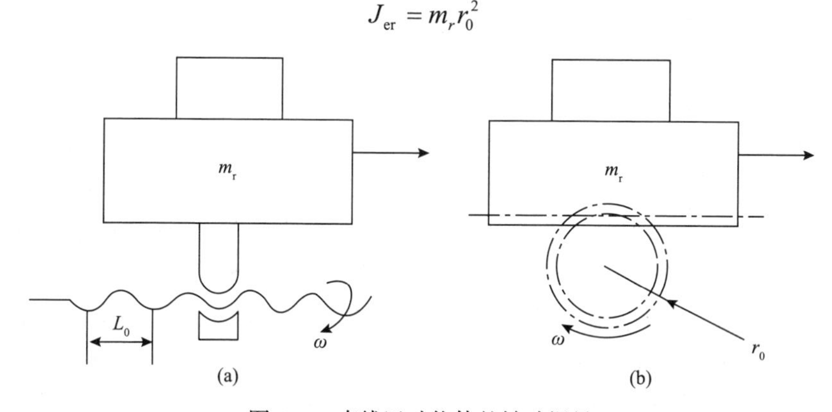

图 2–2　直线运动物体的转动惯量

2.2.2.2.2　阻尼

因为摩擦性和惯性是机械部件所固有的特征，所以可将机械传动系统看作一种带有阻尼性质的质量弹簧系统。

当机械部件产生振动时，如果是金属材料，那么内部所产生的摩擦力就较小，通常都会在运动副的构件之间发生摩擦阻尼，其中导轨副所产生的摩擦阻尼对机械系统产生的影响最大。对于机械系统，阻尼会对其动态特征产生多种影响。

（1）一旦机械部件发生振动，部件系统当中所产生的阻尼越大，最大振幅就会越小，而且振幅的衰减速度就越快。但是系统中的失动量会随着大阻尼的出现而增大，稳态的误差也会增大，精准度会有所降低，所以系统的稳定性会因适当的阻尼的存在而得到保持。系统当中的静摩擦阻尼增大时，系统的回程误差也会增大，定位时的精准度会有所降低。如果在进行较低速度的运动时所产生的摩擦特性为负斜率，那么就很容易产生爬行的状态，令机械的传动性能降低。但是当滚动导轨的摩擦力减小时，低速运动时就能保持较好的平稳性，所以这个功能目前已经广泛运用到了机电一体化的伺服系统当中。

（2）当系统的黏性阻尼摩擦力增加时，系统当中的稳态误差也会增大，这时

精准度就会降低。

（3）系统中的黏性阻尼摩擦会影响系统的响应速度。

（4）当机械系统的质量较大，而刚度较低时，系统所固有的频率一般会较低。在这种情况下，应当令系统的黏性摩擦阻尼增大，令振幅进一步减小，令衰减的速度明显加快。

机械传动部件若简化为二阶振动系统，其阻尼比为

$$\xi = \frac{B}{2\sqrt{mK_0}} \tag{2-2}$$

式中 B——黏性阻尼系数，N · s/m；

m——系统质量，kg；

K_0——系统拉压刚度系数，N/m。

机械系统的阻尼比 ξ 是一个无量纲数，它表示系统相对阻尼的大小。根据自动控制理论，当 $0<\xi<1$ 时，机械系统处于欠阻尼状态。阻尼比 ξ 越小，系统输出响应的速度越快，但振幅增大，振荡衰减慢；当 $\xi=1$ 时，机械系统为临界阻尼状态，系统的输出响应不发生振荡，且达到稳定状态的速度较快。

由式（2-2）知，阻尼比除了与机械系统的黏性阻尼系数 B 有关外，还与系统刚度 K_0 和质量 m 有关。因此，在机械结构设计时，应当通过对机械系统的刚度、质量和摩擦系数等参数的合理匹配，得到阻尼比 ξ 的适当值，以保证系统的良好动态特性。根据经验，阻尼比的最佳取值范围为 $0.4 \leqslant \xi \leqslant 0.7$。

2.2.2.2.3 刚度

刚度是一种作用力，这种作用力是当弹性物体产生单位变形量时所需要的。这种刚度包括两个方向，一种是两个接触面在接触时所产生的刚度，另一种是构件变形时产生的刚度。

1）机械系统的刚度对系统动态特性的主要影响

①失动量。齿轮进行传动的过程中，会出现啮合间隙，从而形成一定范围的传动死区。也就是说，从动齿轮只有在主动齿轮转过了一定间隙角之后才会发生转动，所以也把传动死区叫作失动量。因为有了静摩擦力的存在，也就产生了部件的弹性，当这种弹性越小时，系统的刚度就会越大，但失动量反而越小。

②固有频率。固有频率与系统刚度是成正比的，固有频率越高，离系统的频带区越远，产生共振的概率越小。

③稳定性。闭环系统会受到刚度影响，想要提高环系统的稳定性，首先要提高其刚度。

2）拉压刚度的计算

丝杠螺母机构的拉压刚度由丝杠构件的拉压刚度 K_L、丝杠轴承的支承 K_B 及

丝杠螺母间的接触刚度 K_N 三部分组成。丝杠的拉压刚度 K_L 与丝杠几何尺寸、轴向支承形式有关。

①一端轴向支承的丝杠，其拉压刚度为

$$K_L = \frac{\pi d^2 E}{4l}$$

式中　d——丝杠中径，m；

E——材料的拉压弹性模量，N/m^2；

l——受力点到支承端的距离，m。

在机械传动系统工作时，工作台位置的变化使丝杠受力部位也发生相应变化；当工作台位于距丝杠轴向支承端最远的位置时，丝杠全部工作长度 L 将受力，此时丝杠的拉压刚度取最小值为

$$K_{Lmin} = \frac{\pi d^2 E}{4L}$$

②两端轴向支承的丝杠，其拉压刚度为

$$K_L = \frac{\pi d^2 E}{4}\left(\frac{1}{l} + \frac{1}{L-l}\right)$$

当工作台位于两支承的中点位置时，即 $l=L/2$ 时，丝杠的拉压刚度为最小值 K_{Lmin}，即

$$K_{Lmin} = \frac{\pi d^2 E}{L}$$

可见，丝杠采用两端轴向支承形式时，其最小拉压刚度是一端轴向支承的4倍。

丝杠轴承的支承刚度 K_B 与所采用的轴承类型、轴承结构有关。当轴承有预紧时，其支承刚度应为无预紧时的两倍。丝杠螺母的轴向接触刚度 K_N 与丝杠螺母副的尺寸和结构有关，丝杠螺母的预紧也可提高轴向接触刚度，以上两刚度数值均可从产品样本中查得。

丝杠螺母机构的总拉压刚度 K_0 可按式（2-3）计算：

$$\frac{1}{K_0} + \frac{1}{K_L} + \frac{1}{K'_B} + \frac{1}{K_N} \tag{2-3}$$

式中，K'_B 与丝杠轴向支承形式有关，一端轴向支承取 $K'_B=K_B$，两端轴向支承取 $K'_B=2K_B$。

3）丝杠扭转刚度的计算

$$K_T = \frac{\pi d^2 G}{2l} \tag{2-4}$$

式中　d——丝杠中径，m；

G——材料的剪切弹性模量，N/m^2；

l——扭矩在丝杠上的作用长度（m）。

2.2.2.2.4　传动精度

1）传动系统的误差分析

机械传动系统中，影响系统传动精度的误差可分为传动误差和回程误差两种。

①传动误差。传动误差是指输入轴单向回转时，输出轴转角的实际值相对于理论值的变动量。由于传动误差的存在，使输出轴的运动时而超前，时而滞后。若传动装置的各组成零部件（齿轮、轴、轴承或箱体）的制造和装配绝对准确，同时又忽略使用过程中的温度变形和弹性变形。在传动过程中，输出轴转角ϕ_o与输入轴转角ϕ_i之间应符合如下关系：

$$\phi_o = \frac{\phi_i}{i_t}$$

式中，i_t为传动装置的总传动比。此时，输入轴若均匀回转，输出轴亦均匀回转；输入轴若反向回转，输出轴亦无滞后地立即反向回转。当i_t=1时，在理想状况下，ϕ_o与ϕ_i之间的关系曲线如图2–3（a）中直线l所示。

实际上，各组成零部件不可能制造和装配得绝对准确，而在使用过程中还会存在温度变形和弹性变形，因此，在传动过程中输出轴的转角总会存在误差。

图2–3（b）中的曲线2表示单向回转时，由于存在传动误差$\Delta\phi$，输出轴转角ϕ_o与输入轴转角ϕ_i之间的关系。

②回程误差。回程误差是与传动误差既有联系又有区别的另一类误差。回程误差是当输入轴由正向回转变为反向回转时，输出轴在转角上的滞后量，也可把它理解成输入轴固定时，输出轴可任意转动的转角量。回程误差使输出轴不能立即随着输入轴反向回转，即当输入轴反向回转时，输出轴产生滞后运动。输入轴转角与输出轴转角的关系曲线与磁滞回线相似，如图2–3（c）中的曲线3所示。

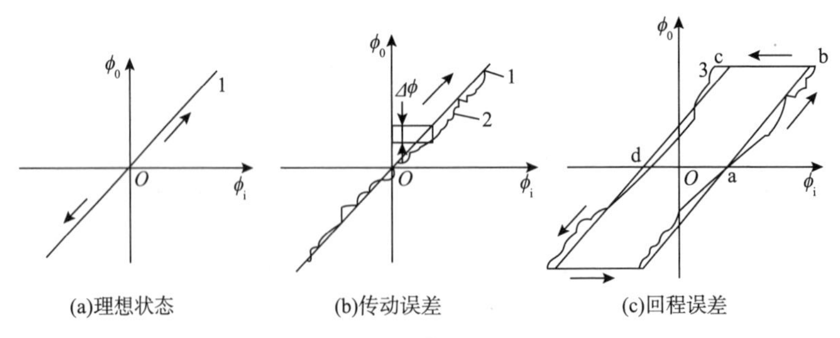

图2–3　传动误差与回程误差

传动链的传动误差和回程误差对机电传动系统性能的影响，随其在系统中所处的位置不同而不同。

2）减小传动误差的措施

采取以下措施可以减少传动时的误差，令传动精度得到明显提升：一是利用消隙机构消除或减少回程误差；二是令传动链的设计更加合理，在零部件装备以及制造过程中减少误差，避免这些误差影响传动的精度；三是进一步提升零部件的精度。

①提高零部件本身精度。提高零部件的精度是指进一步提高零部件的装配和制造精度。传动的精度会受到联轴器精度的很大影响，因为联轴器位于负载轴与传动装置的输出轴之间，所以应当对联贺器的精度给予高度关注。

②合理设计传动链：

A. 合理选择传动形式。形式不同的传动所具有的精度是不同的，这与传动链的设计方案有关。通常，精度比较高的是斜齿轮和直齿轮，蜗轮蜗杆居于其后，精度较差的是圆锥齿轮。对于行星齿轮，精度最高的是谐波齿轮，其后依次是渐开线行星齿轮和少齿差行星齿轮，较差的是摆线针轮行星齿轮。

B. 合理确定传动级数和分配各级传动比。要想减少误差，需要减少零件的数量，从而令传动级数随之减少，这样能够使产生误差的环节也大为减少。所以在使用要求得到满足的基础上，应当令传动级数尽可能地减少。应当自高速层级开始逐级递增传动比，如果空间允许，应当将末级的传动比尽可能加以提升。通常，减速传动中如果采用了大的传动比，那么动轮的半径就会相应增大，转角的精度值也会随之提高。

C. 合理布置传动链。在减速传动中，精度较低的传动机构（如圆锥齿轮机构、蜗轮蜗杆机构）应布置在高速轴上，这样可减小低速轴上的误差。图 2-4 是齿轮和蜗轮蜗杆两个传动链布置方案的比较。在（a）方案中，A 为主动轮，D 为从动轮；在（b）方案中 C 为主动轮，B 为从动轮。

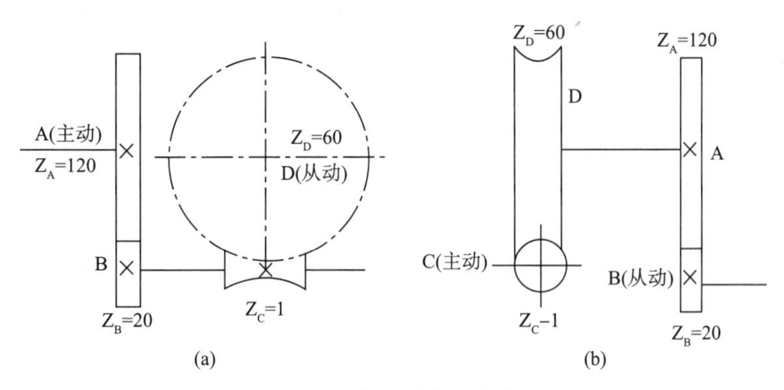

图 2-4　传动链布置方案

（a）合理分配；（b）不合理分配

设齿轮副在小齿轮轴上的角值误差为 Δ_{AB}，齿轮副在蜗轮轴上的角值误差为

Δ_{CD}，并令 $\Delta_{AB}=\Delta_{CD}=\Delta$，则方案（a）中，从动轮轮 D 所在轴的误差为

$$\Delta_d = \Delta_{CD} + \frac{\Delta_{AB}}{i_{CD}} = \left(1+\frac{1}{60}\right)\Delta = \frac{61}{60}\Delta$$

方案（b）中，从动轮 B 所在轴的总误差为

$$\Delta_B = \Delta_{AB} + \frac{\Delta_{CD}}{i_{AB}} = \left(1+\frac{1}{6}\right)\Delta = \frac{7}{6}\Delta$$

显然，（a）方案要比（b）方案好。一般来说，当要求减小由传动零件的制造、装配误差所引起从动轴的角值误差时，应在从动轴之前选用减速链，因为这样可使各项误差对从动轮的影响，经过减速的作用而缩小。

D. 采用消除间隙机构。对于机械传动系统来说，传动零部件存在传动的间隙，而这些间隙的存在会导致回程误差的产生，令轮廓的误差有所增加，从而使运动的平衡性受到影响，降低系统的传动精度。

如果处于闭环系统当中，其中的传动死区还会产生低频振荡，振荡频率为 1~5 倍，所以应尽可能选用齿侧间隙较小，精度较高的齿轮，也可以通过消除或减小啮合间隙的方式，对齿侧间隙的结构做出调整。比较常用的间隙类型主要包括以下几种：一是丝杠轴承的轴向间隙；二是齿轮传动的齿侧间隙；三是联轴器的扭转间隙；四是丝杠螺母的传动间隙。

2.2.2.3 丝杠螺母传动

丝杆螺母机构有时也被称作螺旋传动机构。这种机构的主要作用是，在直线运动和旋转运动间实现相互转化。有的丝杠螺母传动主要用于传递能量，有的丝杠螺母传动主要用于传递运动，还有的主要负责调整零部件之间的位置。

丝杠螺母机构分为两种，一种是滚动摩擦机构；另一种是滑动摩擦机构。滑动丝杠螺母机构结构的特点如下：结构相对简单，加工过程较为方便，制造零部件的成本较低，有自锁的功能。其缺陷一是传动的效率较低，二是摩擦阻力矩较大。滚珠丝杠螺母机构的不足之处主要有，结构较为复杂，零部件的制造成本较高。但其优势在于：一是传动效率高，二是摩擦阻力矩较小。所以电机一体化系统中会常用到滚珠丝杠螺母机构。

本节将主要介绍滚珠丝杠副的组成、特点、间隙的调整和预紧及其选用。

2.2.2.3.1 滚珠丝杠副的组成及特点

滚珠丝杠螺母机构由四部分组成，分别为螺母 2、滚珠 4、反向器（滚珠循环反向装置）1 及丝杠 3。其工作原理如下：在螺母的螺旋槽两端安装滚珠回程引导装置，使滚珠流动通道形成闭合通路，丝杠转动时会牵引滚珠沿螺纹滚道滚动，这时滚珠可以在闭合通道内做循环往返运动。

通过对比滚珠丝杠副与滑动丝杠副可知，滚珠丝杠副在应用时仍有以下优势：①轴向刚度高，通过适当预紧消除丝杠与螺母之间的轴向间隙；②运动时较为平稳；③具有传动精度高的优点；④使用时不易磨损，损耗低；⑤生命周期长。但缺点是不能自锁，传动具有可逆性。当升降传动机构使用滚珠丝杠副时，应设置制动装置。

可以根据滚珠的循环方式、消除轴向间隙的调整方法以及螺纹滚道的截面形状三个方面，对滚珠丝杠副的结构类型进行分类。

2.2.2.3.2　滚珠丝杠副的主要尺寸参数

如图 2–5 所示，滚珠丝杠副的主要尺寸参数如下：

（1）公称直径 d_0。它指滚珠与螺纹滚道在理论接触角状态时包络滚珠球心的圆柱直径。它是滚珠丝杠副的特征（或名义）尺寸。

（2）基本导程 l_0。它指丝杠相对于螺母旋转 2π rad 时，螺母上基准点的轴向位移。

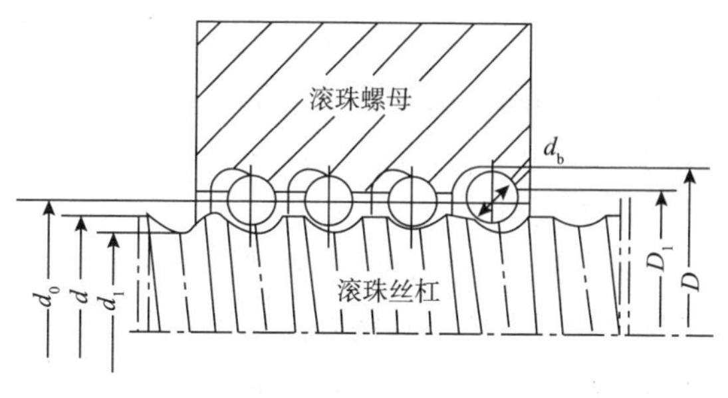

图 2–5　主要尺寸参数

（3）行程 l。它指丝杠相对于螺母旋转任意弧度时，螺母上基准点的轴向位移。

此外还有丝杠螺纹大径 d、丝杠螺纹小径 d_1、珠直径 d_b、螺母螺纹大径 D、螺母螺纹小径 D_1、丝杠螺纹全长 l_s 等。

基本导程的大小应根据机电一体化产品（系统）的精度要求确定。精度要求高时应选取较小的基本导程。

滚珠的工作圈（或列）数和工作滚珠的数量 N 由试验可知：第一、第二和第三圈（或列）分别承受轴向载荷的 50%、30% 和 20% 左右。因此，工作圈（或列）数一般取 2.5（或 2）~3.5（或 3）。滚珠总数 N 一般不超过 150 个。

2.2.2.3.3　滚珠丝杠副间隙的调整和预紧

在设计滚珠丝杠副时，不仅要保证其自身在轴向的传动精度，还要保证其反向传动精度，需要对其轴向间隙作出严格控制。滚珠丝杠副在承载时，滚珠与滚道型面接触时产生弹性变形，因变形引起了螺母轴向位移量，再加上螺母副自身轴向间隙，两者之和构成滚珠丝杠副的轴向间隙。为了减小或消除轴向间隙，并达到增强滚珠丝杠副的轴向刚度目的，当弹性变形控制在最小限度内时，可以采用适用于大滚珠和大导程的单螺母预紧方法以及双螺母预紧方法。

目前，制造的单螺母式滚珠丝杠副的轴向间隙达 0.05mm，而双螺母丝杠副经加预紧力调整后，基本上能消除轴向间隙。

1）双螺母预紧原理

常用双螺母齿差、双螺母垫片和双螺母螺纹三种调隙预紧式的结构形式消除其轴向间隙。

①螺母螺纹调隙预紧式。双螺母的两个外端均制有螺纹，但一个有凸缘，另一个无凸缘；用螺母将伸出套筒外的部分固定锁紧，同时为了防止两螺母相对转动，可以用键进行锁定。转动圆螺母可以在调整消除间隙的同时产生预紧力，接着通过锁紧螺母进行锁紧。该种形式结构的优点是调整方便，结构紧凑，工作可靠；缺点是间隙调整精确度不高。

②双螺母垫片调隙预紧式。通过把垫片加在两个螺母之间调整消除丝杠和螺母之间的间隙，同时产生预紧力。在消除轴向间隙时，由于垫片厚度不同所以形成的力也不同。当垫片较厚时，产生的是“预拉应力”，当垫片较薄时，产生的是“预压应力”。

③双螺母齿差调隙预紧式。通过螺钉或定位销将内齿圈固定在套筒上，每个螺母凸缘上的两个圆柱外齿轮均具有齿数差，可以与套筒上的内齿圈啮合。为了达到消除间隙、产生预紧力的效果，调整过程中，必须将两端的内齿圈取下，从而两螺母间会发生相对角位移，也会相应地产生轴向的相对位移，这时两螺母中的滚珠会紧负占在螺旋滚道的两个相反侧面上，最后将内齿圈复位固定。当两个螺母按同方向转过一个齿时，所产生的相对轴向位移如下：

$$\Delta_S=\left(\frac{1}{z_1}-\frac{1}{z_2}\right)P=\frac{z_2-z_1}{z_1z_2}P=\frac{P}{z_1z_2}$$

式中，P 为导程。若 $z_1=9$，$z_2=100$，$P=6\text{mm}$，则 $\Delta_S=0.6\mu\text{m}$。可见，该种形式的丝杠副调整精度很高，工作可靠，但结构复杂，加工和装配工艺性能较差。

2）单螺母预紧

单螺母消隙常用增大滚珠直径法和偏置导程法两种预紧方法。

①增大滚珠直径法。为了补偿滚道的间隙，设计时将滚珠的尺寸适当增大，使其 4 点接触，产生预紧力，为了提高工作性能，可在承载滚珠之间加入间隔钢球。

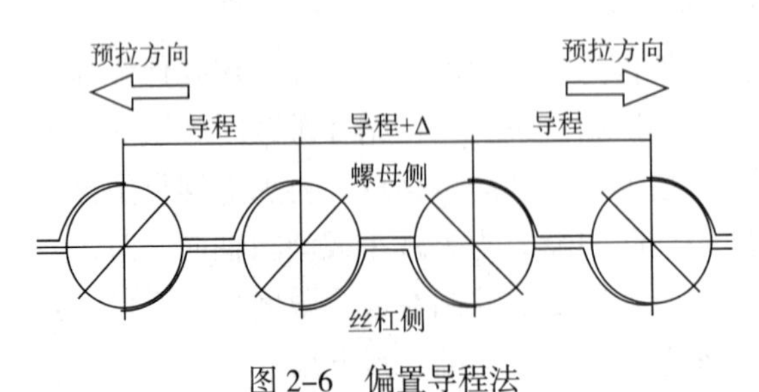

图 2–6　偏置导程法

②偏置导程法。偏置导程法原理如图 2–6 所示，仅仅在螺母中部将其导程增加一个预压量 Δ，以达到预紧的目的。

2.2.2.3.4 滚珠丝杠副的选择

1）滚珠丝杠副结构的选择

在实际应用过程中，可以按照对防尘防护条件以及对调隙及预紧不同程度的要求，选择不同形式的滚珠丝杠副结构。例如，单圆弧形螺纹滚道的单螺母滚珠丝杠副可应用在有间隙的情况下；当必须有预紧或因过度使用磨损而需要定期调整时，双螺母螺纹调隙预紧式或齿差调隙预紧式结构较为适用；双螺母垫片调隙预紧式结构简单，当防尘条件合格时，可以用在装配时调整间隙及预紧力的情况下。

2）滚珠丝杠副结构尺寸的选择

选用滚珠丝杠副时通常主要选择丝杠的公称直径 d_0 和基本导程 l_0。公称直径 d_0 应根据轴向最大载荷按滚珠丝杠副尺寸系列选择。螺纹长度 l_s 在允许的情况下要尽量短，一般以 l_s/d_0 小于 30 为宜；基本导程 l_0 应按承载能力、传动精度及传动速度选取，l_0 大则承载能力也大，l_0 小则传动精度较高。要求传动速度快时，可选用大导程滚珠丝杠副。

3）滚珠丝杠副的选择步骤

在选用滚珠丝杠副时，必须知道实际的工作条件：最大的工作载荷 F_{max}（或平均工作载荷 F_{cp}）（N）作用下的使用寿命 T（h）、丝杠的工作长度（或螺母的有效行程）l（mm）、丝杠的转速 n（或平均转速 n_{cp}）（r/min）、滚道的硬度 HRC 及丝杠的工况，然后按下列步骤进行选择。

①承载能力选择。首先计算作用于丝杠轴向的最大动载荷 F_Q，然后根据 F_Q 选择丝杠副的型号。F_Q 的计算公式为

$$F_Q = \sqrt[3]{L} f_H f_W (\max)$$

式中 L——滚珠丝杠寿命系数（单位为 1×10^6r，如 1.5 则为 1.5×10^6r），$L=60nT/10^6$ [其中 T 为使用寿命时间（h），普通机械为 5000~10000h，数控机床及其他机电一体化设备及仪器装置为 15000h，航空机械为 1000h]；如为载荷系数（平稳或轻度冲击时为 1.0~1.2，中等冲击时为 1.2~1.5，较大冲击或振动时为 1.5~2.5）；

f_H——硬度系数（HRC ≥ 58 时为 1.0，HRC=55 时为 1.11，HRC=52.5 时为 1.35，HRC=50 时为 1.56，HRC=45 时为 2.40）。

②压杆稳定性核算。实际承受载荷的能力 F_k 应不小于最大工作载荷 F_{max}，即

$$F_K = f_k \pi^2 E / (K_s^2) \geqslant F_{max}$$

式中 f_k——压杆稳定的支承系数（双推－双推时为 4，单推－单推时为 1，双推－简支时为 2，双推－自由式时为 0.25）；

E——钢的弹性模量，E=2.1 × 10^5MPa；

I——丝杠小径 d_1 的截面惯性矩（$I=\pi d_1^4/64$）；

K——压杆稳定安全系数，一般取为 2.5~4，垂直安装时取小值。

如果 $F_k<F_{max}$，会使丝杠失去稳定易发生翘曲。两端装止推轴承与向心轴承时，丝杠一般不会发生失稳现象。

对于低速运转（n<10r/min）的滚珠丝杠，无须计算其最大动载荷 F_Q，而只考虑其最大静负载是否充分大于最大工作负载 F_{max}。这是因为若最大接触应力超过材料的弹性极限就会产生塑性变形，塑性变形超过一定限度就会破坏滚珠丝杠副的正常工作。一般允许其塑性变形量不超过滚珠直径 d_b 的 1/10000，产生该塑性变形的载荷称为最大静载荷。

③刚度的验算。滚珠丝杠在轴向力的作用下将产生伸长或缩短，在扭矩的作用下将产生扭转变形而影响丝杠导程的变化，从而影响传动精度及定位精度，故应验算满载时的变形量。其验算公式如下：滚珠丝杠在工作负载 F 和扭矩 M 的共同作用下，所引起的每一导程的变形量为

$$\Delta L=\pm\frac{Fl_0}{ES}\pm\frac{Ml_0^2}{2\pi I_p G}$$

式中 S——丝杠的最小截面积，cm^2；

M——扭矩，N · cm；

G——钢的抗扭截面模量 G=8.24 × 10^4MPa；

I_p——截面对圆心的极惯性矩；

ΔL 的单位为 cm。“+”用于拉伸时，“–”用于压缩时。在丝杠副精度标准中一般规定每米弹性变形所允许的基本导程误差值。

2.2.2.4 精密齿轮传动

齿轮传动部件是转矩、转速和转向的变换器。由于齿轮传动的瞬时传动比为常数，并具有结构紧凑、传动精确、强度大、能承受重载、摩擦小和效率高等优点，在机电一体化产品中得到广泛应用。

本节重点介绍齿轮传动系统中的传动比的最佳选择及其分配原则、齿轮机构的消隙措施和谐波齿轮传动机构。

2.2.2.4.1 齿轮传动比的最佳选择及其分配原则

常用齿轮减速装置的传动形式可以分为一级、二级、三级，设计齿轮系统时，应选择系统的最佳传动比。为了实现各级传动比的合理分配，在选择最佳传动比时应满足以下要求：快速响应；系统稳定；高精度，最大限度地满足转速、驱动部件与负载之间的位移及转矩的匹配要求。

1）齿轮传动系统最佳总传动比的选择

根据负载特性和工作条件不同的要求，可以采用不同方法进行最佳传动比的选择。例如，在伺服电动机驱动负载的传动系统中，选择最佳传动比时，可以采用使负载加速度最大的方法。最佳总传动比的选择可分为两步进行。第一步将各种负载等效到电动机轴上，成为综合负载转矩。具体来讲，将传动系统中的摩擦、惯性以及工作负载综合为系统的总负载。第二步计算出使负载加速度最大时的总传动比或在等效负载转矩最小时的总传动比。

如图 2–7 所示，直流伺服电动机 M 的额定转矩为 T_m、转子转动惯量为 J_m，通过减速比为 i 的齿轮系 G 克服负载力矩 T_{LF} 带动转动惯量为 J_L 的负载运动，最佳传动比的计算过程如下：

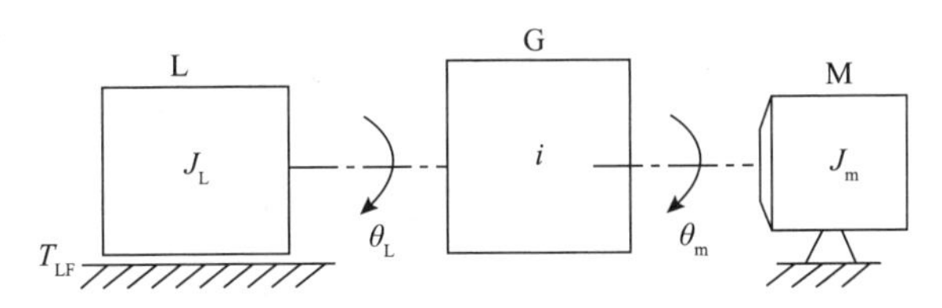

图 2–7　电动机驱动齿轮系统和负载的计算模型

其齿轮传动比为

$$i=\frac{\theta_m}{\theta_L}=\frac{\dot{\theta}_m}{\dot{\theta}_L}=\frac{\ddot{\theta}_m}{\ddot{\theta}_L}>1$$

式中，θ_m、$\dot{\theta}_m$、$\ddot{\theta}_m$ 分别是电动机的角位移、角速度、角加速度；θ_L、$\dot{\theta}_L$、$\ddot{\theta}_L$ 分别是负载的角位移、角速度、角加速度。换算到电动机轴上的负载力矩为$\frac{T_E}{i}$，换算到电动机轴上的转动惯量为$\frac{J_L}{i^2}$。设电动机轴上的加速度转矩为 T_a，则

$$T_a=T_m-\frac{T_E}{i}=\left(J_m+\frac{J_L}{i^2}\right)\ddot{\theta}_m=\left(J_m+\frac{J_L}{i^2}\right)\ddot{\theta}_L$$

故

$$\ddot{\theta}_L=\frac{T_m i-T_E}{J_m i^2+J_L}=\frac{T_a i}{J_m i^2+J_L}$$

当$\partial\ddot{\theta}_L/\partial i=0$时，即可求得使负载加速度为最大时的传动比 i，即

$$i=\frac{T_E}{T_m}+\sqrt{\left(\frac{T_E}{T_m}\right)^2+\frac{J_L}{J_m}}$$

若 T_E=0，则有

$$i=\sqrt{\frac{J_L}{J_m}}$$

上式表明，当负载换算到电动机轴上的惯量 J_L 恰好等于转子惯量 J_m 时，能达到惯性负载和驱动力矩的最佳匹配。实际上为提高力矩传动的抗干扰能力常选用较大的传动比。当选定执行元件为步进电动机时，其步距角 a、系统脉冲当量 δ 和丝杠基本导程 l_0 确定后，其减速比 i 应满足匹配关系 $i=\dfrac{al_0}{360^\circ\delta}$。

2）各级传动比的分配原则

在选定齿轮系统的总传动比后，为了合理匹配转速以及驱动部件和负载间的转矩，选择传动方案时，应满足对传动链的技术要求。在总传动比较大时，不应采用单级传动，因为单级传动虽然能简化传动系统，但会使整个传动系统轮廓的尺寸随着大齿轮的尺寸增大而变大。

在已经确定传动级数后，并对各级传动比已经进行合理分配的情况下，采用多级传动系统不仅可以使减速系统结构紧凑，还能同时满足动态性能和提高传动精度的要求。

①等效转动惯量最小原则。在设计齿轮传动系统时，采用等效转动惯量最小原则，可以使换算到电动机轴上的等效转动惯量达到最小。

②重量最轻原则。对于小功率传动系统，通过计算使各级传动比 $i_1=i_2=i_3=\cdots=\sqrt[n]{i}$，即可使传动装置的重量最轻。由于这个结论是在假定各主动小齿轮模数、齿数均相同的条件下导出的，故所有大齿轮的齿数、模数也相同，每级齿轮副的中心距也相同。

上述结论对于大功率传动系统是不适用的，因其传递扭矩大，故要考虑齿轮模数、齿轮齿宽等参数要逐级增加的情况，此时应根据经验、类比方法以及结构紧凑之要求进行综合考虑，各级传动比一般应以“先大后小”原则处理。

③输出轴转角误差最小原则。设齿轮传动系统中各级齿轮的转角误差换算到末级输出轴上的总转角误差为$\Delta\phi_{max}$，则

$$\Delta\phi_{max}=\sum_{k=1}^{n}\left(\frac{\Delta\phi_k}{i_k}\right)$$

式中 $\Delta\phi_k$——第 k 个齿轮所具有的转角误差；

i_k——第 k 个齿轮的转轴至第 n 级输出轴的传动比。

例如，对于一个四级齿轮传动系统，设各齿轮的传动误差分别为 $\Delta\phi_1$，$\Delta\phi_2$，…，$\Delta\phi_8$ 则换算到末级输出轴上的总转角误差为

$$\Delta\phi_{max}=\frac{\Delta\phi_1}{i}+\frac{\Delta\phi_2+\Delta\phi_3}{i_2i_3i_4}+\frac{\Delta\phi_4+\Delta\phi_5}{i_3i_4}+\frac{\Delta\phi_6+\Delta\phi_7}{i_4}+\Delta\phi_8$$

上述计算仅适用于小功率传动，由于大功率传动的转矩较大，采用上述计算不符合实际，需要按其他法则进行计算。为了降低齿轮的加工、安装及回转三方

面误差对输出转角精度的影响，同时提高机电一体化系统中齿轮传动系统传递运动的精度，应按“先小后大”的原则对各级传动比进行分配。由此可知，传动比和最末一级齿轮的转角误差是影响总转角误差的决定性因素，因此在设计中在提高最末一级齿轮副的加工精度的同时也应加大最末两级的传动比。

综上所述，在设计中应根据对转动惯量、结构尺寸和传动精度的不同要求，结合实际情况的可行性和经济性，按照以下五个原则进行处理：①当要求齿轮传动系统体积小、重量轻时，可用重量最轻原则；②伺服系统的减速齿轮系要求运动平稳、起停频繁和动态性能好，可以用最小等效转动惯量和总转角误差最小的原则；③如果要求传动齿轮系提高传动精度和减小回程误差，可用总转角误差最小原则；④当齿轮系需以较大传动比传动时，可行星轮系、定轴轮系结合为混合轮系；⑤对于更大的传动比，若要求体积小、重量轻、传动精度与传动效率高以及传动平稳时，可选用谐波齿轮传动。

2.2.2.4.2 齿轮传动的消隙机构

齿轮传动中的齿侧间隙的存在，不仅会影响机电一体化系统的传动精度，还会在电动机驱动系统中产生严重的噪声。因此，对于机电一体化的齿轮传动，一般要求采取措施消除齿侧间隙。圆柱齿轮传动侧隙的调整有偏心轴套调整、双片薄齿轮错齿调整和垫片调整等多种方法。各种侧隙调整方法各有优缺点，应根据设计需要合理选用。

2.2.2.4.3 谐波齿轮传动

谐波齿轮传动有很多优点，如结构简单、精度高、误差小、传动比范围可以从几十到几百、噪声小、效率高等，谐波齿轮传动在一些精密行业运用得比较多，如航空航天、机器人等领域的机电一体化系统。

小型谐波齿轮减速器由三个主要构件组成，即具有内齿的刚轮、具有外齿的柔轮和波发生器。这三个构件和少齿差行星传动中的中心内齿轮、行星轮和系杆相当。

一般将波发生器作为小型谐波齿轮减速器的主动件，而刚轮和柔轮则一个是固定件，一个是从动件。波发生器的总长比柔轮的内孔直径稍微大一点，所以当前者装入后者时，柔轮的运动轨迹是椭圆形的，并且二轮会在柔轮椭圆长轴的两端局部啮合，而在短轴的两端则是完全分离的。除此之外的其他部位，有可能是啮合的，也有可能不是啮合的，主要看柔轮回转方向。柔轮长短轴的位置随着波发生器的转动而发生改变，使得轮齿分离与啮合的部位也不断发生改变，这样一来，两轮之间会产生相对位移，最终使运动得到传递。

两轮的齿数之差一般为波发生器波数的整数倍，通常是两者相等，目的主要是避免轮齿干涉和有利于柔轮力平衡。常用有两个触头的即为双波发生器，也有三个触头的。具有双波发生器的谐波减速器，其刚轮和柔轮的齿数之差为 $z_g - z_r = 2$。其椭圆长轴的两端柔轮与刚轮的牙齿相啮合，在短轴方向的牙齿完全分离。当波形发生器逆时针转一圈时，两轮相对位移为两个齿距。

固定轮为刚轮时，柔轮回转方向为波形发生器回转的反方向。在谐波齿轮传动过程中，可以采用周转轮系的计算方法，计算两轮的传动比，这是因为两轮的啮合过程与行星齿轮传动十分类似。

2.2.2.5　挠性传动

在机电一体化系统中，不仅有齿轮副、滚珠丝杠副等传动部件，还有很多挠性传动部件，如钢丝绳、尼龙绳、链条、钢带以及同步齿形带等。

2.2.2.5.1　同步带传动

同步带传动不同于普通带传动，也不同于链轮链条传动，其综合了二者的优点，不仅在带的工作面上有啮合齿，在带轮外周上也有啮合齿，同步带传动的啮合运动是通过带齿和轮齿完成的。同步带所运动的材料是高强度材料，这种材料的优点是承载之后不会发生弹性变形，确保了带和带轮之间的同步传动是无滑差的，以保证带的节距不变。故其具有传动比准确、传动效率高（可达 98%）、能吸振、噪声低、传动平稳、能高速传动、维护保养方便等优点，所以同步带传动的运用范围非常广。但是同步带传动对安装精度方面的要求十分严格，中心距也需要控制得非常精准，并且具有一定的蠕变性。

2.2.2.5.2　钢带传动

钢带传动方式的特点是钢带与带轮之间没有间隙，接触面积和摩擦力均很大，相互之间无位移产生，运行稳定，噪声小，钢带不产生蠕变，使用寿命长等。

2.2.2.5.3　绳轮传动

绳轮传动方式的优点是噪声小，结构简单柔软，传动刚度大，成本低等。但是其加速度受限，安装面积大，带轮也比较大。

2.2.2.6　间歇传动

棘轮传动、槽轮传动、蜗形凸轮传动等在机电一体化系统中是非常常见的间歇传动方式。通过这些部件的作用，输入时的连续运动输出便是间歇运动。间歇传动最基本的要求是移位速度快，移位时柔和无冲击，停位时稳定准确。

滚子、转盘以及蜗形凸轮组成了间歇传动，其中滚子安装在转盘上。蜗形凸轮做旋转运动，角速度用 ω 表示，在凸轮转过中心角 ϕ 时，转盘也转过 ϕ 角，但当凸轮转过中心角之外的角度时，轮盘处于静止状态，位于两个滚子之间，凸轮的轮边将其卡住定位。这就是主动件连续运动转变成从动件间歇运动的过程。

蜗形凸轮机构的特点如下：（1）在现实之中所能遇到的转位时间/静止时间值，在蜗形凸轮机构中都能得到，与槽轮机构相比，其工作时间系数要小一些；（2）转盘要求的所有的运动规律都可以实现；（3）与槽轮机构相比，蜗形凸轮机构不仅可以用于工位数比较多的设备，而且不需要任何其他的传动机构；（4）除非特殊情况，否则仅仅依靠凸轮棱边便可对其进行精准定位；（5）刚度很强，完全满足使用要求；（6）安装便捷；（7）加工过程复杂，成本高。

2.2.3　机械导向机构

机电一体化系统中包括导向机构，其机械系统中所有运动机构所需的支撑，指定方向运动的准确完成，所依赖的都是导向机构。导轨是该系统的导向机构，主要作用是导向和支撑。支承导轨和动导轨组成了一副完整的导轨，其中支承导轨在工作时是固定的，这时动导轨则与支承导轨做相对运动，这种相对运动要么是直线运动，要么是回转运动。

2.2.3.1　概述

2.2.3.1.1　导轨的基本要求

（1）导向精度。导向精度是指动导轨沿支撑导轨运动时，其运动轨迹的准确程度，即直线运动导轨的直线性和圆周运动导轨的真圆性。影响导向精度的主要因素有导轨的几何精度和接触精度、导轨的结构形式、导轨和支承件的刚度、导轨副的油膜厚度和油膜刚度，以及导轨和支承件的热变形等。

（2）耐磨性。耐磨性是指导轨在长期使用过程中能否保持一定的导向精度。因导轨在工作过程中难免有所磨损，所以应力求减少磨损量，并在磨损后能自动补偿或便于调整。

（3）疲劳和压溃。导轨面反复过载形成疲劳点，导致塑性变形，表面产生龟裂和剥落而出现的凹坑现象称为压溃，其是导轨失效的主要原因。所以，超强载荷和受载能力应在滚动导轨承受范围内。

（4）刚度。刚度是指导轨抵抗受力变形的能力。变形将影响构件之间的相对位置和导向精度，其对精密机械与仪器尤为重要。提高刚度的方法有加大导轨尺寸或添加辅助导轨，这样既能满足导轨的刚度要求也能不受外界影响。

（5）低速运动平稳性，低速运动时，作为运动部件的动导轨易产生爬行现象。它与导轨的结构、润滑状况、润滑剂性质及导轨运动传动系统的刚度等因素有关。

（6）结构工艺性。在满足设计要求的同时，导轨应尽量做到制造、维修、保养方便、成本低廉等。

（7）对温度的敏感性。摩擦生热，导轨对温度变化非常敏感，热变形太大的话，会影响动导轨运动甚至导致其卡死。所以，导轨对温度变化时选择材料和配合的间隙起到一定作用。

2.2.3.1.2 导轨的分类和特点

导轨在日常生活中的应用也是很普遍的，如滑动、滚动及流体介质摩擦导轨等属于摩擦性质，确保导轨运动件与承导面来自重力和弹力及导轨自身的闭式接触。

（1）两导轨面间的摩擦性质是滑动摩擦，称为滑动导轨。它的特点是结构较简单，制造较容易，承载能力大，刚性好，抗振性强等，因此在机械产品中得到了广泛的应用。其缺点是磨损快，精度保持性差，摩擦阻力大，运动灵活性较差，动、静摩擦系数差值大，重载或低速移动时易产生爬行现象，高速运动时容易发热。在温度上可使用品质优秀的合金耐磨铸铁或镶淬火钢导轨，在磨损方面可采纳表面淬硬、涂铬、涂钼等方法，更便捷的是选用既能满足摩擦也能达到无爬行要求的新型工程塑料。

（2）导轨面之间放置滚珠、滚柱、滚针等滚动体，使导轨面之间的滑动摩擦变为滚动摩擦，也即滚动导轨。它的特点是摩擦阻力小，运动轻便灵活；磨损小，能长期保持精度；动、静摩擦系数差别小，低速时不易出现爬行现象，故运动均匀平稳。因此，滚动导轨在要求微量移动和精确定位的设备上，获得日益广泛的运用。其缺点是结构复杂，成本高，制造困难；接触面积小，抗振较差；对脏、杂物较敏感，防护要求高。

2.2.3.1.3 导轨副的设计要点

导轨的设计要求主要有六个方面。第一，选择合适的导轨类型。第二，保证导轨截面形状的导向精度。第三，有良好的耐磨性、足够的刚度，保持运动轻便性和低速平稳性。第四，保持导轨的补所需要的导向精度。第五，导轨要有耐磨涂料和防护装置良好的工作条件。第六，保证具备导轨技术条件所需的必要条件。

2.2.3.2 滚动直线导轨

现代机电一体化系统中的各种滚动导轨普遍生产，以下主要介绍滚动直线导轨的计算和使用方法。

2.2.3.2.1 滚动直线导轨的特点

（1）圆弧滚道能够增大与滚动体的接触面积，也能够提高导轨承载力，按照这样的趋势可使其达到平面滚道的 13 倍，所以承载能力极强。

（2）超强预加的载荷，能够承受较大的冲击力和振动，使导轨的刚度大大提高。

（3）直线滚动导轨可以使摩擦系数减小到滑动导轨的1/50，磨损程度较小，功能消耗也有所降低，所以寿命长，适宜用于小型机械。

（4）直线导轨的摩擦方式为滚动摩擦，动作轻便、运行平稳，不会出现爬行现象，因而可以保证定位精度的准确性，传动平稳可靠。

（5）在调整方面，为了更加方便易用，降低了对配件加工精度的要求，以充分提高自调能力。

2.2.3.2.2 滚动直线导轨的分类

（1）按滚动体的形状分为钢珠式和滚柱式两种。滚柱式加工装备比较复杂，因有较高的承载能力，同时摩擦力也随之提高。市场调查数据显示，钢珠式的滚动直线导轨使用得较多。

（2）按导轨截面形状分为矩形和梯形两种。矩形承载时，各方向的受力是平等的，梯形承受较大的垂直载荷，虽然安装基准的误差能力较强，但是在其他方面的承载力则大大降级。

（3）按滚道沟槽形状分为单圆弧和双圆弧两种。单圆弧沟槽为两点接触，双圆弧沟槽为四点接触。单圆弧运动摩擦和安装基准的误差平均作用比后者小，但其静刚度比后者稍差。

2.2.3.2.3 滚动直线导轨的选择程序

为了满足主机对于技术性的各种要求，需要对滚动直线导轨做出正确选择，在这个过程中需要考虑的问题主要包括以下方面：一是导轨的工作载荷；二是导轨的精度高低；三是导轨的速度；四是导轨的工作行程；五是导轨的预期寿命；六是导轨的刚度；七是导轨的摩擦情况；八是摩擦误差的作用；九是阻尼特征。

2.2.3.3 塑料导轨

近年来由于新型工程材料的出现，导轨选材已不仅仅局限于金属材料及对金属材料的加工方面。各种塑料导轨制品纷纷涌现，并形成各种系列，这不仅降低了导轨的生产成本，而且提高了导轨的抗振性、耐磨性、低速运动平稳性。下面介绍几种在国内外应用广泛的塑料导轨及其使用方法。

2.2.3.3.1 塑料导轨软带

塑料导轨软带的材料以聚四氟乙烯为基体，加入青铜粉、二硫化钼和石墨等填充剂混合烧结，并做成软带状。目前，同类产品常用的有美国Shamban公司的Turcite-B和我国广州的TSF等。

1）塑料导轨软带的特点

①摩擦系数低而稳定。其摩擦系数比铸铁导轨低一个数量级。

②动静摩擦系数相近。其低速运动平稳性较铸铁导轨好。

③吸收振动。由于材料具有良好的阻尼性，所以其抗振性优于接触附度较低的滚动导轨和易漂浮的液体静压导轨。

④耐磨性好。由于材料自身具有润滑作用，所以即使无润滑也能工作。

⑤化学稳定性好。耐高低温，耐强酸强碱、强氧化剂及各种有机溶剂。

⑥维护修理方便。导轨软带使用方便，磨损后更换容易。

⑦经济性好。结构简单、成本低，为滚动导轨成本的 1/20，三层复合材料 DU 导轨板成本的 1/4。

2）塑料导轨软带的使用

塑料导轨软带的粘接方法简单，通常采用粘接材料将其贴在所需处作为导轨表面。

软带的粘接操作如下：

①切制软带。按导轨面的几何尺寸放出适当余量切制。

②清洗软带。用汽油或丙酮等清洁剂将软带清洗干净。

③软带表面处理。软带材料一般具有不可粘性，要用生产厂指定的表面处理剂配成溶液浸泡软带使其表面产生可粘性，然后再清洗、干燥。

④被粘表面的准备。把被粘的金属表面粗糙度加工到 R_a 为 3.2~1.6μm 和相应的表面精度，且清洗干净。

⑤软带粘贴。用生产厂指定的配套胶粘剂以一定厚度均匀涂布在软带和被粘表面，然后将软带粘上，并要求胶层与软带间无气泡。

⑥加压固化。在压力为 0.1~0.15MPa，温度为 10~30℃的环境下固化 24h。

⑦检查粘接质量。观察表面是否合乎要求。用小木锤轻敲整个软带表面，若敲打的声响音调一致，则表明粘接质量良好。

⑧配合表面加工至符合配合精度要求，开油槽。

2.2.3.3.2　*金属塑料复合导轨板*

金属塑料复合导轨板分为三层，内层钢背保证导轨板的机械强度和承载能力。钢背上镀铜烧结球形青铜粉或者铜丝网形成多孔中间层，以提高导轨板的导热性，然后用真空浸渍的方法，使塑料进入孔或网中。这种复合导轨板以英国 Glacier 公司的 DU 和 DX 最有代表性。我国北京机床研究所研制的 FQ-1 复合导轨板及江苏、浙江、辽宁生产的导轨板与国外产品性能类似。金属塑料导轨板的特点是摩擦特性优良、耐磨损。

2.2.3.3.3　*塑料涂层*

摩擦副的两配对表面中，若只有一个摩擦面磨损严重，则可把磨损部分切除，涂敷配制好的胶状塑料涂层，利用模具或另一摩擦表面使涂层成形，固化后的塑料涂层即成为摩擦副中配对面之一，与另一金属配对面组成新的摩擦副，利用高分子材料的性能特点，维持良好的工作状态。此法不仅用于机械设备中导轨、滑动轴承、蜗杆、齿条等各种摩擦副的修理，还用于设备改装中对导轨运动特性的改善，特别是低速运动的平稳性，也可用于新产品设计。

2.2.4　机械执行机构

2.2.4.1　机械执行机构的基本要求

2.2.4.1.1　惯量小、动力大

表征执行机构惯量的性能指标：对直线运动为质量 m，对回转运动为转动惯量 J，表征输出动力的性能指标为推力 F、转矩 T 或功率 P。对直线运动来说，设加速度为 a，则推力 $F=ma$，$a=F/m$。对回转运动来说，设角速度为 ω，角加速度为 ε，则 $P=\omega T$，$\varepsilon=T/J$，$T=J\varepsilon$。a 与 ε 表征了执行机构的加速性能。另一种表征动力大小的综合性能指标称为比功率。它包含了功率、加速性能与转速三种因素，即比功率 $=P\varepsilon/\omega=\omega T/J\omega=T^2/J$。

2.2.4.1.2　体积小、重量轻

既要缩小执行机构的体积、减小重量，又要增大其动力，故通常用执行机构的单位重量所能达到的输出功率或比功率，即用功率密度或比功率密度来评价这项指标。设执行机构的重量为 G，则功率密度 $=P/G$，比功率密度 $=(T^2/J)/G$。

2.2.4.1.3　便于维修、安装

执行机构最好不进行维修。无刷DC及AC伺服电动机就是走向无维修的一例。

2.2.4.1.4　易于计算机控制

根据易于计算机控制这一要求，用计算机控制最方便的是电气式执行机构。因此机电一体化系统所用执行机构的主流是电气式，其次是液压式和气压式（在驱动接口中需要增加电—液或电—气变换环节）。

2.2.4.2　微动执行机构

2.2.4.2.1　热变形式

热变形式执行机构属于微动机构，该类机构以电热元件为动力源，电热元件通电后产生的热变形实现微小位移，其工作原理如图2–8所示。传动杆1的一端固定在机座上，另一端固定在沿导轨移动的运动件3上。电阻丝2通电加热时，传动杆1受热伸长，其伸长量为

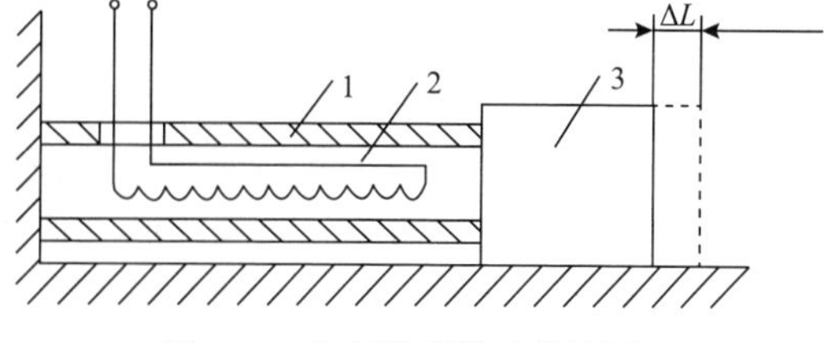

图2–8　热变形式微动机构原理

$$\Delta L = aL(t_1 - t_0) = aL\Delta t$$

式中 a——传动杆 1 材料的线性膨胀系数，m/℃；

L——传动杆长度，mm；

t_1——加热后的温度，℃；

t_0——加热前的温度，℃；

Δt——加热前后的温度差；℃。

传动杆 1 伸长时会产生相应的力，当这个力比导轨的静摩擦力大时，运动件 3 会发生移动。如果按照预期，传动杆所伸长的量与运动件移动的量应当是相同的，但实际上这两个量会有误差，因为运动件的质量会对其位移产生影响，运动件的位移速度也会影响移动量，而且系统阻尼和导轨的副摩擦力不同，也会导致两者之间存在差值，这就是所谓运动误差，即

$$\Delta S = \pm \frac{CL}{EA}$$

式中 C——考虑到摩擦阻力、位移速度和阻尼的系数；

E——传动杆材料的弹性模量，Pa；

A——传动杆的截面积，m^2。

所以，位移的相对误差为

$$\frac{\Delta S}{\Delta L} = \pm \frac{C}{EAa\Delta t}$$

为减少微量位移的相对误差，应增加传动杆的弹性模量 E、线性膨胀系数 a 和截面积 A，因此作为传动杆的材料，其线性膨胀系数和弹性模量要高。

传动杆的加热速度可以由热变形微动机构进行调节，调节的工具可以是变压器，也可以是变阻器，借此对微进给量进行控制，同时还能控制位移的速度。使传动杆冷却的办法有两种，一种是将压缩空气流经传动杆的内腔，另一种是利用乳化液流经传动杆的内腔，这样才能促使传动杆复位。

热变形微动机构有两个明显优点，一是刚度高；二是不存在间隙。热变形微动机构可以通过对加热电流的控制，促使热变形微动机构做出微量位移。但因为无法实现对电流的冷却速度以及热惯性的精准控制，所以只能在行程比较短，频率较低的设备上使用热变形微动机构。

2.2.4.2.2 *磁致伸缩式*

一些特殊的材料会因磁场的作用而产生磁致伸缩效应，这种效应能够导致出现微量位移，如图 2–9 所示。磁致伸缩棒 1 的左侧被固定在机座之上，右侧连接的是运动件 2。当伸缩棒外面缠绕的磁致线圈被通电励磁之后，磁场会产生相应的作用，棒 1 会出现伸缩，最终导致变形，这样就导致运动件 2 出现微量移动。

当线圈中的电源被改变后，磁场强度也会发生相应变化，棒1会出现各种情况的变形，导致运动件出现不同的位移量。伸缩棒的变形量可以表示如下：

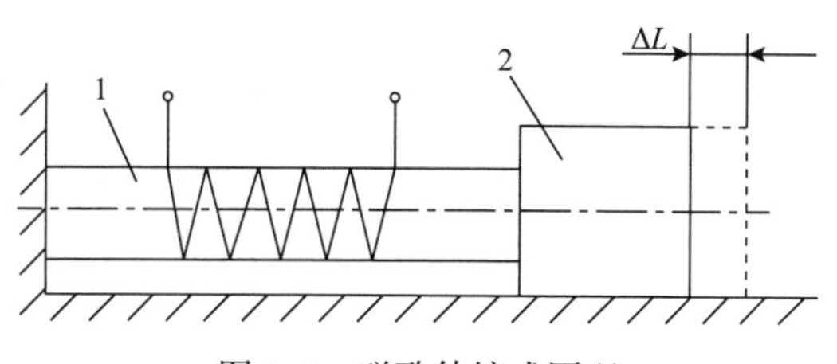

图2-9 磁致伸缩式原理

1—磁致伸缩棒；2—运动件

$$\Delta L=\pm\lambda L$$

式中 λ——材料磁致伸缩系数，(μm/m)；

L——伸缩棒被磁化部分的长度，m。

当伸缩棒变形时产生的力能克服运动件导轨副的摩擦时，运动件产生位移，其最小位移量为

$$\Delta L_{min}>F_0/K$$

最大位移量为

$$\Delta L_{max}\leqslant\lambda_s L-F_d/K$$

式中 F_0——导轨副的静摩擦力；

F_d——导轨副的动摩擦力；

K——伸缩棒的纵向刚度；

λ_s——磁饱和时伸缩棒的相对磁致伸缩系数。

磁致伸缩式微动机构有几个明显特征：一是转动的惯量较小；二是刚度较高；三是不存在间隙；四是具有很高的重复精度；四是稳定性较强；五是结构非常紧凑，而且十分简单。但这类机构也存在一定的局限性。因为工程材料的磁致伸缩量被限制在一定范围内，导致这类机构的位移量也比较小，比如长度为100mm的铁钴矾棒，磁致伸缩只有7μm。所以，这类机构的适用范围主要为位移的精确调整，切削刀具的磨损补偿和切削刀具的自动调节系统。

2.2.4.3 工业机械手末端执行器

工业机械手实际上是一种机电一体化的设备，它能够自动搬运工件、工具、物料，并且能够完成其他设定好的作业任务，实现自动化的控制，并且对程序进行反复编制。操作机械手腕的前端安装有末端执行器，可以完成各种指定的操作功能。

如果按照用途划分，末端执行器可以被归为三类：一是机械夹持器；二是特种末端执行器；三是万能手。

2.2.4.3.1 机械夹持器

机械夹持器是工业机械手中最常用的一种末端执行器。

（1）机械夹持器应具备的基本功能。其最为重要的功能是夹持与松开。在进行夹持时，夹持器应当具有对形状和力量的约束功能，这样才能使被夹的对象不会因停留、移动而导致姿态改变。当需要松开被夹对象时，夹持器要完全松开。

（2）分类和结构形式。压缩空气是机械夹持器的动力来源，其手指的运动是通过传动机构实现的。如果按照运动轨迹划分，机械夹持器可以分为以下几种：一是圆弧开合型机械夹持器；二是圆弧平行开合型机械夹持器；三是直线平行开合型机械夹持器。

①圆弧开合型。其是机械手的手指在传动机构的带动下，呈现出圆弧形的运动轨迹。在工作过程中，两个机械手的手指以支点为中心，按照圆弧形的轨迹进行运动，工作对象被机械手夹紧并且定心。这种夹持器在工作时，会严格按照设定部位对工作进行夹持，如果工件被夹部位出现偏差，则会导致工作状态失常。

②圆弧平行开合型。其是指在工作过程中，两个机械手指进行平行式的开合运动，两指指端按圆弧形进行运动。

③直线平行开合型。其是机械手的手指呈现出直线形的运动轨迹，两个机械手指的夹持面一直保持平行的状态。

因为有着较多的工作要求，使得夹持器的种类也较多，特别是有些工件的形状较为复杂，所以设计出了手指结构比较特殊的夹持器。

2.2.4.3.2　特种末端执行器

特种末端执行器供工业机器人完成某类特定的作业，下面简单介绍其中两种。

（1）真空吸附手。在制造工业机器人的过程中，负压发生器和真空吸附手常常被组合在一起，在同一个系统中开展工作，吸附工件和脱开工件都可以通过电磁换向阀的开与合来完成。真空吸附手的结构较为简单，价格相对低廉，而且吸附作业时较为柔顺，吸附手的工作不会因工件的位置存在偏差或尺寸存在偏差而受到影响。它常常被用来搬运体积较小的工件，而且可以将若干吸附手组合在一起完成特殊工件的搬运和移动。

（2）电磁吸附手。电磁吸附手的工作原理是通过通电线圈所产生的磁场对材料形成的作用来吸附工件。它的结构也比较简单，价格同样低廉，但它有一个特别之处，即在最开始时不需要接触工件就可以开始实施吸附作用，吸附手和工件之间在此时处于一种漂浮的状态。在这个过程中通电线圈所产生的磁场会形成相应的吸附力，因此一些可以被磁化的较大工件可以使用电磁吸附手来搬运。

需要根据工件的具体形状设计吸附手的形状，吸附手多被用于表面平坦的工件。图 2-10 是曲面的工件被吸附手吸附的情况。从图中可以看出，磁粉袋被安装在吸附手与工件的吸附部位，这种磁粉袋的形状是可变的，可以被贴于工件上。当线圈通电后，磁粉袋可以按照工件的表面形状做出改变，特殊的工件便可以被吸附起来。

（3）灵巧手。灵巧手可以模仿人指的关节功能，属于一种末端执行器。它能够按照工件的不同形状，实施不同力度和方向的夹持力；可以完成对不同形状、不同材质的工件夹持任务。但是灵巧手对操作技术有着较高要求。

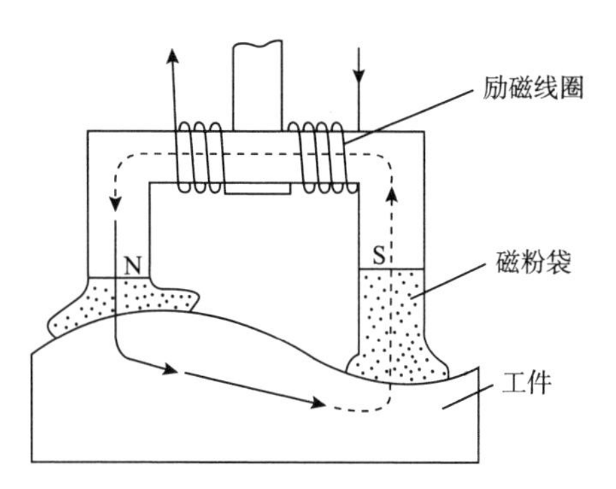

图 2-10　具有磁粉袋的电磁吸附手

2.2.5　轴系

轴系的主要传动部件包括带轮和齿轮等。它的作用主要是扭矩的传递和进行精确的在传动过程中的回转运动，直接承受力矩，也就是外力。

2.2.5.1　轴系设计的基本要求

轴系分为主轴轴系和中间传动轴轴系两种。在整个轴系设计中，以主轴轴系为主，它在刚度、精度、抗震性和热变形等方面都有着非常高的要求，而对中间传动轴轴系的设计要求一般并不高。

（1）旋转精度。所谓旋转精度，是指将轴系整个装配完毕之后，将旋转状态调至低速、无负载，轴前段的轴向串动量和径向跳动。这些数值的大小由组成整个轴系的零件和相关支撑部件在设计和制作上的精细程度。而旋转精度也可以称作运动精度，又取决于在工作状态下轴系的轴承性能、转速和动平衡。

（2）刚度。轴系在刚度上面的强度，主要体现在承受动静载荷时的能力方面。载荷在转矩和弯矩的状态下，会产生扭转度和挠度两个变量，这时会体现在抗扭和抗弯两个刚度上。轴系在承受如齿轮和带轮的径向力时，会产生一定程度的弯曲变形，所以在进行验算时，不仅要注意强度方面的问题，还要注意刚度是否合格。

轴系在振动时，会产生两种情况，一个是自激振动，另一个是强迫振动。之所以产生振动，是因为整个轴系的组件在质量上是不均匀的，轴系的刚度、不平衡状态以及单向受力等方面都受到影响。同时，这些因素又会进一步影响轴系中轴承的寿命和旋转精度。在高速运动的情况下，如果需要提高轴系的动态性能，则必须在轴承阻力、静动刚度方面进行加强，最重要的是抗震性。

（3）热变形。轴系在温度升高后，各零件会产生一定的间隙且轴会产生一定程度的伸长，从而影响整合轴系的旋转、传动和位置精度。润滑油的黏度也会随着温度升高而产生变化，那么整个轴系不论是滚动轴承所能够承受的能力，还是滑动时的能力都会有所减弱。所以，为了缓解以上出现的情况，必须将温度控制在一定范围内。

（4）轴上零件的布置。在整个轴系中，相关的传动零件会对轴的振动、受力和热变形等产生很大影响。所以在布置时，应该将其放在距离支撑处较近的位置，以减少轴在受力过程中的弯曲和在扭转时发生的变形。比如主轴上有两对传动零件——齿轮，在进行安装时，应该尽量将两对齿轮靠近前支撑，尤其是扭矩较大的齿轮应该更加靠近前支撑，这样可以在一定程度上缩短主轴扭转的长度。除此之外，还要注意避免因弯曲变形产生的重叠。

（5）轴系的驱动方法。由于电动机及传动系统的振动是主要振源之一，因此，设计时应重视合理选择轴系的驱动方法，以保证轴系的回转精度。例如，可采用卸荷皮带轮、卸荷轴承或挠性联轴器等方法减少或消除单向和不平稳驱动力直接作用在轴系上。

2.2.5.2 轴系的分类、特点和结构形式

因主轴轴颈与轴套之间的摩擦性质不同，所以轴系主要分为滑动轴承轴系、流体动压轴承和静压轴承轴系、磁悬浮轴承轴系、滚动轴承轴系等类型。

2.2.5.2.1 滑动轴承轴系

对于滑动轴承，需要在轴套和轴颈的中间部位加入适量的润滑油，以保证运动过程中的灵活性。

为了转动灵活，轴颈与轴套之间应具有一定间隙（一般不能小于2.5μm，当转速增大时，间隙也应相应增大）。

滑动轴承的轴系有着结构简单、制造、安装方便、承载能力大、刚度强的优点，但是耐磨性和抗震性则显得较弱，所以在精度方面很难把控。如采用锥形结构，磨损后间隙可以调整，但调整过程比较麻烦。

2.2.5.2.2 流体动压轴承和静压轴承轴系

流体动压轴承轴系和静压轴承轴系阻尼性能好，支撑精度高，具有良好的抗振性和运动平稳性。按照油膜和气膜压强的形成方式，可将其分为动压、静压和动静压相结合三类轴系。目前使用的流体介质主要为液体和气体。

动压轴承的原理就是在对轴承进行旋转的过程中，由于油或者气会在轴承中间形成一定的楔形空隙，而在空隙慢慢变窄的过程中，油或气就会浮起，压强逐渐升高，这样就能够承担很大的载荷。动压轴承的承载能力会随着滑动表面的线速度增大而增大，这就使得在低速时动压轴承的承载能力是较低的，所以这就要求动压轴承只能在一些速度快且基本保持不变的状态中使用。

静压轴承不同于动压轴承的地方在于，它的轴套油腔或是气腔中的压力是由外部装置进行外部输入产生的。也就是需要将自身就带有压力的气体或液体直接送入轴套中使得轴浮起产生压力，从而承受相应的载荷。另外，其承载能力并不和滑动表面构成直接关系。所以静压轴承被更加广泛地应用于低速和中速的打载荷机器中。它的优点在于不论是精度、刚度还是抗震性都呈现出非常好的状态，而且摩擦阻力很小。

2.2.5.2.3　*磁悬浮轴承轴系*

磁悬浮轴承是一种区别于传统轴承，利用磁场原理使轴能够在无润滑、无机械摩擦的情况下进行运作的新型轴承。

所谓径向磁悬浮，由定子和转子两部分组成。定子部分装上产生磁场的电磁体，而转子在磁场中悬浮。

在转子受到磁场影响进行转动时，可以通过位移传感器检测到转子是否偏心，然后将检测到的结果，以及转子在此时应该处在的理想位置一起进行反馈、比较，之后调节器会根据相关信号进行一定程度的调整。它的运作机理是先将调节信号发送到功率放大器上面，这样可以改变定子中电磁体的电流，使浮力发生改变，悬浮在空中的转子会被调整到基准信号所给出的理想位置。

在径向磁悬浮轴承的组件中，一般还会配备起到安全作用的辅助轴承。这样在轴承进行工作时，一旦出现断电或磁悬浮失去控制的现象，辅助轴承就可以将转子托住。辅助轴承在转子之下，距离基本等于转子和定子之间距离的一半。轴向和径向磁悬浮轴承的工作原理是相同的。

2.2.5.2.4　*滚动轴承轴系*

滚动轴承轴系是在轴颈与轴套之间放入滚动轴承或圆球、滚柱等滚动体作为介质的轴系。标准滚动轴承轴系和非标准滚动轴承轴系是滚动轴承轴的两种类型。

标准滚动轴承轴系可以直接进行应用标准滚动轴承的轴系。标准滚动轴承已标准化、系列化，并由轴承厂成批生产。在轴系设计时，只要根据负荷、转速、精度、刚度及空间大小等即可选用所需轴承。

非标准滚动轴承轴系是指在轴系中直接放入滚动体，不需要采用标准滚动轴承，这使得结构十分紧凑。此外，轴颈与轴套上一般不加工出圆弧形滚道，因此容易达到较高的尺寸和形状精度，所以在机电一体化系统中，由于对结构尺寸和精度的要求比较高，标准滚动轴承无法满足需求，因此会自行设计非标准滚动轴承轴系。普通非标准滚动轴承轴系和密珠轴系是非标准滚动轴承轴系的两种形式。

轴系的作用是承受工作时的轴向和径向载荷，并要保证所要求的回转精度。因此轴系设计时，在选择轴系类型的同时，还要考虑合适的结构形式，这样才能更好地满足轴系工作的要求。轴系的结构形式很多，常见的有以下几种。

（1）圆柱—止推。圆柱形轴承承受和保证轴承的径向载荷与径向回转精度。而止推轴承承受和保证轴向载荷和轴向精度。这种轴系的结构和形式最为常见。

（2）双球（包括圆球—半圆球及双半圆球等）。两个圆球形和两个半圆球轴承或者一个球及一个半圆球轴承构成这种结构。

（3）圆锥—止推。两个锥形和一个止推轴承构成这个结构。其径向载荷及径向精度由锥形轴承承担及保证，而轴向载荷及轴向精度则由止推轴承承受和保证，这样可以保证径向的间隙是可以调整的。

（4）双锥。两个锥角方向相反的圆锥轴承构成轴系两端轴承，这样的结构既能承受径向载荷，也能够大幅度承受轴向载荷。

（5）圆柱—圆球。一个径向圆柱形轴承，一个球形轴承分别构成该轴承。其中，承受径向和轴向载荷的是球形轴承。

（6）圆锥—半圆球。轴系两端轴承一个是锥形轴承，一个是半圆球轴承。

在轴承结构设计时，采用何种类型的轴系和什么样的结构形式，应从多方面考虑，包括轴系的精度要求，轴系的空间位置（立式轴系还是卧式轴系），轴系的承载大小及制造厂的工艺条件等。

2.3 传感检测技术

传感器和检测系统在机电一体化的产品中，已经成为重要纽带，两者之间也是密不可分的。传感器是整个设备的感觉器官，它主要用于检测位移、速度、加速度、运动轨迹以及机器操作和加工过程参数等机械运动参数，监测整个设备的工作过程，使其保持最佳工作状态，同时还可用作数显装置。在闭环伺服系统中，传感器又用作控制环的检测反馈元件，其性能好坏直接影响到工作机械的运动性能、控制精度和智能水平。因而要求所选择的传感器灵敏度高、动态特性好，特别要求其稳定、可靠，抗干扰性强且能适应不同环境。

2.3.1 传感器及其组成

传感器是将某种物理量，比如力、位移或加速度进行较为精确的测量，然后将其转换为与某个数值相对应的一种装置或部件。

随着电子技术的不断进步和发展，电量逐渐具备了显示、转换、传输、处理等特点。所以，传感器也将这种技术融入其中，逐渐将非电量输出转换成电量输出。

传感器一共包括三个组件，分别是敏感元件、转换元件以及基本转换电路。

（1）敏感元件。敏感元件的主要作用是对于测量物理量的变化情况进行检测，与此同时输出在某一确定关系下的物理量。比如弹性敏感元件会将测量出的力转变为位移或应变输出。

（2）转换元件。转换元件的作用是从敏感元件得出的相应的非电物理量转换成相应的电路参数。比如将应变、位移和光强等转换成电感、电阻和电压等。

（3）基本转换电路。基本转换电路作为传感器装置的最后一道工序，主要是将电路参数转换成可以测量的电量。

2.3.2　传感器分类及其特性

2.3.2.1　传感器分类

传感器有很多种分类，可以根据用途的不同，选择不同测量、不同物理量的传感器。

传感器一般将自身的状态变化与感受到的外界环境所发生的变化，一起反馈给计算机，让其进行监控和信息处理。以下会将传感器按照输出信号的性质进行分类，一共分为三种类型：开关型、模拟型和数字型，如表 2–2 所示。

表 2–2　传感器按输出信号性质分类

开关型（二值型）	接触型（如微动开关、行程开关、接触开关）
	非接触型（如光电开关、接近开关）
模拟型	电阻型（如电位器、电阻应变片等）
	电压、电流型（如热电偶、光电池等）
	电感、电容型（如电感、电容式位移传感器）
数字型	计数型（二值 + 计数器）
	代码型（如旋转编码器、磁尺等）

开关型传感器只能输出两个值，即“1”和“0”或开（ON）和关（OFF）。某一个临界值是开、关的设定值，当传感器的输入物理量达到这个值以上时，其输出为“1”（ON 状态），达不到该值输出为“0”（OFF 状态）。微型计算机直接处理这两种数字信号。

模拟型传感器所输出的电量，是随着输入的物理量的变化而不断变化，它们的关系有时可能是线性的，信号可以直接使用，但是也有可能不是线性的，这时需要将这些数据进行一定的线性处理。

数字型传感可以分成两大类，一类是计数型，也称为脉冲计数型，另一类是代码型，也就是绝对值式编码器。计数型传感器可以将脉冲发生器所产生的脉冲数和接收到的输入量形成比例，也就是在此基础上加上计数器，根据脉冲数岁输入量进行计算。

计数型传感器不仅可以检测出在输送带上的产品数量，还可以检测位移量，它的作用机理在于每当执行机构的位移或者转动角度发生改变时，就会产生一个脉冲信号。代码型传感器将二进制代码作为信号进行输出，比如高电平用代码“1”表示，低电平用代码“0”表示。这种传感器可以检测元件所在位置和运动速度。

2.3.2.2 传感器的基本特性

有很多物理量在机电一体化的机械系统中需要监控，而传感器的作用在于将这些需要监控的非电物理量检测出来，并且将其转换为电量，与被测量形成相应的函数关系。

传感器在检测和转换的过程中，测量量是不断变化的，想要对这些数值进行准确检测并转换，则需要依靠自身的输入和输出特性。对于这种特性的理解，可以从静态和动态特性两个方面进行介绍。

2.3.2.2.1 传感器的静态特性

静态特性是指检测在稳定状态时，系统输出与输入之间的关系。它有线性度、灵敏度、迟滞性和重复性等技术指标。

1）线性度

传感器的线性度是指传感器实际输出——输入特性曲线与理论直线之间的最大偏差与输出满量程值之比，即

$$\gamma_L = \pm\frac{\Delta_{max}}{y_{FS}}\times 100\%$$

式中 γ_L——线性度；

Δ_{max}——最大非线性绝对误差；

y_{FS}——输出满量程值。

2）灵敏度

传感器的灵敏度是指传感器在稳定标准条件下，输出量的变化量与输入量的变化量之比，即

$$S_0 = \frac{\Delta y}{\Delta x}$$

式中 S_0——灵敏度；

Δy——输出量的变化量；

Δx——输入量的变化量。

对于线性传感器来说，其灵敏度是个常数。

3）迟滞性

传感器在正（输入量增大）、反（输入量减小）行程中，输出—输入特性曲

线不重合的程度称为迟滞性，迟滞性误差一般以满量程输出 y_{FS} 的百分数表示

$$\gamma_{H} = \pm\frac{\Delta H_{m}}{y_{FS}}\times 100\%$$

式中　ΔH_{m}——输出值在正、反行程间的最大差值。迟滞特性一般由实验方法确定。

4）重复性

传感器在同一条件下，被测输入量按同一方向做全量程连续多次重复测量时，所得输出—输入曲线的不一致程度，称为重复性。重复性误差用满量程输出的百分数表示，即

①近似计算

$$\gamma_{R} = \pm\frac{\Delta R_{m}}{y_{FS}}\times 100\%$$

②精确计算

$$\gamma_{R} = \pm\frac{2\sim 3}{y_{FS}}\sqrt{\frac{\sum\left(y_{i}-\bar{y}\right)^{2}}{n-1}}$$

式中　ΔR_{m}——输出最大重复性误差；

y_{i}——第 i 次测量值；

$\bar{y}$——测量值的算术平均值；

n——测量次数。重复性特性也用实验方法确定，常用绝对误差表示。

5）分辨率

传感器能检测到的最小输入增量称为分辨率，在输入零点附近的分辨率称为阈值。

6）零漂

传感器在零输入状态下输出值的变化称为零漂，零漂可用相对误差表示，也可用绝对误差表示。

2.3.2.2.2　传感器的动态特性

测量静态信号时，传感器的测量和记录不受时间影响。然而，实际应用中主要监测动态信号，传感器需要准确输出被测波形。在这种测量情况下，传感器表现了测量过程中信号进出间的动态特性。这个指标可以称为动态特性参数，一般由时、频域或者试验分析三种方式确定。

如果动态特性良好的话，传感器的输出量和输入量与时间是构成一定函数关系的。然而在实际测量时，这种关系不会出现，所以产生动态误差的概念。

2.3.2.3　传感器的发展方向

传感器在整个检测系统中是最先检测信号的，所以其是否具备完美的性能，

将影响整个机电产品的实用效果。如今，人们也逐渐重视传感器的研究，其性能趋于完善，这主要体现在三个方面：（1）新型传感器的开发；（2）传感器的集成化和多功能化；（3）传感器的智能化。

2.3.3 机电一体化中常用的传感器

机电一体化系统中常用的传感器根据被测物理量的不同分为以下几种：位移检验传感器，速度、加速度检测传感器，力、力矩检测传感器及温度、湿度、光度检测传感器等。

2.3.3.1 位移检测传感器

线位移和角位移检测传感器的统称为位移检测传感器，位移测量广泛应用在机电一体化领域。

2.3.3.1.1 线位移检测传感器

最普遍的线性位移检测传感器分为光栅位移传感器、感应同步器、磁栅、电感传感器和电容传感器等类型，这里主要介绍第一种。

光栅能够把机械位移或模拟量转化为数字信号，有着测量精准、快速、大量程的特点，不仅如此，还能够实现不接触测量。凭借数控上的优势，光栅被数控和测量行业大范围应用。

1）光栅的结构

在透明玻璃板或者金属镜面上画出相等间距的条纹就是光栅，这些条纹的宽度也是一致的。在玻璃板或金属镜面上分别被称为透射光栅和反射光栅，从外形方面又分直线光栅及圆光栅。

图 2–11 是直线光栅的结构图，可以看出它由 4 部分组成。标尺光栅一般和被测物连在一起，并随被测物位移。它的刻线密度与指示光栅相同，一般是 25~250mm，栅距用 W 表示。

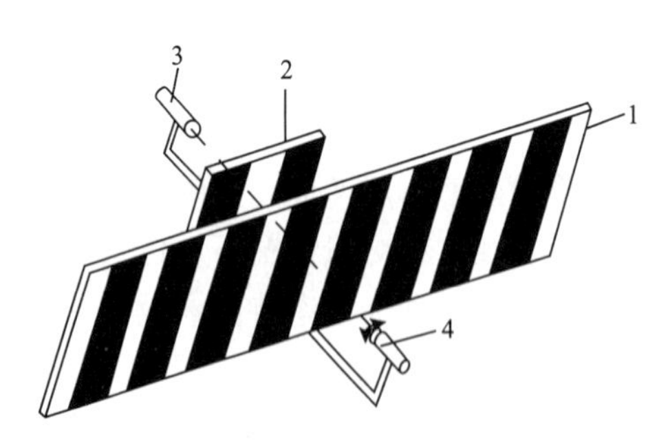

图 2–11 直线光栅位移传感器的结构原理图
1—标尺光栅；2—指示光栅；3—光电器件；4—光源

2）工作原理

平行安装相同 W 的两块光栅，并使刻痕间的夹角 θ 很小，此时会出现莫尔条纹，排列方向大致与光栅垂直。透过光栅非重合部分的光线，呈四棱形，是莫尔条纹（d–d 线区），而遮光区域则如 f–f 所示。

莫尔条纹具有如下特点：

①莫尔条纹的位移与光栅的移动成比例。

②莫尔条纹具有位移放大作用。莫尔条纹的间距 B 与两光栅条纹夹角 θ 之间关系如下：

$$B=\frac{W}{2\sin\frac{\theta}{2}}\approx\frac{W}{\theta}$$

式中，θ 的单位为 rad ；B、W 的单位为 mm，所以莫尔条纹的放大倍数如下：

$$K=\frac{B}{W}\approx\frac{1}{\theta}$$

可见 θ 越小，放大倍数越大。实际应用中，θ 的取值范围都很小。

③莫尔条纹只有平均光栅误差的作用。

通过光电元件，可将莫尔条纹移动时光强的变化转换为近似正弦变化的电信号。其电压为

$$U=U_0+U_m\sin\frac{2\pi x}{W}$$

式中　U_0——输出信号的直流分量；

U_m——输出信号的幅值；

x——两光栅的相对位移。

将电压信号先后转换为方波、脉冲信号，然后通过可逆计数统计其位移量，即脉冲乘以栅距。其中，栅距等于测量分辨率。

一般运用最多的是通过电子细分提高分辨率。因为通过这个方法，在光栅位移一个栅距过程中，可以实现电子4倍频细分。

2.3.3.1.2　角位移检测传感器

机电一体化系统中常用的角位移检测传感器有旋转变压器、光电编码器和电容传感器等。

1）旋转变压器

旋转变压器可以将转角转变成电压信号。在结构、动作、环境要求、信号及抗干扰方面都有很大优势，所以经常被应用于机电一体化中。

①旋转变压器的构造和工作原理。旋转变压器由定子与转子构成。在一定频率下，转子电压幅值与转角会出现正余弦的函数关系或比例关系。根据不同关系，其又被叫作正余弦旋转变压器和线性旋转变压器，分别适用于绝对或相对测量。

旋转变压器通常是两极电动机式，如图2–12所示。而不论在定子还是转子上的两个绕组轴线都成90°。

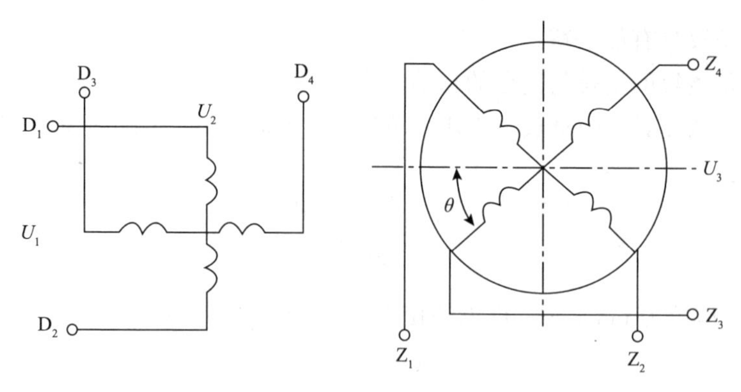

图 2–12 正余弦变压器原理图

D_1D_2—激磁绕组；D_3D_4—辅助绕组；Z_1Z_2—余弦输出绕组；Z_3Z_4—正弦输出绕组

②旋转变压器的测量方式。当定子绕组中，用幅值和频率相同、相位相差 90° 的交变激磁电压时，便可得到感应电势 U_3，并且根据线性叠加原理，U_3 是激磁电压 U_1 加上 U_2 的感应电势总和，即

$$U_1 = U_m \sin\omega t$$

$$U_2 = U_m \cos\omega t$$

$$U_3 = kU_1 \sin\theta + kU_2 \sin(90^\circ + \theta) = kU_m \cos(\omega t - \theta)$$

式中 $k=w_1/w_2$——旋转变压器的变压比；

w_1、w_2——转子、定子绕组的匝数。

可见，测得转子绕组感应电压的幅值和相位，可间接测得转子转角 θ 的变化。

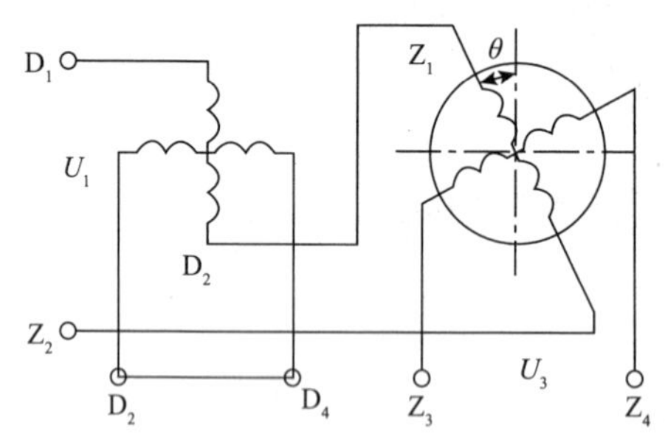

图 2–13 线性旋转变压器原理图

线性旋转变压器本质上是正余弦旋转变压器，但是不同的是，线性旋转变压器采用的是接线方式和特定的变压比 k，如图 2–13 所示。这样使得其输出电压和转子转角 θ 成线性关系（在一定转角范围内，一般为 ±60 度），此时输出电压为

$$U_3 = kU_1 \frac{\sin\theta}{1 + k\cos\theta}$$

根据这个公式，满足线性关系的转角范围可以由选定变压比 k 及允许的非线性度推算出，如图 2–14 所示。例如，当 k=0.54，并且非线性度不超过 ±0.1% 时，转子转角范围在 ±60 度。

2）光电编码器

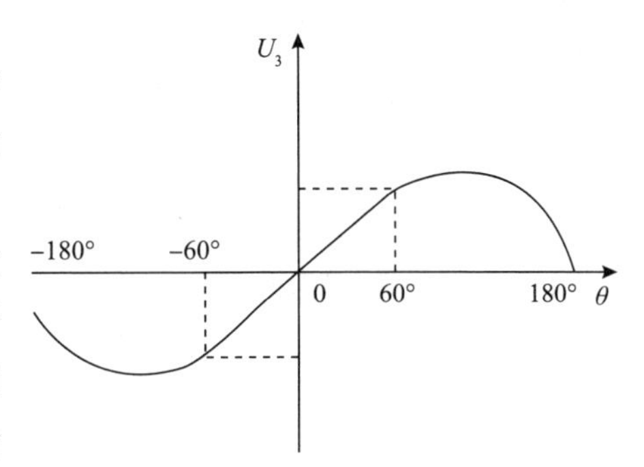

图 2–14　转子转角 θ 与输出电压 U_3 的关系曲线

光电编码器是一种集光、机、电为一体的数字检测装置，故称为码盘式角度数字检测元件。它有两种基本类型，即增量式编码器和绝对式编码器。增量式编码器的优点是原理构造简单，抗干扰能力强；缺点是无法输出轴转动的绝对位置信息。绝对式编码器可以直接给出对应于每个转角的数字信息，有利于计算机处理。当进给数大于 1 转时，须作特别处理，必须用减速齿轮将两个以上的编码器连接起来，组成多级检测装置，这使其结构复杂，成本高。

①增量式编码器。增量式编码器是将位移转换成周期性的电信号，再把这个电信号转变成计数脉冲，用脉冲个数表示位移大小。主码盘、鉴向盘、光学系统和光电变换器组成增量式编码器。

在一个码盘的边缘上开有相等角度的缝隙（分为透明和不透明部分），在开缝码盘两边分别安装光源及光敏元件。当码盘随工作轴一起转动时，每转过一个缝隙就产生一次光线的明暗变化，再经整形放大，可以得到一定幅值和功率的电脉冲输出信号，脉冲数等于转过的缝隙数。

将上述脉冲信号送到计数器中进行计数，从测得的数码数可知码盘转过的角度，鉴向盘与主码盘平行，并刻有 a、b 两组透明检测窄缝，它们彼此错开 1/4 节距。

当增量式编码器转轴旋转时，有相应的脉冲输出，其旋转方向的判别和脉冲数量的增减借助后部的判向电路和计数器实现。其计数起点任意设定，可实现多圈无限累加和测量，还可以把每转发出一个脉冲的 Z 信号，作为参考机械零位。编码器轴转一圈会输出固定的脉冲，脉冲数由编码器光栅的线数决定。需要提高分辨率时，可利用 90° 相位差的 A、B 两路信号对原脉冲数进行倍频，或者更换高分辨率编码器。

利用测量脉冲的频率和周期的原理可以测量轴的转速。

②绝对式编码器。通过被测转角读取码盘上的图案信息直接转换成相应代码的检测元件，故称为绝对式编码器。其有三种编码盘：光电式、接触式和电磁式。

光电式码盘是一种光电式转角检测装置，在透明材料的圆盘上精确地印制上二进制编码；组成一套编码是由码盘上各圈圆环分别代表一位二进制的数字码道，在同一个码道上印制黑白等间隔图案。其中应用最广泛的是光电式码盘。

2.3.3.2 速度、加速度检测传感器

黑色为不透光区，白色为透光区透光，表示二进制代码“1”，不透光表示“0”。如果编码盘有4个码道，则由里向外的码道分别表示为二进制的一位。通常将组成编码的圈称为码道，每个码道表示二进制数的一位，其中最外侧的是最低位，最里侧的是最高位，在范围内可编数码数为24~16（个）。

在工作时，当码盘顺时针方向旋转，由位置“0111”变为“000”时，这四位数要同时变化，可以能将数码误读成16种代码中的任意一种，如读成111.1011、1101、.00等，当码盘回转在两码段交替过程中，受到制造和安装精度的影响，产生了无法估计的数值误差，这种误差称为非单值性误差。

为了消除非单值性误差，可采用循环码盘和带判位光电装置的二进制循环码盘来实现。

2.3.3.2.1 速度检测传感器

1）直流测速发电机

直流测速发电机是一种测速元件，它把转速信号转换成直流电压信号输出，相当于一台微型的直流发电机。直流测速发电机分为永磁式和电磁式两种，其结构与直流发电机相近。按照不同的电枢结构，其分为有无槽电枢、空心杯电枢和圆盘电枢等类型。

直流测速发电机虽然有多结构，但是都有相同的基本原理。

当转子在磁场中旋转时，电枢绕组中即产生交变的电势，经换向器和电刷转换成与转速成正比的直流电势，故称为恒定磁通。近年来，又出现了永磁式直线测速机，常用的为永磁式测速机。

直流测速发电机的输出特性曲线如图2-15所示。

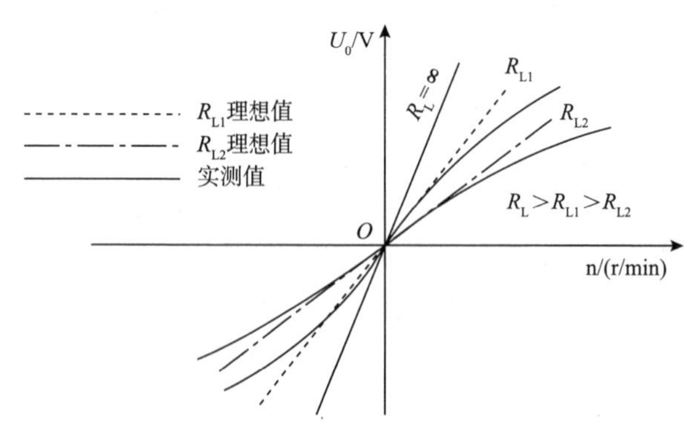

图2-15 直流测速发电机输出特性

从图 2-15 中可以看出，输出电压 U_0 与转速是成比的，这是因为负载电阻 $R_L \to \infty$，如果负载电阻 R_L 逐渐减小，那么电压也随之下降，在输出电压与转速之间是不能保持线性关系的，所以在使用其他措施外的同时负载电阻 R_L 应尽量大，这样直流测速发电机的精度才比较高。

直流测速发电机的优点是采用高性能永久磁钢励磁，受温度变化的影响较小，输出变化小，斜率高，线性误差小。其缺点是构造和维护复杂，摩擦转矩较大。

直流测速发电机直接连接到电动机轴上，可以提高检测灵敏度，大多数直流测速发电机都已安装在电动机本身上。直流测速机在机电控制系统中，测速和校正元件成为直流测速发电机。

2）光电式速度传感器

光电式速度传感器工作原理如图 2-16 所示。

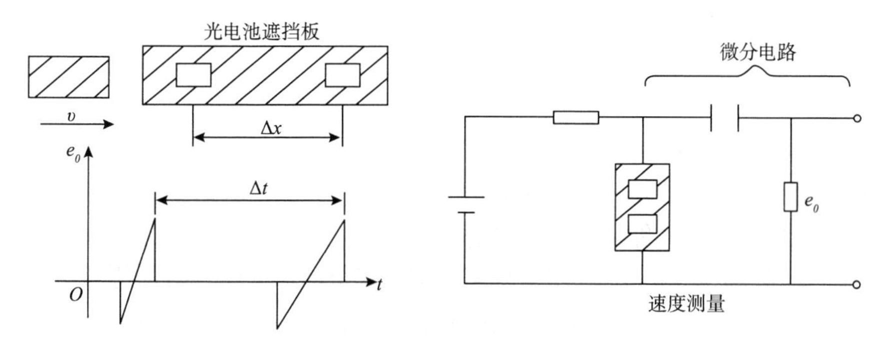

图 2-16　光电式速度传感器工作原理图

物体以速度 v 经过光电池遮挡板时，光电池输出阶跃电压信号，经微分电路形成两个脉冲输出，测出两脉冲之间的时间间隔 Δt，则可测得速度为

$$v=\Delta x/\Delta t \tag{2-5}$$

式中　Δx——光电池遮挡板上两孔间距，m。

光电式速度传感器是由装在被测轴或与被测轴相连接的输入轴上带缝隙圆盘光源光电器件和指示缝隙盘组成，缝隙圆盘和指示缝隙盘照射到光电器件上出自光源，因圆盘上的缝隙间距与指示缝隙的间距相同，故缝隙圆盘随被测轴转动时，带缝隙旋转盘每转一周，相等的电脉冲属于光电器件输出与圆盘缝隙数，如图 2-17 所示。根据测量时间 t 内的脉冲数 N，则可测得转速为

$$n=\frac{60N}{Zt}$$

式中　Z——圆盘上的缝隙数；

　　n——转速（r/rain）；

t——测量时间（s）。

一般取 $Z=60\times10m$（$m=0$，1，2，…）。利用两组缝隙间距 W 相同、位置相差（$i/2+1/4$）W（i 为正整数）的指示缝隙和两个光电器件，则可辨别出圆盘的旋转方向。

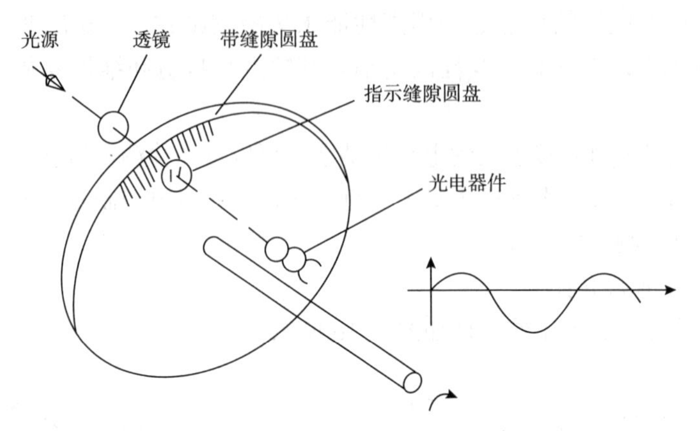

图 2–17 光电式转速传感器的结构原理图

2.3.3.2.2 加速度检测传感器

加速度检测传感器是一种能够测量加速度的传感器。其通常由质量块、阻尼器、弹性元件、敏感元件和适调电路等部分组成。传感器在加速过程中，通过对质量块所受惯性力的测量，利用牛顿第二定律获得加速度值。根据传感器敏感元件的不同，常见的加速度传感器包括电容式、电感式、应变式、压阻式、压电式等类型。加速度检测传感器是一种利用感受加速度并将其转换为电信号的方式来测量加速力的设备。

重块、悬臂梁、应变片和阻尼液体等组成的应变片式加速度传感器。加速度检测传感器的敏感轴检测输入加速度，并将其作用转换为电阻应变片阻值的变化。通过变送电路，将这种变化转换为对应的电压输出，从而达到测量加速度的目的。其中，壳体内灌满的黏性液体作为阻尼之用。应变片式加速度传感器系统，可以达到最低的固有频率。

应变片式加速度传感器使用时，将传感器固定在被测物体上，当物体振动时，传感器壳体随物体一起振动，压电晶体在质量块的惯性力作用下产生电荷，输出的电荷量与振动加速度成正比。压电式加速度传感器因为具有测量频率范围宽、重量轻、体积小，对被测件的影响小以及安装使用方便，所以成为最常用的振动测量传感器。加速度传感器的性能逐渐趋于完善，而且将会越来越受工程振动测量的重视。

2.3.4 传感器的选择和使用

2.3.4.1 传感器的选择

对于不同的传感器，应根据实际需要确定其主要性能参数。有些指标可要求低些或不予考虑，以便使传感器成本低又能达到较高的精度。选用传感器时，应考虑的主要因素如下：高精度、低成本；保证工作稳定可靠、稳定性好；结构简单、抗腐蚀性好；抗干扰能力强；方便维护，功耗低等。

2.3.4.2 传感器的正确使用

传感器的正确使用主要包括以下几个方面：对传感器的输出特性进行线性化处理与补偿，传感器的标定以及采取适当的抗干扰措施。

2.3.4.2.1 线性化处理与补偿

线性化处理与补偿在机电一体化测控系统中，特别是在需对被测参量进行显示时，人们总是希望传感器及检测电路的输出和输入特性成线性关系，显示仪表的刻度均匀。在整个测量范围内具有相同的灵敏度，有利于数据对系统进行分析处理。

大多数传感器的输入输出特性，总是具有不同程度的非线性，不仅如此，传感器的输出响应往往还受环境参量的影响，并对传感器的非线性产生误差。为了进行非线性补偿，通常用硬件电路组成各种补偿回路，如常用的信息反馈式补偿回路使用对数放大器、反对数放大器；应变测试中的温度漂移采用桥式补偿电路等。这不但增加了电路的复杂性，而且很难获得理想的补偿效果。这种非线性补偿完全可以用计算机的软件完成，其补偿过程较简单，精确度也很高，而且降低了硬件电路的复杂性。

2.3.4.2.2 传感器的标定

所谓传感器的标定，是指通过试验建立传感器输出与输入之间的关系并确定不同使用条件下的误差的过程。

在确定传感器输出量和输入量之间的对应关系的同时，也确定不同使用条件下的误差关系。传感器的标定，主要看的是信号是否足够使用，精度性能是否满足原设计指标。

2.3.4.2.3 抗干扰措施

传感器在微弱输入信号的系统中，可采用抗干扰措施进行屏蔽、接地、隔离和滤波等。使用抗干扰是因为传感器的工作环境有时很恶劣，这会影响传感器的精度和性能，所以抗干扰是非常重要的。

2.3.5 传感器的测量电路

在机电一体化系统中，传感器获取系统的有关信息并通过检测系统进行处理，以实施系统控制。传感器处于被测对象与检测系统的界面位置，是信号输入的主要窗口，为检测系统提供必需的原始信号。中间转换电路将传感器的敏感元件输出的电参数信号，转换成易于测量或处理的电压或电流等电量信号，满足信号、计算机处理的要求可用中间转换电路进行放大、调制解调、A/D、D/A 转换等处理，同时进行必要的阻抗匹配、线性化及温度补偿等处理。不同的传感器要求配用中间转换电路，中间转换电路的种类和构成由传感器的类型决定。

2.3.5.1 测量电路

根据传感器输出信号的不同，传感器的测量电路也有模拟型测量电路、数字型测量电路和开关型测量电路之分。

2.3.5.1.1 模拟型测量电路

电阻式、电感式、电磁式和电热式等输出模拟信号的传感器适合在模拟型测量电路上，为得到高质量的模拟信号，要求放大、运算电路具有抗干扰、高输入阻抗等性能。常用的抗干扰措施有屏蔽、滤波、接地等方法。在模拟信号处理中，运算放大器的使用率非常高。由传感器输出的电信号多为微弱的，变化缓慢，类似于直流的信号，若采用一般直流放大器进行放大和传送，零点漂移及干扰等会影响测量精度，因此常先用调制器把直流信号变换成某种频率的交流信号，经交流放大器放大后再通过解调器将此交流信号重新恢复为原来的直流信号形式，成为“调制”。传感器输出的信号如果是连续变化的模拟量，为了满足系统信息传输、运算处理、显示或控制的需要，应将模拟量变为数字量，这就是（A/D）转换。

2.3.5.1.2 数字型测量电路

数字型测量电路有绝对码数字式和增量码数字式绝对码数字信号的传感器：由相应的光电元件读出每一码道的状态，经光电转换、放大整形后，得到与被测量相对应的编码。

光栅、磁栅、容栅、感应同步器、激光干涉等传感器均使用增量码测量电路。为了提高分辨力，使传感器的输出变化 1/n 周期时计一个数，称为细分电路，它同时还完成整形作用。为了辨别运动部件的运动方向，需采用辨向电路，以正确进行加法或减法计算。最后精算的数值就会被传送到相关的显示或控制器。

2.3.5.1.3 开关型测量电路

光电开关和电触点开关的通断信号等，这类信号是测量电路实质为功率放大电路，故开关信号是传感器的输出信号。

2.3.5.2 转换电路

随着数字技术，特别是信息技术的飞速发展与普及，通信及检测等领域为了提高系统的性能指标，对信号的处理广泛采用了数字计算机技术，转换电路的种类和构成由传感器的类型所决定，不同的传感器要求配用的转换电路经常具有自己的特色。以下是各种转换电路的相关资料。

（1）电桥。电桥是一种具有高灵敏度和准确度的测量电路，利用电桥平衡的原理，把电阻、电感或电容的变化量转化为电压或电流量，以供后续电量测量记录。

（2）放大电路。放大电路能够将微弱的交流信号放大到所需要的幅度值且与原输入信号变化规律一致的信号，即进行不失真的放大，它的核心是电子有源器件，如运算放大器、晶体管等。高质量的放大电路模拟信号含有抗干扰、高输入阻抗等性能。抗干扰的措施主要包括屏蔽、隔离、滤波、接地和软件处理等。屏蔽是一种目前采用最多也是最有效的方式，而滤波技术是一种抑制干扰的有效措施，当干扰频谱成分不同于有用信号的频带时，可以用滤波器将干扰滤出。滤波器将有用信号与干扰的频谱隔离得越完善，它对减少有用信号的干扰效果就越理想。接地的目的有两个：一是提供一个基准电位；二是保护人身安全。

（3）调制与解调电路。其是使数字数据能在模拟信号传输线上传输的转换接口。信源输出的消息信号大多数微弱而变化缓慢，可使用调制器将直流信号转换为某种频率交流信号，用交流放大器放大后，利用解调器将交流信号恢复为原来直流信号的形式，避免影响零点漂移及干扰测量精度。

（4）A/D 与 D/A 转换电路。模数转换器是将模拟量变为数字量，称为 A/D。数模转换是将离散的数字量转换为连接变化的模拟量，实现该功能的电路或器件，称为数模转换电路，即 D/A。机电一体化系统转换电路满足系统信息传输、运算处理、显示或控制的需要。

如果有能在精度和尺寸等方面满足设计要求的传感器产品，那么可以采用自己传感器的敏感元件，并设计与此相匹配的转换测量电路。传感器在生产厂家中已经配好转换放大控制电路，所以在机电一体化系统中，用户不需要担心传感器问题。

2.4 伺服驱动技术

伺服（sevo）一词源于拉丁语，原意是奴隶、伺候服侍的意思。伺服就是在控制指令的指挥下，控制驱动元件，使机械系统的运动部件按照指令要求进行运动。

伺服系统是以机械参数为控制对象的自动控制系统。伺服系统按照伺服驱动机的不同，可分为电气式、液压式和气动式三种，伺服电机在计算机控制中机械地做回转、直线等复杂运动。伺服系统在数控机床、工业机器人、坐标测量机以及自动导引车等自动化制造、装配及测量设备中，获得了非常广泛的应用。

2.4.1 伺服系统概述

2.4.1.1 伺服系统及其组成

伺服系统是用于精确地跟随或复现某个过程的反馈控制系统，按照其控制对象由外到内，分为位置环、速度环和电流环，控制命令的要求、对功率进行放大、变换与调控等处理，使驱动装置输出的力矩、速度和位置控制非常灵活方便。相应地，伺服驱动器也可以在位置控制模式、速度控制模式和力矩控制模式下工作。其中，性能对机电一体化系统的动态性能、控制质量和功能具有决定性作用，是机电一体化设备的核心。

伺服传动装置是驱动车床、磨床等机床的主轴以及进给平台的动力源。在机器人中，伺服传动装置也是驱动机器人本体做上下运动、旋转运动以及驱动手臂做伸缩运动等的驱动源。作为动力源的传动装置主要有各种电动机、液压装置和气动装置等。由于变频技术的进步，交流伺服驱动技术取得突破性进展，从而为机电一体化系统提供了高质量的伺服驱动单元，这极大地促进了机电一体化技术的发展。近年来，已经开发出用于 CNC 机床的高速切削主轴系统，其中采用了空气静压轴承和动压轴承或者磁悬浮轴承，开发出了用于平台进给的磁场方式直线驱动装置等。

伺服系统的结构类型繁多，其组成和工作状况也不尽相同。一般来说，其基本组成包括控制器、功率放大器、执行机构和检测装置四部分。

2.4.1.1.1 控制器

控制器一般由电子线路或计算机组成，其功能是根据输入信号和反馈信号比较的结果，决定控制的方式。常用的控制有 PID 控制和最优控制等。

2.4.1.1.2 功率放大器

各种电力电子器件组成了现代机电一体化系统中的功率放大装置。其功能是将高频已调波信号进行功率放大，以满足发送功率的要求，然后经过天线将其辐射到空间，保证在一定区域内的接收机可以接收到满意的信号电平，并且不干扰相邻信道的通信。

伺服系统中的功率放大器的作用是对信号进行放大，并用来驱动执行机构完成某种操作。在现代机电一体化系统中的功率放大器，主要由各种电力电子器件组成。

2.4.1.1.3　执行机构

执行机构使用液体、气体、电力或其他能源，并通过电机、气缸或其他装置将其转化成驱动作用。截至目前，具有驱动元件的电动机、执行机被广泛应用。步进电动机、直流伺服电动机、交流伺服电动机等在伺服电动机内。液压伺服机构包括液压马达、脉冲液压缸等。

2.4.1.1.4　检测装置

检测装置主要用于闭环和半闭环系统，检测装置通过直接或间接测量检测出执行部件的实际位移量，然后反馈给数控装置，并与指令位移进行比较。由于位置随机系统要控制的量多数是直线位移或角位移，所以组成位置环时必须通过检测装置，将它们转换成一定形式的电量，这就需要位移检测装置。位置随动系统中常用的位移检测装置有自整角机、旋转变压器、感应同步器、光电编码盘、光栅等。

2.4.1.2　伺服系统的分类

伺服系统可以有很多种不同的分类方法，具体如下所述。

（1）按控制原理的不同，伺服系统分为开环、全闭环和半闭环等类型。

①开环伺服系统。开环伺服系统的主要特征是系统内没有位置检测反馈装置。开环伺服采用步进电机的伺服系统也称为步进开环伺服系统，它由步进电动机驱动电源和步进电动机组成，没有反馈环节。在步进开环伺服系统中指令信号是单向流动的，没有位置和速度反馈回路，省去了检测装置，其精度主要由步进电机及其后面的传动环节来决定，速度受到步进电机性能的限制，步进开环伺服系统的脉冲当量a一般取为0.01mm。步进电机开环伺服系统由于具有结构简单，使用维护方便，可靠性高，制造成本低等一系列优点，所以在中小型机床和速度、精度要求不高的场合得到了广泛的应用。

②全闭环伺服系统。图2-18是一个全闭环伺服系统。全闭环伺服接受指令，然后执行。在执行过程中，机械装置上有位置反馈的装置，直接反馈给数控系统，数控系统通过比较，判断出与实际偏差，给伺服指令，进行偏差修正。

全闭环伺服系统主要由比较环节、伺服驱动放大器、进给何服电动机、机械传动装置和直线位移测量装置组成。对机床运动部件的移动量具有检测与反馈修正功能，采用直流伺服电动机或交流伺服电动机作为驱动部件。可以采用直接安装在工作台的光栅或感应同步器作为位置检测器件，来构成高精度的全闭环位置控制系统。系统的直线位移检测器安装在移动部件上，其精度主要取决于位移检测装置的精度和灵敏度，其产生的精度比较高。但机械传动装置的刚度摩擦阻尼特性、反向间隙等各种非线性因素，对系统稳定性有很大影响，使闭环伺服系统安装调试比较复杂。

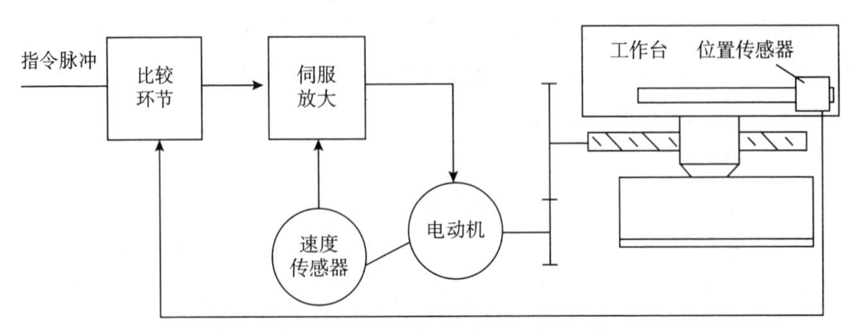

图 2–18　全闭环伺服系统结构简图

③半闭环伺服系统。半闭环伺服系统的位置检测点是从驱动电机（常用交、直流伺服电机）或丝杠端引出，通过检测电机和丝杠旋转角度，间接检测工作台的位移量，而不是直接检测工作台的实际位置。

由于在半闭环环路内不包括或只包括少量机械传动环节，因此可获得稳定的控制性能，其系统的稳定性虽然不如开环系统，但比闭环要好。另外，由于在位置环内各组成环节的误差可得到某种程度的纠正，而位于环外的各环节，如丝杠的螺距误差、齿轮间隙引起的运动误差均难以消除。因此，其精度比开环要好，比闭环要差。但其可对这类误差进行补偿，因而可获得满意的精度。半闭环数控系统结构简单，调试方便，精度也较高，在现代 CNC 机床中得到了广泛应用。

（2）按信息传递的不同，伺服系统分为连续控制系统与采样控制系统两种。连续控制系统又称为模拟控制系统。系统中，传递的信号是模拟量，其发展最早，已被广泛应用于各类工业控制领域；采样控制系统中的信号是脉冲序列或数字编码，通过采样开关把模拟量转化为离散量，故这类系统又称作脉冲控制系统或离散控制系统，它由采样器、数字控制器和保持器等部分组成。

与连续控制系统相比，采样控制系统具有以下优点：①数字元件比模拟元件具有更高的可靠性和稳定性；②受到扰动时，经过几个采样周期即可快速达到稳定，受扰动的影响小；③具有更大的灵活性，实现控制规律的精度高。

（3）按驱动方式的不同，伺服系统可分为电气、液压、气动等类型。其中，电气伺服系统以伺服电动机作为执行元件，又有直流伺服系统、交流伺服系统、步进伺服系统之分，其在机电一体化产品中得到广泛应用。

（4）按被控量性质不同，伺服系统可分为位置控制、速度或加速度控制、力或力矩控制、速度或位置的同步控制等类型。

（5）按控制过程伺服系统又分为点位控制系统与轮廓控制系统等类型。

2.4.1.3 伺服系统的总体要求

伺服系统的基本设计要求，是能够对输入量的不断变化进行快速反应，比如在进行机械手设计时，对于伺服系统最重要的是能够沿着想要它运动的轨迹进行灵活运用。具体而言，伺服系统的总体要求涉及稳定性、精度、快速响应性和灵敏度等方面。

2.4.2 伺服系统中的执行元件

执行元件可以对能量进行转换，其一端连接着电气控制装置，另一端连接着机械执行装置。它的整个运作过程是在收到控制输入的指令之后，对能量进行转换，变成可以使机械运动的机械能。

根据使用能量的不同，伺服系统中的执行元件分为电气式、液压式和气压式等主要类型，电气式传动装置利用电磁线圈把电能转换成磁场力（电磁力），再依靠电磁力做功，把电能变换成转子（或动子）的机械运动。液压式传动装置把电能变换成一次油压，利用电磁阀来控制和切换油压，从而把液压能量变换成负载的机械运动。气动式传动装置的工作原理与液压式相同，它们的区别仅在于能量传递的媒介由油变成了空气。其他传动装置的原理则主要与一些功能材料的性能有关，如利用双金属、形状记忆合金或者压电效应等可以制成具有某种运动功能的传动装置。

2.4.2.1 执行元件的分类

电气式执行软件便于用计算机进行操作控制，原因在于在机电一体化的系统中，大多数使用的是电气式。除此之外，气压式和液压式也使用得较多。

2.4.2.1.1 电气式

电气式执行元件以电能为动力，将电能转变为位移或转角等，它的类型多样，如控制用电动机、压电元件、电磁铁、静电电动机、超声波电动机等。在这些类型中，利用电磁力原理的电磁铁和电动机，都具有操纵简便、适宜编程、响应快、伺服性能好、易与微机相接等优点，因而成为机电一体化伺服系统中最常用的执行元件。

另外，其他电气式伺服驱动系统中还有微量位移用器件，如电磁铁、压电驱动器和电热驱动器等可用在机电一体化产品中实现微量进给。

2.4.2.1.2 液压式

液压式执行元件是按密闭连通器的原理工作的，靠油液通过密闭容积变化的压力能来传递能量。液压式伺服驱动系统主要包括往复运动的油缸、回转油缸、液压马达等，其中油缸占绝大多数。其突出优点是输出功率大、转矩大，工作平稳，可以直接驱动运动机构，承载能力强，适合于重载的高加减速驱动。但其需要相应的液压源，占地面积大，控制性能不如伺服电动机。目前世界上已开发了各种数字式液压式执行元件，如电—液伺服马达和电—液步进马达，这些马达在强力驱动和高精度定位时性能好，而且使用方便，因此得到了高度重视。

2.4.2.1.3 气压式

气压式伺服系统的工作原理，是通过压缩空气产生气压从而进行驱动，和液压式的私服系统并没有差别。气压式最主要的执行元件包括气压马达和气缸等。虽然气压驱动能够产生驱动力和速度行程，却因为空气本身的黏性差，在一定程度上得到压缩，所以不能保证精度。

2.4.2.1.4 其他执行元件

在新的原理方面，利用压电元件的逆压电效应原理和磁致伸缩、电致伸缩器件等构成的微位移驱动器，已经在微米、亚微米领域获得了广泛应用。

2.4.2.2 伺服系统对执行元件的要求

执行元件要根据输入的命令，准确迅速地控制和调整控制对象，所以伺服系统对执行元件有以下要求。

（1）体积小、输出功率大。机电一体化系统既要确保执行元件的体积小、重量轻，同时又要增大其输出功率，功率密度反映了电动机单位重量的输出功率，在起停频率低，但要求运行平稳和扭矩脉动小的场合可采用这一指标。具有高的比功率对于起停频率高的机械十分重要。

（2）快速性能好。这要求执行元件惯性要小，加减速时动力要大，频率特性要好。

（3）便于计算机控制。机电一体化产品正在适应数字控制技术的要求，向与微机控制相结合的智能化方向发展。适于计算机控制将会成为对伺服系统执行元件的基本要求。

（4）便于维修，可靠性和动作的准确性要高。执行元件要便于维修，而且要安全可靠。近年发展很快的无刷直流伺服电动机和交流伺服电动机可以大大降低维修难度，提高寿命。

（5）运行平稳，分辨率高。

（6）振动和噪声小。

2.4.3 电气伺服驱动系统

机电一体化系统中伺服驱动装置的主流是电气伺服驱动系统，伺服电动机是一种将电能转换为机械能的能量转换装置，能够根据控制指令开展正确运动或较复杂动作。在机电一体化的系统中，伺服电动机被委以重用，因为其能够在一定的负载范围和速度内进行控制。

为了满足机电一体化系统设计的要求，实现执行元件的精确驱动与定位，保证系统的高效、精确，并具有可靠的性能，伺服电动机有如下的基本性能要求：

（1）性能密度大，即功率密度大。

（2）速度快，是因为加速转矩大，可以产生很好的频响。

（3）位置控制精度高，调速范围宽，低速运行平稳，无爬行现象，分辨力高，振动噪声小。精度高，调整速度的范围更宽，可以平稳地进行低速运行，而且并不会产生很大的噪声，分辨率很高。

（4）对于连续多次起停能够很好地适应。

（5）使用时间长，具有较高的可靠性。

此外，一般还要求伺服电动机具有良好的机械特性和调节特性，机械特性是指在一定的电枢电压条件下转速和转矩的关系，而调节特性是指在一定的转矩条件下转速和电枢电压的关系。因此在进行机电一体化系统设计时，需要根据系统设计要求选择确定伺服电动机。

2.4.3.1 步进电动机

步进伺服系统中的执行元件是步进电动机，又称脉冲电动机，是一种将输入脉冲信号转换成相应的旋转或直线位移的运动执行元件，可以实现高精度的位移控制。由于步进电动机可用数字信号直接进行控制，因此很容易与计算机相连，是位置控制中常用的执行装置。步进电动机发明至今已有半个多世纪，早期的步进电动机性能差、效率低，但它具有低转子惯量、无漂移和无积累定位误差的优点。在计算机快速发展的今天，步进电动机全数字化的控制性能得到了充分展现，它已被广泛应用于众多领域。

2.4.3.1.1 步进电动机的运行特性及性能指标

1）分辨力

在一个电脉冲作用下，步进电动机转子转过的角位移即步距角 a。步距角 a 越小，分辨力越高。最常用的步距角有 0.6°/1.2°、0.75°/1.5°、0.9°/1.8°、0.9°/1.8°、1°/2°、1.5°/3°等。

2）矩一角特性

空载时，将直流电通给步进电动机的某项，定子齿中心线与转子齿的中心线则会重合，转矩则没有输出。在这种状态下，这个位置是转子最初保持稳定的平衡位置。如果给电动机的转子轴上加载了一个负载转矩 T_L，那么定子齿的中心线和转子齿的中心线要想再稳定下来，则要再错过一个电角度 θ_e，这时负载转矩 T_L 与电磁转矩 T_j 是相等的，这个 T_j 被称为静态转矩，θ_e 被称为失调角。

如果 $\theta_e = \pm 90°$，则静态转矩 T_{jmax} 就是最大的静转矩。θ_e 同 T_j 的关系会呈现为正弦曲线，这个曲线就叫作矩—角特性曲线。自锁力矩会随着静态转矩的增大而增大，但静态误差会随着静态转矩的增加而变小。通常标注于说明书中的最大静转矩指的是在通电的情况下，在额定电流下的 T_{jmax}。当失调角为 $-\pi \sim \pi$ 时，负载 T_L 被取消，转子能够回到最初的稳定平衡位置，静态稳定区也就是 $-\pi \leq \theta_e \leq \pi$ 的区域。

3）起动频率

步进电动机的起动频率是在不失步的情况下，所能达到的最高脉冲频率。这里所说的不失步就是脉冲数和转子步数有差值，有丢步和越步两种。步进电动机起动时，其外加负载转矩包括为零或不为零两种情况，前者的起动频率称为空载起动频率，后者称为负载起动频率。负载起动频率与负载惯量的大小有关。当驱动电源性能提高时，起动频率可以提高。

4）最高工作频率

步进电动机起动后，在一定负载范围内，升高脉冲频率，电动机能的最高工作频率是在不失步情况下的极限频率。其值随负载而异，它远大于起动频率，两者可相差十几倍。当驱动电源性能越好时，步进电动机的最高工作频率越高。

5）转矩—工作频率特性

步进电动机转动后，其输出转矩随工作频率增高而下降，当输出转矩下降到一定程度时，步进电动机就不能正常工作。在步进转动机进行运作时，输出转矩和工作频率成反比，即输出转矩过低，电动机就会停止工作。步进电动机的输出转矩 M 与工作频率厂的关系曲线（也称矩—频特性曲线），实线为电动机的起动矩—频特性。电动机的转动惯量越大，同频率下的起动转矩 Mq 就越小。虚线为电动机的运行矩—频特性，严格来说，转动惯量对运行矩—频特性也有影响，但不像对起动矩频特性的影响那样显著。此外，步进电动机的矩—频特性与驱动电源性能好坏有很大的关系。

在负载各不相同的状态下，能够为电动机接受的连贯运行频率也是各不相同的。通常步进电动机的空载起动频率以及空载最高连贯运行频率，都会被标注在产品说明书中。将电脉冲频率调高到电动机所允许的运行频率，则可以令起动时间相应缩短。

2.4.3.1.2　步进电动机的工作原理

数字脉冲信号能够帮助步进电动机实现旋转，每当有一个脉冲被送入电动机时，会转动一个步距角，脉冲信号同电动机的转速成正比。

VR 型步进电动机的工作原理如图 2–19 所示。有 6 个磁极均匀分布于定子之上，两两相对的磁极组成一组磁极，即 A 对 A、B 对 B、C 对 C，励磁绕组绕于三相磁极上。如果转子有四个齿，并且这四个齿是均匀分布的，当向三个磁极的绕组通电，那么这三对磁极便会按顺序出现磁场并引起转子的转动。

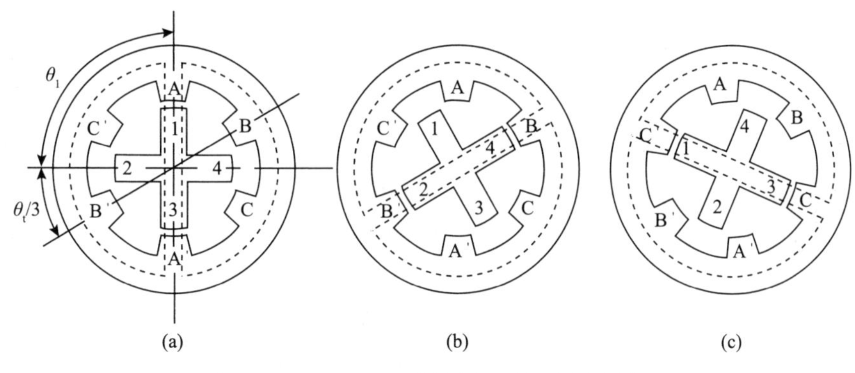

图 2–19　三相 VR 型步进电动机工作原理图

按图 2–19（a）来说明，先把电脉冲加入到 A 相励磁绕组，定子中的 A 相磁极就会有磁通产生，并且会有磁拉力对转子产生相应的作用，转子中的第 1 个齿与第 3 个齿就会与定子中的 A 相磁极自动对齐。此后，当 B 相励磁绕组被通入电肪冲后，磁通就会产生于 B 相磁极。按由图 2–19（b）来说明，这个图中转子中的第 2 和第 4 个齿靠得最近的是 B 相磁极，那么转子就会逆时针转动 30°，导致 B 相磁极与转子中的第 2 和第 4 齿对齐。旋转形成的这个角度被称为步距角。可以知晓，在一定的时间内电脉的频率越高，也就是被通入的电脉冲数越多，那么电动机的转速就会越快。如果按 A → C → B → A 的循环顺序通电，步进电动机将沿顺时针方向一步一步地转动。

电动机的三相励磁绕组依次单独通电运行，换接三次完成一个通电循环如图 2–20 所示。

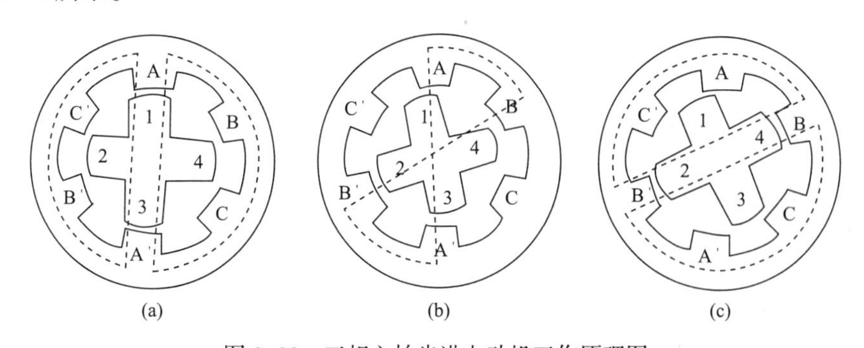

图 2–20　三相六拍步进电动机工作原理图

三相六拍通电方式工作是 6 次换接之后形成通电循环，步距角为 15°。如果按 B—BC—C—CA-A 的循环顺序通电，步进电动机就沿着反时针方向转动。

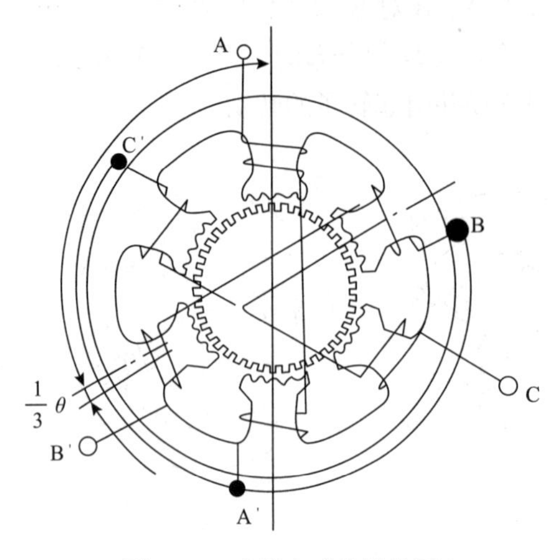

图 2–21 步进电动机结构图

如果让步进电动机的位置精度更高，需要让它的步距角变小。步距角通常为 1.5° 或 0.75° 。为了保持更高的位置精度，需要设计出多极式的转子，将一些小齿安置在定子的磁极上，图 2–21 所示即为这种结构。

转子磁极上所制的小齿和定子磁极上的小齿是相同的，不仅齿宽相同，而且齿距相等。一旦转子上的小齿与定子磁极年的小齿对齐，其他两个对相磁极的转子和小齿便会相应地错过一个角度，而且后面的一相比前面的一相所错开的角度要大。

步进电动机可以被制成多种相数，这样能够令步距角变小，以保证步进电动机拥有更高的性能，通常会按多段式制做多相步进电动机，目的是降低电动机的制造难度。一个 m 相步进电动机，如其转子上有 z 个齿，则步距角 a 可通过下式计算：

$$a=\frac{360^{\circ}}{kmz}$$

式中，k 为通电方式系数。当采用单相或双相通电方式时，k=1 ；当采用单双相轮流通电方式时，k=2。

2.4.3.1.3 步进电动机的特点

从步进电动机的工作原理上看，其有着几个重要特点：

（1）步进电动机受数字脉冲信号控制，输出角位移与输入脉冲数成正比，即

$$\theta=N\beta$$

式中 θ——电动机转过的角度；

N——控制脉冲数；

β——步距角。

（2）步进电动机的转速与输入的脉冲频率成正比，即

$$n=\frac{\beta}{360^{\circ}}\times\theta f=\frac{\beta f}{6}$$

式中 n——电动机转速，r/min ；

f——控制脉冲频率，Hz。

（3）在步进电动机的工作原理中，可以改变通电顺序进而改变转向。

（4）自带自锁能力。当不再对电动机输入脉冲，但保持绕组继续通电时，则可以停留在一个固定位置。

（5）抗干扰能力强，只要外界的各种干扰因素，如电源波动、波形变化和电流等不足，让电动机产生丢步，就能够正常工作。

（6）由于电动机的步距角存在一定误差，所以会导致转子的步数误差逐渐累积，但是转子只要经过一转，则会将误差清零。

（7）能够与微机的I/O接口相连。

基于上述特点，在机电一体化的系统中，步进电动机被广泛应用，其系统简单易操作，位置精度也非常高。

2.4.3.1.4 步进电动机的选用

选用步进电动机时，需要综合考虑机电一体化系统的精度、转矩和转动惯量的设计要求与条件。第一按系统位置精度要求选择步进电动机的步距角；第二按起动速度、最大工作速度选择步进电动机的起动频率和最高工作频率；第三根据机械结构草图计算机械传动装置及负载折算到电动机轴上的等效转动惯量，然后分别计算各种工况下所需的等效力矩，按起动负载和工作负载确定起动转矩和工作转矩；第四根据步进电动机最大静转矩和起动、运行矩频特性选择合适的步进电动机；第五校验电动机的转矩。

（1）步矩角的选择是由脉冲当量等因素决定的。步进电动机的步距角精度将会影响开环系统的精度。

（2）转矩和惯量匹配条件。为了使步进电动机具有良好的起动能力及较快的响应速度，通常推荐须保证负载的转动惯量与电动机转子的转动惯量的匹配，即

$$\frac{T_L}{T_{max}} \leqslant 0.5, \frac{J_L}{J_m} \leqslant 4$$

式中 T_{max}——步进电动机的最大静转矩，N·m；

T_L——换算到电动机轴上的负载转矩，N·m；

J_m——步进电动机转子的最大转动惯量，$kg \cdot m^2$；

J_L——折算步进电动机转子上的等效转动惯量，$kg \cdot m^2$。

电动机的型号可以按照上述条件初步选定。选定后，再按照动力学的公式测算电动机的起动能力，检查电动机的运动参数。

因为通常是在空载的状态下，制作步进电动机的起动矩——频特性曲线，所以在检测它的起动能力时要特别注意：起动转矩会受到惯性负载的影响，也就是说带惯性负载的起动频率要从起动惯——频特性曲线上查找，然后在此基础上测算起动转矩，推算起动所需时间。如果按上述方法查不到最大的起动频率，那么

可以使用下面的公式做近似计算：

$$f_L = \frac{f_m}{\sqrt{1+\frac{J_L}{J_m}}}$$

式中 f_L——带惯性负载的最大起动频率，Hz；

f_m——电动机本身的最大空载起动频率，Hz；

J_m——电动机转子转动惯量，$kg \cdot m^2$；

J_L——换算到电动机轴上的转动惯量，$kg \cdot m^2$。

当 $J_L/J_m=3$ 时，$f_L=0.5f_m$。

J_L/J_m 下的矩—频特性，J_L/J_m 比值增大，自起动最大频率越小，其加减速时间将会延长，甚至难于起动，这就失去了快速性。

2.4.3.2 直流伺服电动机

机电一体化设备中，直流伺服系统是发展最早、最成熟的伺服系统。直流伺服电动机是使用直流供电的电动机，作为驱动元件，其功能是将输入的受控电压、电流量，转换为电枢轴上的角位移或角速度输出。

2.4.3.2.1 直流伺服电动机概述

1）直流伺服电动机的工作原理

首先介绍直流伺服电动机的工作原理。要想使电动机旋转起来，电动机中就必须有磁场相互作用。磁场具有两种极性，一种是 N 极，另一种是 S 极。同极性磁极之间相互作用的是推斥力，N 极和 S 极之间相互作用的则是吸引力。电动机利用了磁场的这一性质，在电动机的外侧采用了固定不动的永磁体磁极（定子），电动机内侧是一个旋转的铁心线圈（转子），N 极和 S 极总是按一定规律不断切换的电励磁磁极（称为电枢或转子），定子和转子磁极相互作用产生一定方向的力（转矩）。转子 N 极和 S 极的切换是按照定子磁极的位置，通过改变电枢绕组中的电流方向来实现的。

电刷的任务就是从电源吸收电流并通过换向器提供给电枢绕组。当励磁绕组和电刷端提供的电流都是直流电流时，电动机转子就会因产生电磁力（电磁转矩）而旋转起来。

2）直流伺服电动机的分类及特点

直流伺服电动机的品种很多，随着科技的发展，至今还在出现各种新产品和新结构。按照定子励磁方式的不同，其分为电磁式和永磁式两大类。其中，电磁式按定子绕组的连接方式又分为励式、串励式、并励式和复励式等类型。

近年来，永磁式直流伺服电动机因具有尺寸小、线性好、起动转矩大、过载能力强等优点，而应用较多。永磁式直流伺服电动和一般永磁直流电动机一样，用铁氧体、铝镍钴、稀土钴等永磁材料产生激磁磁场。永磁式直流伺服电动机按照转子结构不同，又分为普通电枢型、盘式印刷绕组型、盘式线绕型和线绕空心杯型。后三种电动机的共同特点是转子无铁心，转动惯量小，具有很高的加速能力，如空心杯型电动机的机械时间常数小于 1ms。

20 世纪 70 年代研制成功了大惯量宽调速直流伺服电动机，这种电动机有几个特点：调整励磁较为方便，向极容易更换，补偿绕组易于安排，换向性能有了很大提升，制作成本较低，能够获得恒转速的速度范围更大。

直流伺服电动机的特点如下：

（1）稳定性好。

（2）可控性好。

（3）响应迅速。

（4）控制功率低，损耗小。

（5）转矩大。

2.4.3.2.2　直流伺服电动机的特性

1）稳态方程和机械特性

直流伺服电动机既可采用电枢控制，也可采用磁场控制，但多采用前者。这里以电枢控制直流伺服电动机为例对电动机的机械特性加以说明。

①稳态方程。

A. 电压平衡方程。图 2–22 为电枢控制直流电动机的等效电路（电枢绕组电感忽略），励磁绕组接于恒定电压 U_f，控制电压 U_a。接到电枢两端，按电压定律可列出电枢回路的电压平衡方程为

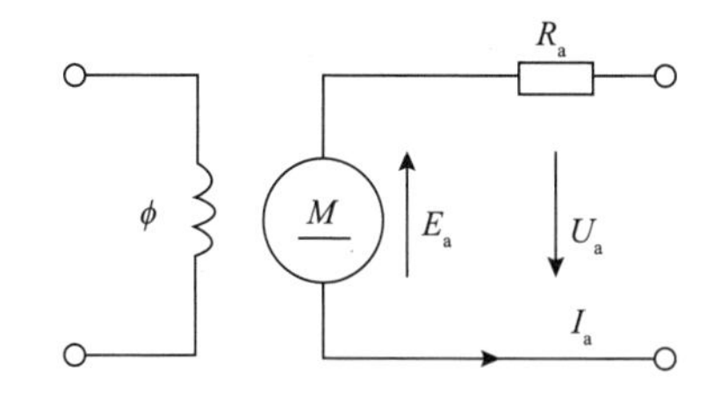

图 2–22　电枢控制直流伺服电动机电路原理图

$$E_a = U_a - I_a R_a \qquad (2\text{–}6)$$

式中　E_a——反电动势；

U_a——电枢电压；

I_a——电枢电流；

R_a——电枢绕组。

B. 电枢反电动势方程。转子切割定子磁场时产生的反电动势 E_a 与 n 之间的关系为

$$E_a=K_e\Phi n \tag{2-7}$$

式中 K_e——反电动势常数；

Φ——定子磁通。

C. 转矩方程。转子切割定子磁场所产生的电磁转矩可由下面关系式求得：

$$M=K_m\Phi I_a \tag{2-8}$$

式中 K_m——转矩常数。

D. 转速方程。将式（2–5）~ 式（2–7）联立，消去中间量，可得

$$n=\frac{U_a}{K_e\Phi}-\frac{R_a}{K_eK_m\Phi^2}M \tag{2-9}$$

上式也称作直流伺服电动机的稳态方程。

②机械特性。电动机的机械特性是指转速与转矩之间的关系，即 $n=f(M)$ 曲线。若电枢电压恒定，则稳态方程可写为

$$n=n_0-\frac{R_a}{K_eK_m\Phi^2}M \tag{2-10}$$

上式称为直流伺服电动机的机械特性。式中，$n_0=\frac{U_a}{K_e\Phi}M$。是直流电动机的理想空载转速。当 $n=0$ 时，$M=M_d=\frac{K_m\Phi}{R_a}U_a$，称为堵转转矩或起动转矩。

图 2–23 所示为不同电枢电压的机械特性曲线，由机械特性方程知：因负载的作用，转速要降低Δn，$\Delta n=-\frac{R_a}{K_eK_m\Phi^2}M$，即 R_a 越小或 Φ 越大，则电动机的机械特性越硬。在实际的控制中需对伺服电动机外接功放电路，这就引入了功放电路内阻，使电动机的机械特性变软，在设计时应加以注意。

2）调节特性

电动机的调节特性是指转速与电枢电压之间的关系，即 $n=f(U_a)$ 曲线。在稳态方程中，若把转矩看作常数，则

$$n=\frac{U_a}{K_e\Phi}-kM$$

图 2–24 给出了调节特性曲线。对不同的转矩，调节特性是斜率为正的直线簇，表明电动机转速随电枢电压的升高而增加。

在调节特性中，过原点的直线 $M_1=0$，而实际中由于包括摩擦在内各种阻力的存在，空载起动时负载转矩不可能为 0。因此，对于电枢电压来讲，它有一个最小的限制，称作起动电压，电枢电压小于它则不能起动，该区域称作死区。

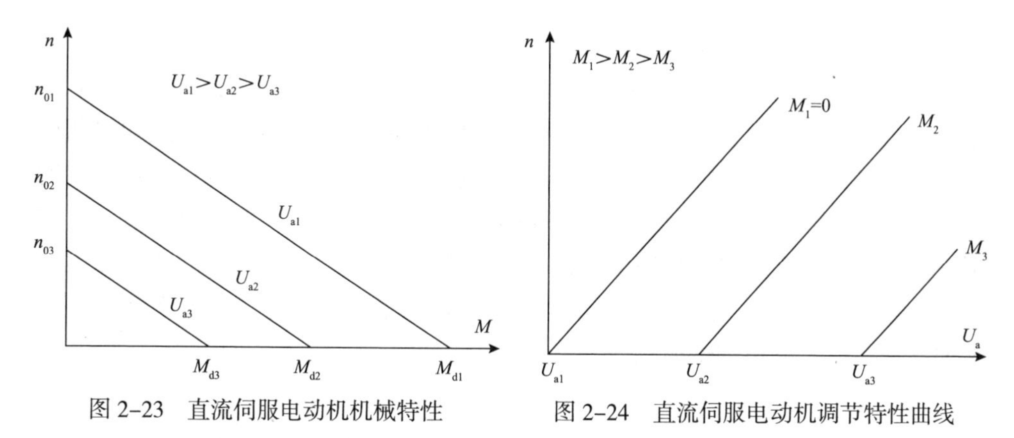

图 2–23　直流伺服电动机机械特性　　图 2–24　直流伺服电动机调节特性曲线

另外，图 2–24 中直线簇是在假设负载转矩不变的条件下绘制的，在实际应用中这一条件可能并不成立，这会导致调节特性曲线的非线性，在变负载控制时应予以注意。

2.4.3.2.3　直流伺服电动机的调速

调速即速度调节或速度控制，通过自动地改变电动机的转速来满足工作机械对不同转速的要求。提高电动机的调速性能，在提高产品性能等方面具有重要意义。

由直流伺服电动机的转速（稳态）方程可知，直流伺服电动机的调速可通过改变电枢电压、改变磁场磁通和改变电枢回路电阻三种方法来实现。

1）改变电枢电压

改变电枢电压后，电动机的机械特性曲线为一簇以 U_a 为参数的平行线，因而在整个调速范围内均有较大的硬度，可以获得稳定的运转速度，所以调速范围较宽，属于恒转矩调速，该调速方法被广泛采用。本节将主要介绍这种调速方法。

调节直流伺服电动机转速和方向，需要对其电枢直流电压的大小和方向进行控制，目前常用的驱动控制有晶闸管直流调速驱动和晶体管脉宽调制（pulse width modulation，简称 PWM）驱动两种方式。

晶闸管直流调速驱动方式中，控制晶闸管触发延迟角的方式，是通过调节触发相应的装置实现，这样就能够导通晶闸管并对其加以控制，从而令整流电压被改变，这样更容易对直流电动机的电压实施调速。因为晶闸管的工作原理较为特殊，电源也有自己的特点，导通后需要通过交流信号实现晶闸管的过零关闭。所以，当处于低整流电压状态下时，晶闸管输出的是尖峰电压的平均值，这种电压很小，所以电流通常是不连续的。

晶体管脉宽调制驱动系统会呈现出很高的开关频率，经常在 2000~3000Hz 之间，伺服机构也有着较宽的响应频带。它所输出的电流脉动很小，与纯直流近似。所以，直流调速驱动通常都采取脉宽调制。

A. 脉宽调制（PWM）调速原理。脉宽调制即脉冲宽度调制，它可以对脉冲信号的占空比做出改变，使电枢电压的平均值也随之改变，从而实现对电动机转速的控制，如图 2-25 所示。如果将输入直流电压设为 U，那么通过对导通时间的调节可以相应得到脉冲方波。这个脉冲方波具有一定的宽度，而且会同 U 构成一定比例，由它负责向伺服电动机电枢回路提供电源，对脉冲宽度做出改变，从而令电枢回路的平均电压被改变，这时会输出电压 U_a，电压大小各不相同，从而实现直流电动机的平滑调速。

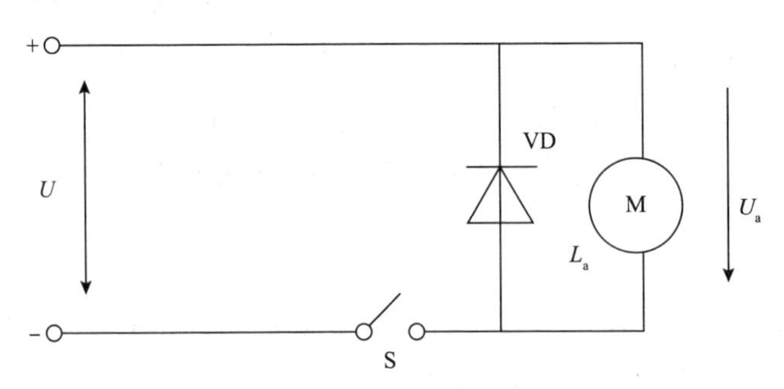

图 2-25　PWM 直流调制驱动原理图

开关 S 会呈现出周期性的断开和闭合，包括断开和闭合的总周期为 T，在同一周期之内，断开的时间表示为 T–t，闭合的时间表示为 t。如果将外加电源的电压 U 设为常数，那么电动机电枢上的电压波形是一组方波，它的宽度是 t，高度是 U，在一个周期内的平均电压为

$$U_a = \frac{1}{T}\int_0^\tau U\mathrm{d}t = \frac{\tau}{T}U = \mu U \qquad (2\text{-}11)$$

式中　μ——导通率，又称占空系数，$\mu=\tau / T$。

如果 T 是固定不变的，那么对 r（0~T）做出连续性的改变，可以促使 U_a 做出由 0 至 U 的改变，这样可能实现对电动机转速的改变。PWM 系统是电动机的常用系统，这个系统中的开关 S 被功率较大的晶体管所代替，开关的频率通常是 2000Hz，即 T=0.5ms，这个周期要比电动机中的机械时间常数小，所以电动机的转速不会出现脉冲动。

一般情况下，其开关频率在 500~2500Hz 之间，还会在电枢旁安装并联续流二极管，如果开关一旦断开，还有电感 L_a 存在。所以，电动机的电枢电流会继续流动，虽然电压出现了脉动状态，但是电流依然可以连续。

B. 开关功率放大器。PWM 信号需连接功率放大器才能驱动直流伺服电动机。为使直流伺服电动机实现双向调速，多采用双极性输出的 H 型桥式晶体管功率放大器。该功放的工作原理与线性放大桥式电路相似。

C. PWM 控制的特点：

a. PWM 脉宽调速驱动器通常采用的功率元件，如双极型晶体管或功率场效应管 MOSFET，都工作在开关状态，因而功耗很低。应用的大功率开关器件少、线路简单、体积小，维护方便且工作可靠。

b. 调速范围宽。其若与脉宽调速直流伺服电动机配合，调速范围在 6000~10000r/min，而一般晶闸管驱动装置的调速比仅在 100~150r/min。

c. 频带宽，快速性好。晶体管的开关频率大大高于可控硅，因而调制频率高，失控时间少，系统的线性度好，响应速度和稳速精度高。

d. 电流脉动小，接近直流，使电动机运行更平稳。

2）改变磁场磁通

通过控制励磁电压来实现增速，电磁式电动机一般采用弱磁调速的方式。弱磁增速时，由式（2–10）可知，机械特性的斜率与磁通平方成反比，机械特性迅速恶化，因此调速范围不能太大，一般为 2~4，主要应用于恒功率负载场合。

3）改变电枢回路电阻

通过在电枢回路内串联或并联电阻的方法实现电动机调速，该方法虽简单易行，但由式（2–10）可知电动机的转速增加了，机械特性也随之变软，从而使电动机转速受负载影响加大，且这种办法是通过增加电阻损耗来实现调速的，故经济性差，应用受到限制。

2.4.3.2.4 直流位置伺服系统

直流位置伺服系统一般采用闭环控制，该控制系统采用电流环、速度环、位置环等多层反馈结构。

1）电流环

电流值由电流传感器取自伺服电动机的电枢回路，主要用于对电枢回路的滞后进行补偿，使动态电流按要求规律变化。采用电流环后，反电势对电枢电流的影响将变得很小，这样在电动机负载突变时，电流负反馈的引入，就起到了过载保护作用。

2）速度环

伺服电动机的转速可由测速发电机或光电编码器获得。速度反馈用于调节电动机的速度误差，以实现所要求的动态特性。同时，速度环的引入还会增加系统的动态阻尼比，减小系统的超调，使电动机运行更加平稳。

3）位置环

可采用脉冲编码器或光栅尺等对转角或直线位移进行测量，并将系统的实际位置转换成具有一定精度的电信号，然后与指令信号比较产生偏差控制信号，控制电动机向消除误差的方向旋转，直到达到所要求的位置精度。图 2-26 为采用单片机控制的直流位置伺服系统原理图。

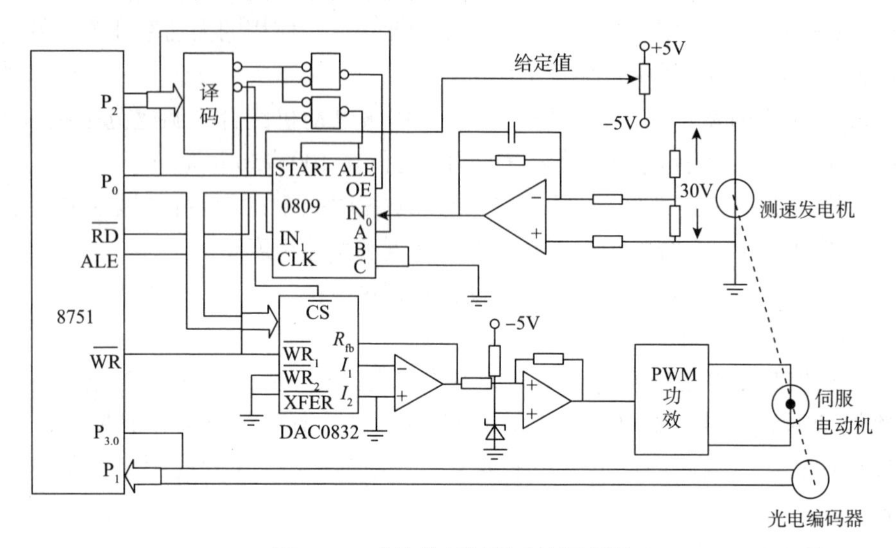

图 2-26　直流位置伺服系统原理图

在图 2-26 中伺服电动机的控制电压由单片机输出后送入 DAC0832 进行 D/A 转换，转换后的模拟量经放大和电平转换送入 PWM 功放电路，产生的 PWM 波驱动电动机旋转；采用测速发电机对电动机的转速进行测量，经放大后送入 0809 进行 A/D 转换，转换后送入单片机；电动机的转角位移由 9 位绝对式光电编码器直接送入单片机 8751 的端口，进行位置反馈。控制系统中的速度调节器和位置调节器将由 8751 的应用程序来完成。

2.4.3.3　交流伺服电动机

从 20 世纪 70 年代后期到 20 世纪 80 年代以来，随着集成电路、电力电子技术、交流变速驱动技术、微处理器技术和电动机永磁材料制造工艺的发展，永磁交流伺服驱动技术有了巨大突破，交流伺服驱动技术的发展成为工业领域自动化的基础技术之一，交流伺服电动机和交流伺服控制系统逐渐成为机电一体化系统中伺服装置的主导产品，被广泛应用于机电一体化的众多领域。

图 2-27 为三相交流绕组产生旋转磁场的原理图，交流电动机的三组线圈按相互间隔 120° 配置。当绕组中流过三相交流电流时，各相绕组将按右螺旋定则产生磁场。每一相绕组产生一对 N 极和 S 极，三相绕组的磁场合成起来，形成一对合成磁场的 N 极和 S 极。

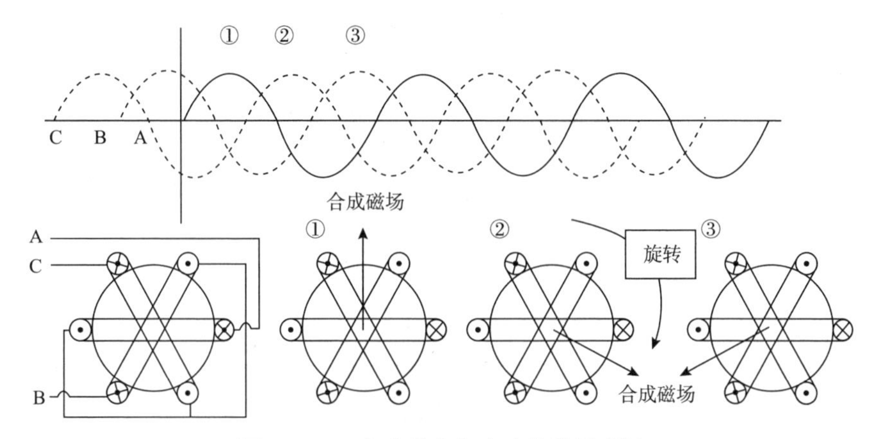

图 2-27　三相交流绕组产生的旋转磁场

上述合成磁场是一个旋转磁场，每当绕组中的电流变化一个周期，交流电动机就会旋转一周。旋转磁场的转速 n（r/min）称为交流电动机的同步转速。当绕组电流的频率为 f，电动机的磁极数为 p，则同步转速 $n=60f/p$。

交流伺服电动机具有以下特点：

（1）调速范围宽，交流伺服电动机的转速随着控制电压改变，能在较宽的范围内连续调速。

（2）转子惯性小，即能够实现迅速起动、停止。

（3）控制功率小，过载能力强，可靠性好。

2.4.3.3.1　交流伺服电动机的分类

交流伺服电动机主要分为两大类，即同步交流伺服电动机（SM）和异步交流伺服电动机（IM）。

日本法纳克（FANUC）公司为了满足 CNC 机床和工业机器人的需要，于 1982 年开发出永磁同步伺服电动机，其特点是定子为三相绕组，转子为永久磁铁，其转矩产生机理与直流伺服电动机相同。永磁同步电动机的交流伺服控制技术已趋于成熟，有了很好的低速性能，还能对弱磁高速进行控制，整个系统的调速范围也被大幅度拓宽，能够满足高性能驱动的各种要求。目前，永磁材料的性能已经有了大幅提高，其价格也有了降低趋势，在自动化生产领域中，永磁同步伺服电动机的应用范围更加广泛，大多数交流伺服系统已开始使用永磁同步电动机。

异步交流伺服电动机被称为感应式伺服电动机，定子和转子共同组成感应式电动机，异线绕组按照一定的规律缠绕于定子铁心之中，其转子一般分为鼠笼式转子和空心杯形转子两种结构形式，其特点和应用范围如表 2-3 所示。

表 2–3　异步交流伺服电动机的特点和应用范围

种类	产品型号	结构特点	性能特点	应用范围
鼠笼式转子	SL	与普通鼠笼式电动机结构相同，但转子细而长，转子导体采用高电阻率的材料	励磁电流较小，体积较小，机械强度高，但是低速运行不够平稳，有时快时慢的抖动现象	小功率的伺服系统
空心杯形转子	SK	转子制成薄壁圆筒形，放在内外定子之间	转动惯量小，运行平稳，无抖动现象，但是励磁电流较大，体积也较大	要求运行平滑的系统

将三相交流电接通定子绕组后，旋转磁场随即产生，转子中的金属质导体被旋转磁场切割后会产生电流。当铜条中有电流通过后，在磁场中会受到力的相应作用，由此产生转子的旋转力矩，转子受到驱动发生旋转，电子旋转的方向与旋转磁场旋转的方向是一致的。

目前，同步交流伺服电动机的伺服系统多用于机床进给传动控制、工业机器人关节传动和其他需要运动和位置控制的场合；异步交流伺服电动机伺服系统多用于机床主轴转速和其他调速系统。

2.4.3.3.2　交流伺服电动机的速度控制

交流电动机一般在恒定转速下使用，对于通用机床等机械设备，常采用齿轮减速器获得所要求的转速。如果采用变频器对转速进行控制，则交流电动机可以在任意转速下运行。

对于 CNC 机床而言，变频器是必不可少的。当交流电动机采用变频器控制时，可以实现瞬时正、反转运行，实现传送带输送系统的并列运行和同步运行，从而实现物流系统运行的合理化和自动化。

1）永磁同步交流伺服电动机的速度控制

永磁同步交流伺服电动机的原理如下：用电力电子变换器件取代直流伺服电动机中的电刷以及整流子。通过同步电动机的转速公式可以得知，同步交流伺服电动机可以通过变频进行调速。因此当前的永磁同步交流伺服电动机控制主要是通过变频的 PWM 方式模仿直流电动机的控制来实现。交流伺服电动机首先将工频 50Hz 的交流电整流成为直流电，然后通过可控制门极的 GTR、IGBT 等功率器件经可变频的 PWM 调节逆变为频率可调的、波形类似于正弦的脉动电压，通过调节脉动电压频率就可以实现交流伺服电动机的速度调节。

2）异步交流伺服电动机的速度控制

感应式电动机的速度控制有改变转差率调速、变频调速和改变磁极对数调速三种方法。

①改变定子电压的速度控制。根据电动机的机械特性，改变输入电压时，其机械特性曲线为一曲线簇。

图 2–28 所示为改变感应电动机定子电压时的速度—转矩特性。

图 2–28 中，当定子端电压为 U_1 时，对应于负载转矩 T_1 电动机的转速为 n_1；当定子端电压降低到 U_2 时，电动机显示出与电压 U_2 相适应的速度—转矩特性，此时与负载转矩 T_L 相对应的转速为 n_2；同理，将定子端电压降低到 U_3 时，与负载转矩 T_L 相对应的转速降为 n_3。

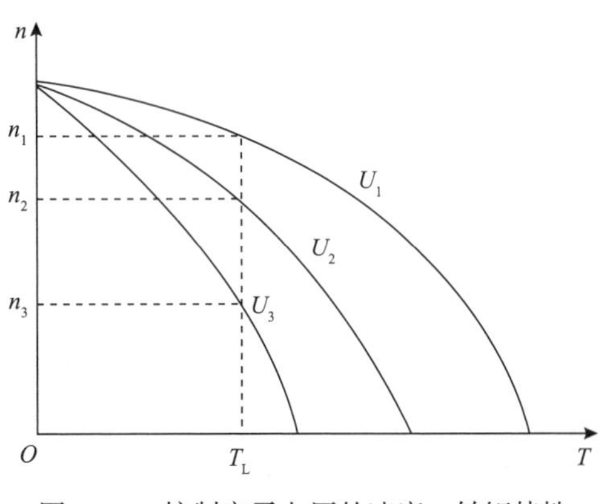

图 2–28　控制定子电压的速度—转矩特性

因此，要想完全控制电动机的转速，需要对电动机的定子端电压做出改变，实际上是通过改变电动机的转差率控制其速度。

②改变定子频率 f 调速。目前，微处理器技术以及半导体功率器件技术都有了很大进步，交流变频技术水平也得到了大幅提高。通过改变定子的输入电源频率，实现调整和控制的方法已经被广泛应用到工业生产当中。

定子频率控制是通过对定子电压的频率以及幅值进行调节，实现对交流电动机转速的控制。通常会对三相感应式交流电动机的定子频率进行控制，按照不同的控制原理，将交流电动机定子频率控制分为两种，一种是转差频率控制，另一种是电压与频率比控制。

A. 感应电动机的转差频率控制。感应电动机转差频率控制的基本原理如下：实时检测感应电动机的旋转角频率 ω_m，并进行反馈，将反馈的 ω_m 和给定的转差频率相加（再生时相减），以决定定子电流角频率 ω。

B. 感应电动机的电压与频率比（U/f）控制。在感应电动机的转差频率控制中，先检测出电动机的旋转速度（旋转频率），再加上转差频率，最后定出定子的电流频率。而在 U/f 控制中，可以直接从外部将定子电压的频率设定好，不需要测量旋转速度。因此，感应电动机转速是开环控制系统。

2.4.3.4　直线电动机

旋转电动机指的是进行旋转运动的电动机，而直线电动机是做直线运动的电动机。如图 2–29 所示，如果沿着轴向将左侧的三相交流感应电动机剖开，将其中的定子拉平，那么则成为右侧的三相交流 AB 感应电动机。这种直线电动机中的定子被称为电动机初级，转子被称为次级。

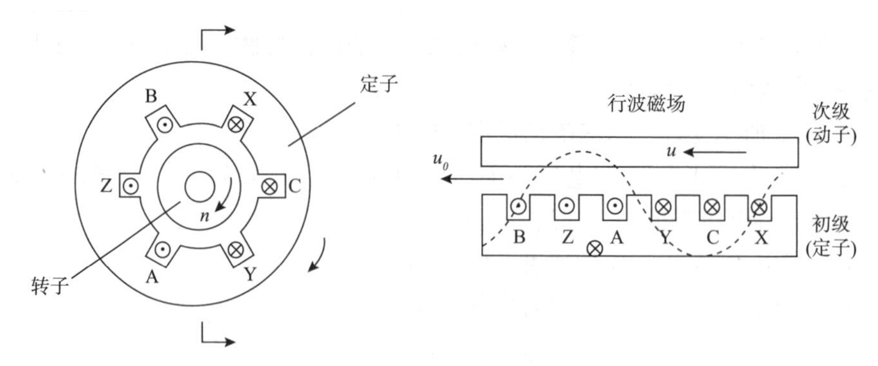

图 2-29　旋转电动机与直线

如果将图 2-29 所示的直线电动机的初级绕组通入三相对称正弦交流电，则同样会产生气隙磁场，该气隙磁场沿着展开的直线方向呈正弦分布，并按通电的 A、B、C 相序以 v_0 的速度沿直线移动，称为行波磁场。

次级可看成像鼠笼式转子那样由无数导条组成，则在行波磁场的切割下产生感应电流，该电流与行波磁场相互作用即产生轴向推力。若初级固定，则次级将以速度 v 直线运动。

直线电动机可分为直线直流电动机、直线同步电动机、直线感应电动机、直线脉冲电动机以及直线伺服电动机等类型。如果按照工作原理进行划分，直线电动机可以被划分为直流式电动机、压电式电动机、交流感应式电动机、振荡式电动机、交流同步式电动机、步进式电动机等类型。如果按照结构形式进行划分，电动机可以被分为圆弧形电动机、扁平形电动机、圆盘形电动机和圆筒形电动机等类型。

由旋转交流电动机的同步转速推导得直线交流电动机的同步速度为

$$v_0 = 2f\tau$$

式中　f——频率；

　　　τ——极距。

与普通三相交流感应电动机一样，直线交流异步电动机同样具有转差率

$$s = \frac{v_0 - v}{v}$$

由上式可知，s 的变化范围为 0~1。

2.4.4　液压 / 气压伺服系统

液压 / 气压伺服系统是以液压 / 气压为能源，由液压 / 气压控制元件（伺服阀或伺服变量泵）和液压 / 气压执行元件（液压 / 气压马达或液压 / 气压缸）组成的，以位移、速度和力等物理量为控制对象的自动控制系统。由于其独特的优点，在实践中得到普遍应用。

2.4.4.1 液压伺服系统

液压伺服系统除具有一般液压传动的功率大，易于无级变速，传动平稳，系统刚性大，易实现过载保护等优点之外，还具有响应速度快、动态性能好、伺服精度高等特点，因而在工业领域中被应用广泛。

液压伺服系统有多种分类方法，按控制信号的不同，可以分为机液伺服系统、电液伺服系统和气液伺服系统三大类；根据控制元件的种类可划分为节流式控制系统（阀控式）和容积式控制系统（泵控式）两种。若进一步划分，节流式控制系统又可以分为阀控液压缸和阀控液压马达两种类型；容积式控制系统可以分为伺服变量泵系统和伺服变量马达系统两类。

液压伺服系统的组成部分主要有液压伺服控制元件、液压执行元件和反馈检测元件等。

1）液压伺服控制元件

液压系统的伺服控制元件有开关控制阀、电液伺服阀和电液比例阀三种。开关控制阀仅具有开关或切换油路的功能，最常见的是电磁换向阀；电液伺服阀能将微弱的电信号输入转换成大功率的液压量输出；电液比例阀介于上述两种控制阀之间，它将输入的电气信号转换成机械输出信号，对流量、流动方向和压力进行连续的成比例控制。它在结构上与开关阀类似，在控制方式上则同电液伺服阀相似。电液比例阀具有结构坚固、价格低廉的特点，因此被用于响应速度和控制精度要求不高的电液开环控制及闭环控制系统。

电液伺服阀是电液伺服系统的核心，它接受电气模拟信号，输出流量和压力，是电液转换元件，同时又具有功率放大作用，它由力矩（力）马达和液压控制阀组成。马达负责把电信号转换为转角位移或直线位移，控制阀接收马达的位移信号，通过阀的运动来控制液压油的压力和流量。常见的控制阀有喷嘴挡板式、射流管式、滑阀式等几种。力反馈二级电液伺服阀由力矩电动机和液压阀两部分组成。液压阀部分采用结构对称的两级结构，前级为双喷嘴挡板阀，功率级是四通滑阀。当无输入电流时，力矩马达没有转角位移输出，在挡板的两边各放置一个喷嘴，且三个部件之间的节流阻力和输出压力都是相等的，与此同时，滑阀也在中间。

当有控制电流输入力矩马达时，力矩马达输出转角位移，使挡板向右（或左）摆动，造成喷嘴挡板的左侧间隙大于右侧间隙，控制压力发生变化，推动滑阀向左移动。与此同时，由于弹簧管产生弹性变形，对挡板产生一个与位移成正比的反向力矩，当该反向力矩与力矩电动机的输出转矩平衡时，滑阀停止在一个具有一定开口的平衡位置，并有相应的流量输出。若想使伺服阀的输出流量反向，则只需力矩电动机的控制电流反向即可。

由上述分析可知，借助于喷嘴和挡板，滑阀的位移与力矩电动机的输入电流的大小成比例，随着滑阀开口的变化，伺服阀的输出流量也跟随变化，所以这是一种控制输出流量的电液伺服阀，也称为电液流量伺服阀，与此相应的还有电液压力伺服阀。

电液伺服阀是一种高性能、高精度的电液控制部件。但它对液压油的质量很敏感，液压油中的杂质等都将影响系统的工作可靠性和寿命。

2）液压执行元件

液压执行元件主要有三类：把液压能量转换为直线运动的液压缸；把液压能量转换为连续旋转运动的液压马达；把液压能量转换为摆动的液压摆动马达。

3）反馈检测元件

检测元件测得被控物理量，与输入指令相减后送入放大环节，指令偏差驱动伺服阀等电液转换元件，产生流量、压力等液压量，进而驱动油缸等液压执行元件输出运动。

2.4.4.2 气压伺服系统

气压伺服系统中具有代表性的气压驱动装置是气缸和气动马达。当采用气缸驱动时，需要气体压缩机等外部装置。利用这些装置产生的压缩空气推动气缸中的活塞运动，可以获得很大的功率和行程，还可以获得较快的响应速度。但是，由于空气压缩性，所以很难实现高精度的位置控制。气缸一般有一两个空气出入口（称为空气口），利用来自空气口的压缩空气推动活塞和载荷前进或后退。

在载荷的端部装配被驱动体，并使之运动。过滤器的作用是滤除来自空气压缩机压缩空气中的灰尘和水分等杂质；压力调整阀是用于使供给的气压稳定的调整装置；给油器可以为气缸内提供雾状润滑油，用作气缸内部的润滑以及防腐蚀等，因而也被称为润滑器。

电磁阀是利用电信号对空气流动进行切换的装置。速度控制器是一种用于改变气缸工作速度的空气流量阀。这里的电磁阀也可以利用计算机进行控制。其中，气压控制阀主要有开关控制阀和比例控制阀，其工作原理与电液开关阀和电液比例阀类似，是通过电磁铁把电控信号转换成控制阀的阀芯位移，实现对流量、流动方向和压力的控制。同样，气压控制阀与气压缸或气压马达构成气压控制系统，需要气压泵站为其提供一定压力的压缩空气才能工作。

与电气、液压伺服系统相比，气压伺服系统有以下特点：首先气源充足，无污染；其次空气黏性很小，宜于远距离传输及控制；最后气压伺服系统工作压力低，适合于开环控制系统，相对液压传动而言有动作迅速、响应快的特点。但是，气压信号传递时的工作频率和响应速度较低，空气的压缩性会产生较大失真和延迟情况，系统精度较低、噪声较大，并且因系统工作压力较低，不易获得较大推力。

气压伺服系统适用于石油、化工、农药及矿山机械等特殊环境，对于无油的气压伺服系统，尤其适用于无线电元器件、食品及医药的生产过程。

思考题与习题

2-1 机电一体化系统对传动机构的基本要求是什么？

2-2 丝杠螺母机构的传动形式及其特点分别是什么？

2-3 滚珠丝杠副的组成及特点分别有哪些？

2-4 如何选择滚珠丝杠副？

2-5 齿轮传动的各级传动比的分配原则是什么？输出轴转角误差最小原则的含义是什么？

2-6 谐波齿轮传动有何特点？

2-7 齿轮传动的齿侧间隙的调整方法有哪些？

2-8 对机械执行机构的基本要求有哪些？

2-9 简述各类传感器的特性及选用原则。

2-10 简述伺服电动机的种类、特点和应用。

2-11 简述机电一体化系统中的执行元件的分类及其特点。

2-12 简述直流伺服电动机的 PWM 调速换向的工作原理。

第3章 机电系统控制技术

随着微电子技术和计算机技术的发展，计算机在速度、存储量、位数、接口和系统应用软件等方面的性能都有了很大的提高。同时，批量生产、技术进步使计算机的成本大幅度下降。计算机因其优越的特性而被广泛地应用于工业、农业、国防等各个领域。计算机的引入对控制系统的性能、结构以及控制理论都产生了深远的影响，两者的结合产生数字控制系统。

机电一体化产品与非机电一体化产品在计算机控制上存在着本质区别，计算机比模拟控制器更能实现相应的控制算法和理论。在抗干扰能力和柔性方面表现得更突出。

本章将重点介绍机电一体化系统中应用的计算机控制技术。

3.1 概述

3.1.1 计算机控制系统的组成

计算机控制系统是由硬件和软件两大部分组成。硬件是由计算机主机、接口电路、输入和输出通道及外部设备等组成。

控制系统的核心实际上是计算机。操作台将命令传输给计算机，然后由计算机检测系统的各种参数，进行数据计算，数据处理，逻辑判断和故障报警等，然后将控制指令自接口输出。

计算机通过两个渠道与自己的控制对象交换信息，一是接口；二是输入和输出通道。不论是自外向内输入相关数据，还是自内向外发送命令，都需要经过这两个渠道才能进行。

计算机控制对象的相关参数有的是模拟量，有的是数字量，但是计算机能够处理的只有数字量，为此需要将模拟量通过一定的方式转化成数字量。所以，输入和输出通道也被分为两种，一种是数字量通道；另一种是模拟量通道。

操作台是计算机的外部设备，也是整个控制系统中最基本的设备。在人与机器对话的过程中，操作台是一个非常重要的桥梁。人可以通过操作台发出多种操作性命令，操作台还能够实时反映出系统的工作状态，显示各种各样的数据和信息，而且人还可以通过操作台向计算机输入各种数据。操作台主要由部分组成：一是显示器，其作用是显示各种控制参数和系统的具体工作状态；二是开关，包括电源开关和一些功能选择的开关；三是功能键，比如打印功能键、启动键、显示键等；四是数据键，可以用于对参数进行修改或数据输入。另外，计算机还会配备有显示终端、打印机以及串行通信口等外设。

所有测算出来的参数需要由传感器统一转换成为电量的信号，才能被计算机所接收，所有执行设备也需要根据计算机的指令操控各自对象。

3.1.2　计算机控制系统的特点

计算机控制系统与通常的连续控制系统间的主要差别是，前者可实现过去连续控制系统难以实现的更为复杂的控制规律。计算机的控制系统有以下明显特征：

（1）具有完善的输入和输出通道。

（2）具有实时控制功能。

（3）可靠性高。

（4）具有强大的软件系统，能够对自己所控制的对象运动规律进行准确反映，并能对其进行有效控制。

3.2　计算机在控制系统中的应用

3.2.1　计算机控制系统的分类

（1）由于机电一体化技术的应用范围很广，复杂程度也不一样，因此有各种各样的控制器。根据计算机在控制系统中的作用分为以下四种。

①过程控制系统。此系统可以对整个生产流程进行状态监测，并且能进行数据采集，根据相应的控制规律进行控制。过程控制系统一般都是开环系统，在轻工业、食品、制药及机械等行业广泛应用。

②伺服系统。伺服系统是基本的机电一体化控制系统。伺服系统要求输出信号能够稳定、快速、准确地复现输入信号的变化规律。输入信号一般是电信号，输出的则是位移、速度等机械量。

③顺序控制系统。安排操作顺序的原则是动作的逻辑次序。

④数字控制系统。机器运动需要有指令的驱动，而这些指令以数字的形式存在，由计算机生成。

（2）计算机在机电一体化的过程中得到了广泛应用。这类计算机控制系统可以分成四种：直接数字、操作指导、分级计算机和监督计算机。

3.2.2 典型的机电一体化控制系统

3.2.2.1 计算机过程控制系统

计算机过程控制系统指的是由计算机完成相关参数的测量，并且由计算机进行操控的系统，需要测量的对象主要包括液面、流量、速度、压力、温度等。比如用计算机控制工业炉，因为工业炉的燃料一般是煤气或燃料油，只有保持空气与燃料间比值恒定，炉膛中的燃料才能以一种正常的状态燃烧。

3.2.2.2 微型计算机控制的电动机调速系统

微型计算机有几个非常明显的特征：一是有很强的逻辑判断能力；二是具有很强的存储信息能力；三是有很快的运算速度；四是有很强的数据处理能力。因此，通过计算机能够便捷地实现电动机调整系统中的各种控制要求。正是因为采取了计算机进行控制，所以电动机调速系统的性能有了明显提升。

3.2.2.3 计算机数字程序控制系统

数字程序控制系统可以在接收到相应的指令后，对生产机械进行控制，并且按照一定顺序、运动距离、轨迹和速度自动完成。

数字程序控制系统一般简称为数控，这种控制系统通常被用于机床控制系统中。

数控系统通常采取两种系统进行控制：一种是工业控制微机系统，这种系统一般是 16 位或 32 位；另一种是微处理机系统。如果按照运动轨迹划分，其可以分为两种：一种是轮廓控制系统；另一种是点位控制系统。

在点位系统当中，如果被控机构正处于移动的状态下，则不会被加工，所以没有对运动轨迹方面的要求，只要定位准确即可，这种系统一般用于冲床、数控钻订等类似于机床的控制。

轮廓控制系统中，被控机构会按照设定的线路不停地移动，加工是在移动过程中完成的，这种系统一般适用于车床、数控铣床以及线切割机、绣花机等设备的自动控制。

3.2.2.4 工业机器人

工业机器人实际上是一种自动化系统，通过计算机控制，能够代替人进行工作，主要组成部分包括夹持器、控制器、传感器、驱动器、手臂等。

3.3 工业控制计算机

工业领域中，现场会有各种干扰因素，这样的恶劣环境使得普通的计算机不能正常运行。而工业控制计算机对于强电磁干扰、电源波动、振动冲击和粉尘等有一定的防护作用，具有较好的抗干扰性、可靠性。应用于工业控制的计算机主要有单片微型计算机、可编程序控制器、总线式工业控制机和分布式计算机控制系统等类型。

3.3.1 工业控制计算机的基本要求

工业控制计算机的应用对象及使用环境的特殊性，决定了工业控制机主要满足以下一些基本要求。

（1）实时性。实时性是指计算机控制系统能在限定的时间内对外来信号做出反应的能力，为满足实时控制要求，通常既要求从信息采集到生产设备得到控制作用的时间尽可能短，又要求系统能实时地监视现场的各种工艺参数，并能进行在线修正，对紧急事故能够及时处理。因此，工业控制计算机应具备较完善的中断处理系统以及快速信号通道。

（2）高可靠性。工业控制计算机通常控制着工业过程的运行，如果可靠性低，运行时发生故障，又没有相应的冗余措施，则轻者会使生产停顿，重者有可能产生灾难性的后果。很多生产过程是日夜不停地连续运转，因此要求与这些过程相连的工业控制机也必须无故障地连续运行，实现对生产过程的正确控制。另外，许多工业现场的环境恶劣，振动、冲击噪声、高频辐射及电磁波干扰往往十分严重，以上这一切都要求工业控制计算机具有高质量和很强的抗干扰能力，并且具有较长的平均无故障间隔时间。

（3）硬件配置的可装配可扩充性。工业控制计算机的使用场合千差万别，系统性能、容量要求、处理速度等都不相同，特别是与现场相连的外围设备的接口种类、数量等差别更大，因此宜采用模块化设计方法，使其硬件具有可扩展性。

（4）可维护性。工业控制计算机应有很好的可维护性，这要求系统的结构设计合理，便于维修，系统使用的板级产品致性好 ，更换模板后，系统的运行状态和精度不受影响；软件和硬件的诊断功能强，在系统出现故障时，能快速准确地定位，并保证发生故障时故障不会扩散。

作为计算机控制系统的设计者，应根据机电一体化系统（或产品）中的信息处理量应用环境、市场状况及操作者特点，优选出经济合理的工业控制计算机。

3.3.2 工业控制计算机的常用类型

电子技术、计算机技术的进步推动着机电一体化技术的进步和发展。电子元器件、大规模集成电路和计算机技术的每一次最新进展，都极大地促进了机电一体化技术的发展。在计算机发展的初期，机电一体化系统（或产品）只能使用单板机，如简易数控机床改造中应用的计算机控制系统。随着 PC 机（个人计算机）功能的增强、价格的下降，逐渐出现了由 PC 机作为控制器的微机控制系统。但是普通的 PC 机是为了商业应用而设计的，对于恶劣工业环境，其性能大打折扣，影响了它的进一步使用。为了改进普通 PC 机在恶劣环境下的适应性，出现了工业 PC 机，可编程序控制器是为了将传统的继电器逻辑器件进行替换而产生。半导体的集成度不断提高，很多单片机作为计算机芯片，广泛应用在机电一体化产品中。

综上所述，目前常用的有普通 PC 机、单片机、可编程序控制器和工业 PC 机等多种类型的控制系统。

3.3.3 单片微型计算机

单片微型计算机也叫作单片机，单片机的芯片上集中了 RAM、CPU、I/O 接口和 ROM，另外还有一些其他功能，包括计算功能、定时功能、通信功能以及中断功能等。

单片机最早产生于 1976 年，随着技术的不断发展，CPU 机型也在不断发展，从 8 位发展到了 16 位，同时运行速度有了很大提升，存储器也大幅度增加，集成度也有了明显提高。单片机经历了几个发展阶段，分别是 4 位、8 位、16 位和 32 位机，目前的单片机已经达到了 64 位。但 8 位、16 位单片机仍在市场中占据主流地位。特别是随着嵌入式控制系统的兴起，其功能不断增强。世界各大半导体生产厂商都将注意力转移到 8 位、16 位单片机。8 位、16 位单片机也向低功耗、高速度、集成有先进的模拟接口和数字信号处理器的方向发展。目前，常规单片机的闪存通常为“数 +KB”，A/D 转换器为 16 位，还带有看门狗的功能，厂家可以为用户定做有特殊要求的单片机。

现阶段，单片机的发展主要有以下趋势：一是集成度更高；二是运行速度更快；三是功耗更低；四是体积更小；五是更加便于使用。单片机主要用于智能式仪表、通信产品、数显、数制机床等机电产品当中。单片机的开发必须要通过计算机或者制造出的仿真系统进行。单片机的编程与调试不如 PC 机方便，开发周期较长。特别是这种控制系统的抗干扰能力较低，质量也有待提高，对环境的适应能力不强，所以使用时要做好各种防护措施。因为单片机的接口有限，数据的处理能力也有限，所以只能为大型系统的计算机系统提供一些辅助性作用，比如对信号的数据进行测试或者实施单一量的控制等。

生产单片机的厂家有很多，产品的种类也很多，如美国有 6801 和 6805 系列、SUPER 系列、MCS 系列；日本有 HD6301 系列、MN6800 系列。特别是 MCS

单片机在国际上的使用范围非常广，我国是这种单片机的主要使用国。单片机的理论知识在相关课程已有详细介绍，这里不再赘述。

3.3.4 可编程序控制器

3.3.4.1 可编程序控制器概述

3.3.4.1.1 可编程序控制器（PLC）的由来与发展

进入现代化生产阶段后，电气控制装置被配备到了各种自动化生产线和控制设备上。过去，电气控制装置采用的是接线程序控制，通过电子元器件、接触器、继电器实现控制，这些设备通过连接导线组合起来，按照预设的程序实现对系统的控制。

过去电气控制装置受接线程序的控制，有着较多的局限性：一是体积过多；二是设备的生产周期较长；三是内部接线方式复杂；四是设备容易发生故障；五是可靠性不高。一旦控制功能稍有调整，接线方式就需要改变，元器件需要增减，硬件也需要重新进行组合。在工业生产技术不断提高的当下，这种装置显然已经不符合自动控制设备可靠性、通用性、灵活性和经济性的要求。

从20世纪80年代开始，计算机和微电子技术有了突飞猛进的发展，可以对程序进行自由编制的控制器有了越来越多不同系列的产品。模拟量和开关量均被大量运用于系统当中，它的功能也不再局限于顺序控制和逻辑控制的固有范围，所以被称为可编程序控制器，通常用英文缩写PLC表示。

可编程序控制器目前有两个主要发展方向。一种是向着更加简易、更加小巧、更低价格的方向。这种可编程序控制器能够取代继电器控制系统，在规模较小或单机控制的生产线上运用得较为广泛。另一种是向着速度更快、规模更大、功能更多，分布层次更多的方向。这种可编程序控制器通常属于多处理器系统，存储能力较强，输入和输出接口的功能也很强。这种控制系统的功能十分强大，包括定时功能、计数功能、远程控制功能、过程控制功能、逻辑运算功能、中断控制功能、智能控制功能、模拟调节功能、数据传送功能、实时监控功能、数值运算功能、记录及显示功能等。

通过网络建立起与上位机的通信渠道，还有彩色图像系统的操纵台、数据分析系统以及采集系统与之相配套产，能够实现对车间、生产线、生产流程的全面控制，全面实现对工厂的自动化控制。

3.3.4.1.2 PLC的特点

PLC被广泛使用，与它突出的特点和优越的性能是分不开的。归纳起来，PLC主要具有以下特点。

1）可靠性高

对于工业生产来说，控制设备的安全性是至关重要的。在可编程序控制器中，可以通过半导体电路实现大部分的开关动作，微电子技术在其中发挥着基础性作用。

可编程序控制器对于电子器件的质量要求非常高，通常属于工业级的标准，甚至出现军用级的电子器件，故障率非常低。可编程序控制器的自诊断功能也十分强大，能够及时诊断出软、硬件的各种故障，还能很好地保护故障现场，工作的安全性很高。

可编程序控制器的内部存有相应程序，可以实现控制功能，这些控制程序本身的安全性较高，可靠性也有充分保障，所以运行十分稳定，使得可编程序控制器的可靠性有了进一步提高。

2）环境适应性强

可编程序控制器对环境有着很强的适应性，在各种条件恶劣的工业现场均可正常使用。即便出现瞬间断电，控制器也仍可正常工作。其对空间电磁也有很强的搞干扰能力，抗冲击和抗振能力也十分出色。对环境中温度有着较强的适应能力，可以在 –20~60℃的温度下和 35%~85% 的温度下正常工作。

3）灵活通用

可编程序控制器能够非常灵活地实施控制任务。对于不同的控制任务，通用性能够得到很好体现。尽管硬件相同，但是不同的软件能够帮助可编程序控制器完成目的不同的各种控制任务。如果需要对控制对象的控制逻辑作出改变，可编程序控制器也可以轻松应对，对于这一点，一般继电器是很难完成的。

4）使用方便、维护简单

可编程序控制器的各种模块可以实现即插即卸，连接也变得十分方便。不需对逻辑信号进行电平转换处理，也无须进行驱动放大，不论是输出还是输出，都可以用开方的方式实现。

在输出和输出模拟信号时，可以使用仪表、传感器以及驱动设备的标准信号。外部的各种配套设备只要一把螺钉旋，就能够十分方便地实现与输入及输出模块的连接。

可编程序控制器同时还具有监控功能。可编程序控制器的数据、运行状态可以借助监视器或编程器进行修改或监视。这种控制系统的日常维护十分简便，即便出现故障，也能很快通过可编程序控制器的诊断和监控功能查找到故障位置和原因，并及时进行排除。

3.3.4.1.3 PLC 的分类

1）按 PLC 的结构形式划分

①整体式结构 PLC。通常，小型的可编程序控制器会采用整体式结构，它的

优势在于价格低廉，体积小巧，结构紧凑。这种结构的控制器会将输出和输出单元、电源部件及 CPU 集中在一起。

②组合式结构 PLC。通常，大中型的可编程序控制器会采用组合式结构，它的优势在于系统配置方案较为灵活，而且扩展也较为容易，这种结构中的模块是分开制造的，I/O 模块、CPU 模块、电源模块可以分别插入到各自的插槽中。

2）按控制规模划分

①小型机。小型机一般用于需要对开关量有所控制的设备，内存通常为几 KB，I/O 点数一般在 128 点以下。小型机具有以下几种功能：一是定时功能，二是计数功能；三是逻辑运算功能。

②中型机。I/O 点数在 128~512 点，内存容量在几十 KB，它不仅具备小型机的各种功能，而且对数据进行处理，配置有模拟量输入及转出模块。一般而言，会在规模较小的控制系统中使用中型机。

③大型机。I/O 点数在 512~896 点，内存容量达几百 KB。

④超大型机。I/O 点数在 896 点以上，内存容量在 1000KB 以上。

除了具备中型和小型机的各种功能之外，大型机以及超大型机还有以下功能：一是记录功能；二是打印功能；三是对编程终端进行处理的能力；四是联网和通信功能。其可以对规模较大的过程进行控制，从而形成分布式的控制系统。

3.3.4.1.4 PLC 的典型产品

在目前的国际市场上，PLC 已经非常畅销，在自动控制系统中应用 PLC 设计成为当下的一种潮流。生产 PLC 的厂家已经越来越多，而且品种也在不断增加。生产厂商中比较知名的公司有如下一些：美国 GE 公司、AB 公司；德国西门子公司；日本富士公司、三菱公司、OMRON 公司等。中国于 20 世纪 70 年代后期引进了国外的 PLC 控制系统，建成 PLC 生产线，到了 20 世纪 90 年代，国民经济的各个领域已经开始全面使用 PLC 控制系统。

3.3.4.2 PLC 组成

PLC 在操作上属于一种工业控制的专属设置计算机，主要以数字式、电气自动控制为核心。虽然 PLC 是作为继电接触控制系统的替代产品出现的，但它与继电器控制逻辑的工作原理有很大差别。

PLC 主要由中央处理器（CPU）、存储器、输入单元、输出单元、电源等部分组成。PLC 共有两种结构，既有整体式也有组合式，结构不同，功能不同。

3.3.4.2.1 CPU

PLC 控制运算核心是 CPU，这与普通计算机类似，其他部件的运行受 CPU

控制。

3.3.4.2.2　存储器

存储器的功能是将程序和数据进行存储，它的存储方式有两种：一是只读方式；二是随机方式。如果 PLC 配备有存储器，则可以存储系统的各种程序；如果 PLC 配备的是用户程序的存储器，则用于存储用户的程序。

3.3.4.2.3　输入和输出（I/O）单元

输入和输出单元属于一种连接用的部件，它连接着 CPU 与其他外部设备，也连接着 CPU 与现场 I/O 设备。用户可以自由选择 PLC 所提供的操作电平以及各种功能性模块。

3.3.4.2.4　电源

为了防止电源突然中断的情况出现，除了备有系统电源外，还有一种后备电池，其可在停电时继续保持几十小时供电。一般需要将 220V 的交流电源转换成直流 5V 电源，供 PLC 内部使用。

3.3.4.2.5　编程器

编程器主要是通过输入助记符或者图形，调整内部参数，调试 PLC 的运行状况。

由于计算机功能强，CRT 屏幕大，使程序输入和调试以及系统状态的监控更加方便和直观。

3.3.4.3　PLC 控制系统的设计

3.3.4.3.1　PLC 控制系统设计原则

为了提高生产效率和质量，符合被控制对象的工艺要求，设计 PLC 控制系统时应遵循以下原则：

（1）最大限度地满足被控对象的控制要求。设计前，设计人员除充分理解被控对象的各种技术要求外，应深入现场进行实地调查研究，收集资料，访问有关的技术人员和实际操作人员，然后拟订设计方案，并请有关专家论证，最后确定方案付诸实施。

（2）设计时既要考虑控制质量的要求，也要考虑成本效益。

（3）稳定性和可靠性是控制系统必须考虑的因素。

（4）容量的考虑要适应生产和以后产品改进的需要。

3.3.4.3.2　PLC 控制系统设计内容

PLC 控制系统是由用户输入和输出设备与 PLC 连接后形成。所以，PLC 控制系统的设计包括下述内容：

（1）选择用户输入设备；输出设备；由输出设备驱动的控制对象。

（2）选择正确的 PLC，包括合适的机型、容量、电源等保证整个控制系统的技术指标和质量关键。

（3）分配 I/O 点，绘制输入和输出端子的连接图。

（4）设计控制程序包括语句表、设计梯形图、控制系统的具体流程图。

控制程序实际上是一种软件，它可以用于控制整个系统工作，能够保证系统工作的安全性和可靠性。所以，设计 PLC 控制系统时，必须要经过反复的调试过程，要满足工作的基本要求。

（5）设计操作台、电气柜、模拟显示盘和非标准电器，只是在必要的情况下设计。

（6）编制控制系统的技术文件。其包括各种说明书以及元件明细表。

3.3.4.3.3　PLC 控制系统设计的基本思路

设计 PLC 控制系统的基本思路有如下几个方面：

（1）被控对象的工艺条件和控制要求需进一步分析及了解。

（2）选择合适类型的 PLC，要考虑被控对象对 PLC 控制系统的功能要求和所需要的输入、输出信号的点数等。

（3）PLC 的 I/O 点数是控制要求所需的用户输入、输出设备确定。

（4）依据对复杂的控制系统要求，画出工作循环图标。对于简单的控制系统，无须画出图表。

（5）在工作确定以后，根据工作循环图表或动态流程图表设计出梯形图程序。

（6）根据梯形图编制程序指令。

（7）检查键入的指令是否正确，这是通过用 PLC 编程器将指令键入 PLC 的用户程序存储器这一方法检验。

（8）调试程序。先进行局部调试，再进行整体调试。必要情况下，先进行分段调试，后连接起来总调。

（9）在进行 PLC 程序设计时，可以进行控制台（柜）的设计和现场施工。待上述工作完成后，可以进行联机调试，直到符合要求。

（10）编制技术文件。

PLC 控制系统设计理念如上，根据系统设计的实际要求，可以酌情更改。总之，应视情况而定。

3.3.5　总线工业控制计算机

总线工业控制计算机（简称总线工控机），在工业领域得到了广泛运用，它具备环境适应能力强、过程输入和输出接口功能丰富以及实时功能强的特点。

总线工控机具有较高的可靠性，比如 STD 总线工控机，在长达数十年的总寿命中，其平均故障间隔时间（MTBF）基本上都超上万小时，而且故障修复时间（MTTR）非常短。其具有的模板式设计和标准化特征，可以使其设计和维修更加简单化，而且系统中的应用软件多半是组态软件形式或者结构化软件形式，更利于用户快速有效地应用和操作。近年来的工业控制计算机是基于 PC 总线（PCI 和 PCI04）的工业控制计算机 IPC。

下面介绍两类在工业现场得到广泛使用的工业控制机。

3.3.5.1 STD 总线工控机

STD 总线工控机是于 1978 年由美国 Pro-log 公司最先推出，迄今为止，它在国际工业控制领域具有不可取代的地位，在国内也是一种重要的工业控制总线，以 IEEE—961 标准为正式的标准要求。

STD 总线工控机是一种在 STD 总线标准的基础上，进行设计开发的模块式计算机系统。

STD 总线工控机系统最显著的特点表现在系统组成、修改和扩展方便，而且是模块化设计；加上各模块之间相对较独立，使得故障查找、调试和检测更加方便快捷；提供了大量的功能模板供用户选择，很大程度上减少了硬件设计的工作量；系统中可以进行多操作系统运行，且系统开发的支持软件也能够较快运行，这就大幅度降低了控制软件设计开发的难度。

在控制系统设计时利用 STD 总线，其硬件设计要特别注意对标准化功能模块的选择，并需要利用 STD 总线将这些模块进行联结，组成控制装置。

STD 总线工控机系统不仅具有比较简单的硬件设计，还具有比较容易的软件设计，这是因为它可以支持非常多的软件运行，因此软件设计上只需要考虑适应控制系统即可。

应用软件开发的工作主要有，借助于支持软件提供的各种开发工具，对控制算法程序和各种标准计算加以利用，根据所需设计系统的需求和特征，设计出专用的接口软件，并联结选取的算法程序和标准模块，从而组成控制系统的应用软件。

3.3.5.2 PC 总线工控机

IBM 公司的 PC 总线微机设计的初衷，是针对办公室和个人使用，其早期的特点是用文字进行一些简单的办公事务处理。所以，早期的产品非常简单，就是在一块大底板上装几个 I/O 扩充槽。大底板上一般要具备控制逻辑电路、存储器和 8088 处理器等元件。

软盘驱动器接口卡、外接打印机、内存扩充和显示器一般要通过 I/O 扩充槽连接。

微处理器的推陈出新，使得对16位机（如Intel 80286）等性能利用需要更加充分。因此，通过将一个36引脚的扩展插座安放在PC总线上而形成AT总线，也称为ISA工业标准结构（industry standard architecture）。

近些年，很多公司陆续推出了PC/AT总线工业控制机，其是在原有微机的基础上进行完善的产物，具体如下：

（1）巩固了机械结构，使其具有更好的抗振性。

（2）模板结构更加标准化。对整机结构进行了改进，原有的大底板被CPU所取代，硬件组成更加模块化，有利于维修和更换，用户组织硬件系统也更加便捷。

（3）对通风系统加强的基础上，加上过滤器，使得散热功能具有抵抗粉尘的作用。

（4）从普通的软磁盘升级成电子软盘，能够促使其在恶劣工业环境中，也能够正常运行。

（5）根据工业控制的特点，常采用实时多任务操作系统。

PC总线工控机具有很多优势，特别是在支持软件上具有更加丰富的选择，软件包也是多种多样，这有利于降低软件开发的工作量，加上PC机联网特别便利，有利于形成管理一体化和多微机控制的集散控制系统、分级计算机控制系统和综合系统。

3.4 数字PID控制技术

自从计算机和各类微控制器芯片进入控制领域以来，用计算机或微控制器芯片取代模拟PID控制电路组成控制系统，不仅可以用软件实现PID控制算法，而且可以利用计算机和微控制器芯片的逻辑功能，使PID控制更加完善及灵活。

3.4.1 数字PID控制算法

PID调节器是一种线性调节器。这种调节器是将设定值w与实际输出值y进行比较，构成偏差$e=w-y$，并将其比例（P）、积分（I）和微分（D）通过线性组合构成控制量，对被控对象进行控制，故称为PID控制器。

在PID调节中，比例作用依据偏差的大小动作，在调节阀系统中起到稳定被调参数的作用；积分作用依据偏差是否存在的动作，在系统中起到消除余差的作用；微分作用是依据偏差变化速度的动作，在系统中起到超前调节的作用。此三部分作用配合得当，可使调节过程快速、平稳、准确，收到较好的效果。在实际应用中，根据对象的特性和控制要求，可灵活地改变其结构，取其中一部分构成控制规律。

例如，比例（P）调节器、比例积分（PI）调节器、比例微分（PD）调节器等。

模拟 PID 调节的微分方程式为

$$u(t)=K_{\mathrm{p}}\left[e(t)+\frac{1}{T_{\mathrm{i}}}\int_{0}^{t}e(t)\mathrm{d}t+T_{\mathrm{d}}\frac{\mathrm{d}e(t)}{\mathrm{d}t}\right] \tag{3-1}$$

式中 $e(t)$——调节器的输入，即给定量与输出量的误差；

$u(t)$——调节器的输出；

K_{p}——比例系数；

T_{i}——积分时间常数；

T_{d}——微分时间常数。

式（3–1）表示的调节器的输入函数及输出函数均为模拟量，计算机不能进行直接运算。为此，必须将连续形式的微分方程化成离散形式的差分方程。

取 T 为采样周期，k 为采样序号，k=0，1，2，…，k，因采样周期 T 相对于信号变化周期是很小的，所以可用矩形面积法计算面积，用向后差分代替微分，则可得：

$$u(k)=K_{\mathrm{p}}\left\{e(k)+\frac{T}{T_{\mathrm{i}}}\sum_{j=0}^{k}e(j)+\frac{T_{\mathrm{d}}}{T}\left[e(k)-e(k-1)\right]\right\} \tag{3-2}$$

式（3–2）称为 PID 位置控制算法。按此式计算 $u(k)$ 时，输出值与过去的所有状态有关，计算时要占大量的内存和花费大量的时间，为此，将式（3–2）化成递推形式

$$\Delta u(k)=u(k)-u(k-1)=d_{0}e(k)+d_{1}e(k-1)+d_{2}e(k-2) \tag{3-3}$$

式中

$$d_{0}=K_{\mathrm{p}}\left(1+\frac{T}{T_{\mathrm{i}}}+\frac{T_{\mathrm{d}}}{T}\right);\ d_{1}=-K_{\mathrm{p}}\left(1+\frac{2T_{\mathrm{d}}}{T}\right);\ d_{2}=K_{\mathrm{p}}\frac{T_{\mathrm{d}}}{T}。$$

式（3–3）称为 PID 增量式控制算法，该式和式（3–2）在本质上是一样的，但增量式算法具有下述优点：

（1）计算机只输出控制增量，误差动作影响小。

（2）在进行手动或自动切换时，控制量冲击小，能够较平滑地过渡。

（3）大大节约计算机的内存和计算时间。

在式（3–3）所示的 PID 增量式控制算法基础上，针对应用时的各种问题，出现了许多数字 PID 算法的改进形式。工程应用时应根据实际情况查阅相关文献合理选用。

3.4.2 PID 控制器的参数选择

确定控制器参数之前，首先应该确定控制器结构。对允许有静差（或稳态误差）的系统，可以适当选择 P 或 PD 控制器，使稳态误差在允许的范围内。对必须消除稳态误差的系统，应选择包含积分控制的 PI 或 PID 控制器。

一般来说，PI、PID 和 P 控制器应用较多。对于有滞后的对象，往往都加入微分控制。选择调节器的参数，必须根据工程的具体问题进行考虑。在工控领域中，要求被控过程是稳定的，对给定量的变换能迅速、光滑地跟踪，超调量小；在不同的干扰下，系统输出应能保持在给定值，控制的变量不宜过大。在系统与环境参数发生变化时，控制应保持稳定。显然，要同时满足上述要求很难，必须根据实际兼顾其他方面。

PID 调节可以用理论的方法，也可以通过试验。用理论的方法，前提是要有被控对象的准确模型，然而在实际工控领域，系统结构和参数都随时间变化而变化，花费很大代价进行系统辨认，所得到的也只是模型近似，在此基础上进行设计的系统很难说是最优的。因此，通过试验凑试的办法确定。

3.4.2.1 凑试法确定 PID 调节参数

凑试法是通过闭环运行或模拟。观察系统输出结果，然后根据各参数对系统的影响，反复凑试参数，直至出现满意的响应，从而确定 PID 控制参数。

通过实验结合经验，确定一个较为满意的参数结合，但是所谓满意的调节效果，因不同对象控制要求而异。此外，PID 调节器的参数对于控制质量的影响并不是十分敏感，因而整定中参数的选定并不是唯一的。

实际上，比例、积分、微分在控制中，某部分的减小通常可通过其他部分的增大来弥补。所以，不同的整定参数是可以得到相同的控制效果的。从控制应用效果看，控制指标达到控制要求，便可成为有效的控制参数。

3.4.2.2 采样周期的选择

从对调节品质的要求来看，似乎应将采样周期取得小些，这样在按连续系统 PID 调节选择整定参数时，可得到较好的控制效果。但实际上调节质量对采样周朗的要求有充分的裕度。根据香农采样定理，采样周期只需满足

$$T \leqslant \frac{\pi}{\omega_{max}}$$

上式中 ω_{max}——采样信号的上限角频率。

那么采样信号通过保持环节仍可复原或近似复原为模拟信号，而不丢失任何信息。因此香农采样定理给出了选择采样周期的上限，在此范围内，采样周期越

小，就越接近连续控制，即使采样周期大些也不会失去信号的主要特征。

3.5 嵌入式系统技术

3.5.1 嵌入式系统概述

嵌入式系统是基于计算机技术基础，以应用为核心，可对硬件和软件进行裁剪，并对其体积、功耗、可靠性、功能和成本等都进行非常严格限制的一种专业计算机体现，是嵌入到对象体中的计算机系统。在手机、电视机、电冰箱、汽车、数码相机和医疗器械等产品中都可见到嵌入式系统的身影。

嵌入式系统到目前为止还没有一个公认的统一定义，比较权威的是IEEE（国际电气和电子工程师协会）对于嵌入式系统的定义："用于控制、监视或者辅助操作机器和设备的装置（devices used to control，monitor，or assist the operation of equipment，machinery or plants）。"可以看出此定义是从应用角度考虑的，嵌入式系统是软件和硬件的综合体，还可以涵盖机电等附属装置。

嵌入式系统因具有面向应用、面向产品和面向用户的特征，所以具备与通用计算机系统不同的四个特殊性：

（1）面向特定应用。嵌入式系统一般是为了特定用户而设计的，需要满足集成度高、体积小和功耗低等要求，能够把通用CPU中许多由板卡完成的任务集成在芯片内部，从而使嵌入式系统设计趋于小型化，且具有更强的移动能力，这也是嵌入式系统与通用型计算机系统最本质的区别。

（2）高度密集。嵌入式系统是将先进的计算机技术、半导体技术及微电子技术与各个领域的具体应用的相结合后的产物。因容纳性高，使得它需要的技术、资金、经验都非常密集，并且管理相对集中，需要不断改进和完善知识集成系统。

（3）生命周期长。嵌入式系统是和具体应用系统相辅相成的，造成两者更新换代也必然需要同步进行。所以，嵌入式系统性的产品进入市场后，生命周期较长也是必要的条件。因此在设计嵌入式系统时，应该充分考虑系统的安全性、可靠性和软硬件的可升级性。

（4）程序固化。为确保嵌入式系统的执行速度和系统的稳定性，其软件大都存放在嵌入式的处理器或者存储芯片上，而不是存储于磁盘等载体中，这点就与通用计算机系统有本质的区别。

3.5.2 嵌入式系统的组成

嵌入式系统包括硬件和软件两部分。硬件包括处理器或微处理器（MPU）、存储器（RAM、ROM、FLASH）、电源模块、外围电路及外设器件、I/O 端口图形控制器等；软件部分包括操作系统（OS）和应用程序。嵌入式的操作系统要求具有实时和多任务操作等特征，它控制着应用程序与硬件的交互作用，而应用程序又控制着系统的运作和行为，有时设计人员会把这两种软件组合在一起。

3.5.2.1　嵌入式处理器

嵌入式处理器是控制系统运行的硬件单元，是嵌入式系统的核心。早在 20 世纪七八十年代，嵌入式微处理器就已应用于工业控制等领域，第一款嵌入式微处理器是 Intel 公司于 1971 年推出的 4004，紧接着在 1976 年 Intel 公司推出了 8048，与此同时，68HC05 由 Motorola 公司推出，Motorola 公司也推出了 z80 等一系列单片机。此处理器具备两个 16 位定时器、一个全双工串行口、四个 8 位并口、256 字节的 RAM、4K 的 ROM。到 20 世纪 80 年初，Intel 公司在 8048 基础上进行了改进和完善，推出了 8051。嵌入式处理器具有以下四个比较显著的特征：

（1）可以进行实时多任务运行，且在多任务转换过程中，中断响应时间较短，有利于最大程度地减少内部代码和内核时间。

（2）对存储区的保护力度非常大。这主要源于嵌入式系统的软件结构已经模块化，有必要对存储区进行强大保护。这样既可以防止软件模块之间有错误的交叉，又对软件的诊断具有非常重要的作用。

（3）处理器结构的可扩展性，能够高效研发出适应需求、性能较高的嵌入式微处理系统。

（4）嵌入式微处理器要求功耗较低，特别是对便携式移动计算机和通信设备，还有电池供电的嵌入式系统，则更需要低耗能。据不完全统计，全世界嵌入式处理器的品种总量已经超过 1000 种，当前有 4 位、8 位、16 位、32 位、64 位的嵌入式处理器，其主要分成以下几类：

①嵌入式微处理器。嵌入式微处理器（embedded MPU）是在通用计算机的 CPU 基础上研发出来的，嵌入式应用有其特殊化要求。所以，嵌入式微处理器在功能上似乎和标准微处理器是一致的，但嵌入式微处理器具有体积小、重量轻、成本低、可靠性高的优点。目前，嵌入式微处理器主要包括 ARM、68000、MIPS、Am186/88、386EX、SC-400、Power PC 等系列。

②嵌入式微控制器。嵌入式微控制器（embedded MCU）又称单片机，就是将整个计算机系统集成到一块芯片中。嵌入式微控制器一般以某种微处理器内核为核心，芯片内部集成 ROM/EPROM、RAM、总线、定时 / 计数器、WatchDog（看门狗）、I/O、A/D 或 D/A 等必要的外设，与嵌入式微处理器相比，微控制器

的最大特点是单片化，体积大大减小，从而使功耗和成本下降，可靠性提高，微控制器是目前嵌入式系统的主流，微控制器的片上外设资源一般比较丰富，适合于控制，因此称微控制器。具有代表性的通用系列微控制器包括 8051、MCS-96/196/296、MC68 HC05 等，还有许多半通用系列，如支持 USB 接口的 MCU 8XC930、C540、C541 等。

③嵌入式数字信号处理器（embedded DSP）。嵌入式数字信号处理器，通过对系统指令和结构进行特殊化处理，让其对数字信号处理算法有更好的适应性，且具有高效率的编译水平和高速度的指令执行水平。

在上述系统中，FFT（快速傅里叶变换）、数字滤波和谱分析等算法的应用越来越广泛，这些算法一般运算量较大，尤其是指针线性寻址和向量运算等操纵比较多，这也是该处理器的最大特征。它最具象征意义的产品有 Motorola 的 DSP56000 系列和 Texas Instruments 的 TMS320 系列。

④嵌入式片上系统（embedded SOC）。嵌入式片上系统是指在 EDA、VLSI 和半导体工艺的基础上，在一个硅片上就可以进行一个非常复杂的系统运转。该系统的研发使得嵌入式系统的大部分功能，都集中到了几块甚至一块芯片上，只有极少数无法集成的器件除外，这样也大大提升了应用系统电路板的简洁化，有利于缩小体积，提高可靠性和降低功耗。

3.5.2.2 嵌入式外围设备

现在通用的嵌入式外围设备，在功能上包括显示设备、通信设备和存储设备。存储设备又包括动态内存（DRAM）、静态易失型内存（RAM、SRAM）和非易失型内存（ROM、EPROM、E2PROM、FLASH）几种。嵌入式系统基本适用于大部分的通信设备，比如红外线接口（IrDA）、现场总线（12C）、串行通信接口（RS-232）、通用串行总线接口（USB）、以太网接口（Ethernet）、串行外围设备接口（SPI）等可以适用。较常用的显示外围设备包括触摸板、阴极射线管和液晶显示器等。

3.5.2.3 嵌入式操作系统

在大型应用中，对嵌入式系统的开发需要植入一个嵌入式操作系统，从而对应用中的定时器响应、任务间通信、内存分配和中断处理指令完成操作控制，同时还需要进行多任务处理等。不过，嵌入式操作系统会占用大量的嵌入式资源。目前，大多数嵌入式开发还是在单片机上直接进行，没有采用嵌入式操作系统，但是单片机程序中仍然需要一个主程序负责调度各个任务。一般在大型嵌入式系统或需要多任务的场合才考虑使用嵌入式操作系统。

实时操作系统（RTOS）是嵌入式操作系统的主要形式，RTOS 是针对不同处理器进行优化设计的高效率、实时多任务内核。嵌入式系统的实时性需要 RTOS 调度一切可利用的资源，完成实时控制任务，着眼于提高计算机系统的使用效率，满足对时间的限制和要求。

从目前全球范围来说，有着品类繁多的嵌入式操作系统，一般分成商用型和免费型两种。商用型的嵌入式操作系统具有可靠性强、价格高昂、功能强大、售后服务和技术支持力度大等优点，而免费型的实时嵌入式操作系统源码公开，开放性好并可免费使用。1981 年 Ready System 发明了世界上第 1 个商业嵌入式实时内核（VTRX32），它具备了许多传统操作系统的特征，包括任务管理、任务间通信、同步与相互排斥、中断支持、内存管理等功能。

3.5.2.4　嵌入式应用软件

嵌入式应用软件需要运用到指定的应用领域，并有配套的硬件平台，从而满足用户需求的计算机软件。它有别于普通性的应用软件，对其稳定性、安全性和准确性有非常高的要求，并且需要不断进行改进和完善，以逐渐减少对系统资源的占有，有效节约硬件成本。

3.5.3　嵌入式系统的应用

嵌入式系统的应用前景广阔，其应用大致可以分成以下几种。

3.5.3.1　信息家电

家用电器的未来发展方向，将是网络化和数字化。比如家家户户的微波炉、电冰箱和电视机等，都可以植入嵌入式微处理器进行控制，从而实现和网络的智能连接。

3.5.3.2　移动计算设备

PDA、掌上电脑和手机等属于移动计算设备。它们的特征主要包括携带方便、价格优惠、使用方便等，因此其普及率也非常高。

3.5.3.3　网络设备

网页服务器、网络接入盒和路由器交换机等都属于网络设备。因其价格比较实惠，所以受到广大企业青睐。

3.5.3.4　工业控制、电网监测等

工业控制监测领域对嵌入式系统的运用空间也是比较大的。现在工业过程的监控和电网监测系统等领域都大量运用了 16 位和 32 位的嵌入式微处理器。嵌入式应用技术和产品在市场上的普及度也越来越高，加上半导体技术和系统的升

级，嵌入式系统的发展有了新的方向。

（1）嵌入式系统从之前的相对独立于软硬件开发，慢慢转变为一种系统工程，嵌入式系统开发商一般在提供系统软硬件的时候，同时提供软件开发包和硬件开发工具。

（2）科学技术的进步，功能单一的设备逐渐跟不上时代发展的潮流，因此在其设备上增加更多功能，将成为发展的一种趋势，这也将导致系统结构较之前更加复杂化。芯片设计厂家除了对处理器进行升级外，还增加了片上系统，即 SOC 理念。这样，一块芯片上就具有了 USB、DSP 和 CPU 等功能。

（3）可靠性和实际应用能力愈加凸显。嵌入式系统开始向军事设备控制和工业现场控制等领域发展。可见其需要面对的环境也日益复杂化，因此其系统可靠性也成为人们最关注的问题。

（4）互联网链接将成为其发展的一个必经阶段。嵌入式设备想要获得较好的发展，就离不开对网络发展的适应，要求其系统上必须具备各种网络通信接口。

（5）系统软硬件配置必须越来越精简。对资源的利用要充分合理，使其发挥最大功效，这是嵌入式系统的目标所在。尤其是对现场可编程逻辑器件，即 FPGA 的应用能够有效精减用户的硬件功能模块，并对操作系统的可配置内核进行优化，从而尽最可能地减少系统对资源的占用，达成性能和成本的最优配置。

3.5.4 嵌入式系统的设计

3.5.4.1 嵌入式系统设计要求

嵌入式系统受限于功能和具体的应用环境，如对外部事件必须保证在规定时间内进行响应，且有体积、重量、功率和成本等方面的限制，需要具备令人满意的安全性、可靠性等。以下为嵌入式系统设计时需要重点考虑的因素。

（1）实时性强。嵌入式系统具有特定的用户群，因此在保证处理结果正确的前提下，对结果的延时也有严格要求。所以进行设计时，应该将其实时性放在首位。

（2）可靠性高。嵌入式系统要放入其他设备中，辅助其他设备履行指定的功能或者完成任务，所以其可靠性也是不可或缺的。

（3）功耗低。嵌入式系统需要满足便于携带的要求。因此，对功耗的要求也是一个非常重要的问题，功耗越低，越有利于长久运用。

（4）环境适应能力强。嵌入式系统面临的工作环境具有复杂性和不可控性，偶尔也会遭遇恶劣的工作环境，比如电磁场强、强光源、冲击源和强热源等，这些可能对系统造成很大影响。所以在设计时，关于对各种情况的干扰进行减弱或消除的问题，也是必须解决的。

（5）系统成本低。成本是任何系统开发都最关注的因素。当然，嵌入式系统也是如此。所以，其开发时在尽量满足系统应用要求的同时，对成本的缩减也是非常关键的，如此才能提高系统的市场竞争能力。

（6）嵌入式软件开发的标准化。嵌入式系统的应用程序可以在没有操作系统环境下，直接在芯片上运行。但对于复杂的大型嵌入式系统，为了确保对多任务的调度科学合理，对系统函数、系统资源和专家库函数接口的有效利用，用户首要任务是对嵌入式实时操作系统（real-time embedded operating system）进行合理选取，以此提高程序执行的可靠度和实时性，充分节省开发时间，确保软件达到所需要的质量要求。

（7）嵌入式系统开发的开发工具和环境。嵌入式系统设计硬件完成以后，需利用开发工具和环境才能进行软件开发，并能对系统程序功能进行修改。一般情况下，开发工具和环境具体包括混合信号示波器、基于通用计算机的软硬件设备和各种逻辑分析仪等。一般在开发时分为主机和目标机两种。主机的功能是开发程序，目标机是执行程序，开发时要注意主机和目标机要有一定的交互和通信。

3.5.4.2　嵌入式系统设计方法

以往对嵌入式系统的设计是将硬件和软件分开进行考虑，硬件工程师和软件工程师都是各司其责，独立完成设计。这类方法首先是对硬件进行设计，对软硬件性能要分别完善。不过，系统复杂程度日益加大，加上产品的推陈出新，这种设计理念必然扩大后期集成和测试的工作周期，并造成成本增加。

以上设计方式使得软硬件的开发成为相对独立的两个部分，为了有效解决该问题，研究人员提出了软硬件协同设计的新理念。

第一步要对系统的软硬件功能和规格方法进行阐述，并运用一致的规格语言进行设计，这样做的目的是对软硬件有一致的表示，这有利于功能的区分和综合；第二步要在第一步的基础上划分软硬件，对各个软硬件的功能模块进行合理划分。

软硬件协同开发的过程，主要包括以下步骤：

（1）需求分析和描述。

（2）设计建模。

（3）软硬件划分。

（4）软硬件协同设计。

（5）软硬件实现和综合。

（6）软硬件协同测试和验证。

在软硬件协同设计方法的帮助下，让软件工程师和硬件工程师可以进行协同工作。利用协同设计，尤其是协同验证技术，软件工程师对硬件进行测试的工作可以大大提前，同时硬件工程师也能尽快验证自己的设计，这使得各种问题都能尽快被设计师发现并加以解决。

3.5.4.3　硬件平台的选择

选择嵌入式开发硬件平台的关键，是对微处理器芯片的选取上。现在市面上的嵌入式处理器，包括 DPS、Power CP 和 ARM 等，它们在各自领域都做出了巨大贡献。不过，随着微电子技术的高速发展，系统设计工程师更倾向于自己设计专用集成电路（ASIC）芯片，并且在实验室就能设计出合适的 ASIC 芯片。硬件描述语言和大规模可编程逻辑器件等电子设计自动化（EDA）技术，正好顺应了电子技术应用的要求。

通过现场可编程器件（FPGA），将海量的逻辑功能集成在一个芯片上，用户能对其进行反复使用、擦除和编程，并且还能在同样的外围电路下实现不同功能，较之 ASIC 芯片具有更加灵活的特点，不但可以用作小批量的产品开发，而且适用于大批量产品的前期开发。

随着集成电路工艺的不断提高，单一芯片内部可以容纳几百万个晶体管，FPGA 的集成度越来越高。可以在 FPGA 内部嵌入一定数量的存储器，这些存储器有 FIFO、SRAM 和 ROM 等，其主要功能是存储信号处理中的各类系数和中间数据，以及某些具有复杂性的算法。

一般情况下，FPGA 内部都会含有模拟锁相环电路（PLL），主要是实现倍频技术和时钟锁定功能，对时钟脉冲延迟和偏斜问题有非常好的解决能力。

3.5.4.4　嵌入式操作系统选择

嵌入式系统在早期时，通常是使用简单的循环控制程序对外界进行控制，进而对其进行处理。随着系统的日渐复杂，所应用范围的愈加广泛，将任何一项功能添入系统，都有可能使整个系统受到影响，从而需要重新设计整个系统。所以，对现代嵌入式来说，操作系统俨然成为必然趋势。

嵌入式操作系统的选择主要从以下几个方面考虑：

（1）是否支持所用的硬件平台。之所以嵌入式操作系统硬件平台能得到认可，是因为它能够支持多种处理器。

（2）可移植性。在嵌入式操作系统软件开发的同时，首先要慎重考虑可移植性，是否能在不同系统和平台上正常运行，这也说明了操作系统和可移植性是息息相关的。

（3）开发工具的支持程度。操作系统会被仿真器、编译器和连接器等影响。

因此，必须考虑操作系统的相关开发工具。在线仿真器只有选择能与操作系统配合的工具，才能便捷地开发系统。

目前常见的嵌入式操作系统包括以下几个方面：

（1）Windows CE。Windows CE 是可以设计多线程、多任务的操作系统模块。但它采用了版税制，导致其成本较高，同时空间占用大，又非实时，使其效率大大降低。

（2）PalmOS。PalmOS 市场应用方向为手持式移动设备，在掌上电脑和 PDA 市场上占据霸主地位。

（3）uClinux。uClinux 是一个以整体式结构为基础的、多任务、多进程的操作系统。它是对 Linux 经过小型化裁减后，应用于嵌入式系统领域的操作系统。其具有源代码开放、内核完全开放、稳定性高和无许可证费用的优点。

uClinux 采用层次式结构，在编译系统时可选择和删除需求模块，还能够微处理器芯片，重新配置 uClinux 内核，从而减少对运行空间和资源的占用。所以，网络功能和软件开发工具是非常强大而又丰富的。

3.6　计算机控制系统设计

计算机是机电一体化系统控制器，但功能、形式及动作的控制在不同的产品里也有所不同。首先要有设计要求，然后再配合完成，设计者不仅要懂得生活及工艺，还要懂得计算机控制的理论和软件设计等，所以计算机、接口、控制形式和动作控制方式等问题，是其系统在控制上的设计。

3.6.1　计算机控制系统的选择

计算机控制系统作为机电一体化产品的核心，须具备以下基本条件：

（1）实时的信息转换和控制功能。机电一体化之所以能够实时实现各种数据和控制功能，是因为其与计算机、普通的信息及科学计算信息处理机都不同，具有稳定性好、反应速度快的特点。

（2）人机交互功能。为了使操作接近自然语言方式，打造出控制器含有输入指令及显示工作状态，即使发挥复杂的程序调用和编辑处理等功能，也能便捷操作。

（3）机电部件接口的功能。其功能分为三种：第一种开关、数字及模拟量接口，称为信号的性质；第二种完成信息传递的通信及部分信息处理智能，称为接口功能；第三种串行、并行接口等，称为通信。所以，接口、运动部件及检测部件连接是满足控制器需求。

（4）对控制软件运行的支持功能。汇编语言是简单的控制器，汇编形式编写在全部运行程序中可以得到巩固，裸机的控制器可以用在微处理器上。相对于复杂的控制也可以监控程序或操作系统，使软件产品完成复杂控制任务并缩短开发周期。

3.6.1.1　专用与通用的抉择

专用控制系统与通用控制系统有着本质区别，两者需要根据机电一体化产品制作的数量以及制作工艺进行适当选择。通常大批量生产的产品需要使用专用控制系统，因为专用控制系统能够实现机械与电子的有机结合。

通用 IC 芯片是组成专用控制系统的主要部分，只有通用 IC 芯片才能更好地实现元件和检测传感器之间的调配和融合。通用控制系统比较适合小批量生产或者目前还不太成熟的机电一体化产品，一般处于研发阶段的机电一体化产品自身结构还不是很稳定，还有很多地方需要调整，通用控制系统能够更好地为该产品进行调整和开发。在通用控制系统的开发上，主要采用主控制机与传感器接口相结合的方法。

3.6.1.2　硬件与软件的权衡

通用控制系统和专用控制系统由大量的软件和硬件组成，同时这些软件和硬件之间的融合和相互作用，影响着两种控制系统的发挥和稳定。

对于软件和硬件的使用，须通过不同情境进行判定和选择。如需要运用计算以及判断处理的场景时，需要使用软件功能实现，一些通用功能在软硬件的使用上没有太多区别。

经济性和可靠性是进行软硬件选择的一个衡量标准。如果考虑用分立元件进行硬件的组成，则比较合适选用软件。如果组成电路时需要使用通用的 LSI 芯片处理则采用硬件比较合适。

对于以上两种情况的选择，主要考虑焊接、是否易于修改、造价以及可靠性等问题。

电子控制系统有其自身的显著缺点，如环境适应能力差、抗噪声干扰能力差等，导致电子控制系统在普通车间很容易出现故障、错误等问题。另外，电子控制系统的维护成本较高，要求从事电子控制系统修复的工人专业能力过硬。所以，这就要求在采用电子控制系统时，必须对环境以及噪声干扰等进行特殊处理，以免造成不必要的困扰。

3.6.2　计算机控制系统的内容和步骤

计算机控制系统的设计内容主要包括硬件电路设计和软件设计两部分。选择不同的控制器，硬件电路设计和软件设计的工作量不同，设计的步骤也略有差异。总体来讲，控制系统的设计要遵照下面的步骤进行。

3.6.2.1 确定系统总体控制方案

第一，根据整体方案中的要求，进行计算机控制系统的建立和控制。这要求我们要先了解被控对象的控制要求。要想了解被控对象的控制要求，则须了解采用的是开环环境还是闭环环境。如果采用的是闭环环境，那么须对检测传感元件以及检测精度进行综合评定。

第二，对于元件采用何种方式，也要进行测量和判定。目前，较为常用的是电动、启动以及液动三种方式。

第三，对于特殊情况的界定，也要在考虑范围内。如对控制性、可靠性以及精度性的特殊要求等。

第四，需要考虑计算机的整体运行效率，包括在进行数据计算、传输以及处理的过程中，计算机应当满足的要求等。

第五，把控成本。要想确定系统的总体控制方案，需要对上述不同情境进行分析和总结，根据方案细节进行初步框图的建立，从而为下一步做好准备。

3.6.2.2 建立数学模型并确定控制算法

数学模型的建立和控制对于计算机控制系统尤为关键，这是对计算机系统进行综合评估和考量的核心流程。数学模型中包含了系统动态特征的表达方式，并且在数学模型中充分体现了系统内部数量之间进行的转换关系以及逻辑关系。

数学模型中的数据为计算机处理提供了大量的数据基础。计算机控制实际上是对控制算法的整体规避以及控制。所以，控制算法对于计算机系统的质量尤为重要。

控制规律被广泛应用于每一个控制系统中，这就导致了不同的控制系统的控制算法也不相同。随着科学技术的不断发展，控制算法也在不断增多，截至目前已经有越来越多的控制算法存在于不同的控制系统中。

随着控制算法的不断发展，引申出三种不同的算法机制，即最优控制算法、随机控制算法以及自适应控制算法。对于这三种不同控制算法的使用，通常按照不同的控制对象以及控制性能进行选择和处理。

值得注意的是，控制算法的不同使用，往往决定着系统运行的质量和性能，建议在控制算法选择上，综合考虑系统的运行控制速度以及控制效率。随机控制算法一般适合用于随机控制系统中。

不同的控制算法之间有着一个通用的计算公式，但是对于计算公式的选择，也要结合控制对象进行综合分析和讨论，对于一些特殊情况，则需要进行修改和补充。对于数学模型以及计算机不能解决的问题，可以尝试利用神经网络、专家系统以及模糊控制等其他职能控制算法进行解决。

控制算法的难易程度受控制系统影响，同时较为复杂的控制算法也会对整体控制系统的运行产生影响。所以，为了保证整体控制系统的平稳运行，可以对控制算法进行简化，在不影响整体流畅性的前提下，可以适当地对某些细微环节进行调整，从而达到最佳效果。

3.6.2.3 选择微型计算机

在选择机电一体化系统的控制器时，可以根据被控系统的规模和控制参数的复杂程度，采用不同的微型计算机。

从控制的角度出发，计算机应能满足具有较完善的中断系统、足够的存储容量、完善的输入与输出通道和实时时钟等要求。

（1）较完善的中断系统。微型计算机控制系统必须具有实时控制性能。计算机的 CPU 具有较完善的中断系统，选用的接口芯片也应有中断工作方式，以保证控制系统能满足生产中提出的各种控制要求。

（2）足够的存储容量。微型计算机系统通常有 32KB 以上的内存，一般配备磁盘（硬盘或软盘）作为外存储器，系统程序和应用程序可保存在磁盘内，运行时由操作系统随时从磁盘调入。

（3）完备的输入与输出通道和实时时钟。外部过程和主机需要通过输入与输出通道，才能进行信息交换。根据不同控制系统的不同要求，输入与输出通道分为开关量输入与输出通道、模拟量输入与输出通道、开关量输入与输出通道和模拟量输入与输出通道等类型，还有直接数据通道。

直接数据通道主要用于完成外部设备和内存之间高效、迅速、大量、成批的信息交换。在过程控制中，实时时钟的主要作用是提供时间参数，记录某个操作指令发生时的具体时间，保证系统可以依照一定的时间次序顺次执行各种指令。

微型计算机根据被控制对象的不同，要求也各异。所以在做选择时要注意除了要达到以上提到的几点要求以外，还有以下几个特殊要求需要考虑。

（1）字长。微处理器的字长是指并行数据总线的线数。字长可以对数据的精准程度、寻址定位的能力、操作指令的数目和执行操作的时间产生直接影响。

对于程序控制在一般情况的顺序控，可选用 1 位微处理器。

对于计算的精确程度要求不高、计算速度不做严格要求、计算量也不大的系统，可选用 4 位机（如计算器、家用电器及简单控制等）。

对于计算的精确程度要求较高、计算速度较快要求的系统，可选用8位机（如线切割机床等普通机床的控制、温度控制等）。

对于计算的精确程度要求高、计算速度有严格要求的系统，可选用16位机（如控制算法复杂的生产过程控制、要求高速运行的机床控制、特别大量的数据处理等）。

（2）速度。速度和字长可以作为同时考虑的两个因素。当算法相同、精度要求一致，机器的字长短时，需要采用多字节运算，这时不可避免地会延长计算，完成计算和控制时间。这种情况下必须选用执行速度快的机器，以保证实时控制。当机器的字长足够达到精准度的要求时，不但不用多字节运算，计算完成计算和控制的时间也会缩短。这时，可以选用执行速度慢的机器。

一般而言，微处理器速度的决定性因素是被控制对象，所以可以根据被控制对象选择微处理器。例如，慢速的微处理器可应用于对反应速度要求不高的化工生产过程的控制。高速的微处理机应用于对运行速度要求很高的加工机床、连轧机的实时控制。

（3）指令。指令条数与针对特定操作的指令成正比。当指令越多，程序量减少，处理速度也相应加快。控制系统要求囊括足够数量和种类的逻辑判断指令和外围设备控制指令，一般情况下8位微处理器都具有足够的指令种类和数量，以满足控制要求。

成本高低、程序编制难易也是选择计算机时必须要考虑的因素，还要考虑扩充输入与输出接口是否方便等。综合以上因素并结合实际需求，在单片机、PLC、微型计算机系统之间做最终选择。

微型计算机系统的系统软件很富足，高级语言和汇编语言均可用它进行编程，并且其程序编制和调试都很容易操作。

系统的容量包括机内存容量和软（硬）磁盘等外存储器，内外存储器容量比较大，而且两者之间有能够完成快速批量信息交换数据的通道。它的不足之处是当用其控制一个比较小的系统时，没办法利用到系统机的所有功能，成本较高，抗干扰能力也有待提高。

3.6.2.4　控制系统总体设计

将理论性的系统控制方案进行实践性的具体实施步骤的设计，即为系统总体设计，通过设计形成系统的具体构成框图。

设计依据主要包括上面提到的整体方案初框图、设计要求及选择的计算机类型等。当一个完善的微型计算机控制系统正在运行时，计算机操作者、计算机和控制对象之间要及时、不间断地交换数据信息和控制信息。

在总体设计过程中要充分考虑软、硬件措施，使两者之间能够稳定、准时地进行信息交换，分时控制按照时序进行，确保整体系统能够正常地执行运转。

设计过程中需要重点考虑软、硬件功能的分配和协调问题，接口、通道、操作控制台和可靠性设计等均需要谨慎考虑。另外，经济性和可靠性标准也是进行软、硬件功能分配和协调权衡的依据。可靠性主要是强调设计方案要切实可行，采取的措施要可靠。

3.6.2.4.1　接口设计

一般使用的微型计算机均安装具有一定数目的可编程序的输入和输出通用接口电路，包括并行接口（8080 系列的 8255A）、串行接口（8080 系列的 8251A）以及计数器或定时器等。有效利用这些接口是接口设计的首要注意事项，一旦接口不足，就需要将其扩展。它有多种扩展方式，通过接口的使用要求和是否便于获得某种元件及扩展接口决定扩展方式，以下三种方法常用于扩展接口。

（1）选用功能接口板。采用选配功能插板扩展接口方案的最大优点是硬件工作量小，可靠性高，但功能插板价格较贵，一般只用来组成较大的系统。

（2）选用通用接口电路。通用接口电路的特点是标准化，可以依据其外部特性，以 CPU 的连接方式及编程控制方法为基础，随意扩展接口，可用于组建较小的控制系统。

（3）用集成电路自行设计接口电路。集成电路具有使用方便、价格优惠的优点。在扩展一些接口时，可用中小规模的集成电路替代通用接口电路。

接口设计包括两个方面的内容：一是扩展接口；二是安排通过各接口电路输入与输出端的输入与输出信号，选定各信号输入与输出时采用何种控制方式。在选用程序中断方式时，需要注意中断申请输入、中断优先级排队等问题。而选用直接存储器存取方式时，需以直接存储器存取（DNA）控制器为辅助电路额外连接到接口上。

3.6.2.4.2　通道设计

输入与输出通道是计算机与被控对象相互交换信息的部件。每个控制系统都要有输入与输出通道。一个系统中可能要有开关量的输入与输出通道、数字量的输入与输出通道或模拟量的输入与输出通道。在总体设计中就应确定本系统应设置什么通道，每个通道由几部分组成，各部分选用什么样的元器件等。

3.6.2.4.3　操作控制台设计

微型计算机控制系统必须便于人机联系。通常需要设计一个现场操作人员使用的控制台，这个控制台一般不能用计算机所带的键盘代替，因为操作人员不了解现场计算机的硬件和软件，假若操作失误可能发生事故，所以一般要单独设计一个操作员控制台。

3.6.2.5　软件设计

系统软件与应用软件是计算机控制器的主要软件。操作系统、诊断系统、开发系统和信息处理系统都属于系统软件。对用户而言，这些软件只需要用户理解其基本原理、掌握使用方法即可，不需要用户编写设计，需要用户编写设计的软件是应用软件。所以常说的软件设计，实际上主要指的是应用软件设计。

实时性、针对性、灵活性和通用性是控制系统对应用软件的要求。工业控制系统是实时控制系统，故对应用软件的要求，主要在于实时性，即需要在对象设置的时间范围内进行控制、运算及处理。

具有较强的针对性是应用软件的最大特性。也就是说，所有的应用程序均以具体系统的要求为设计依据，比如若要保证系统能够更好地调节，必须有针对性地选用控制算法。除针对性强之外，控制软件同样要求具备一定的灵活性与通用性，才能够可适用于不同要求的系统。

鉴于此，应用软件如算术和逻辑运算程序、A/D 和 D/A 转换程序、PID 算法程序等程序的编写，可采用模块式结构，将共同的程序编写成表现为不同作用的子程序；将这些具备不同作用的子程序按照一定顺序进行排序、分组等，最终形成一个具备特定功能的应用程序，是设计者的主要工作。这样不仅简化了设计步骤，而且节省了时间。应用软件有模块化程序化设计法和结构化程序设计法两种。

1）模块化程序设计法

数据处理和过程控制是其在计算机控制系统的两种基本类型，采集数据、滤波数字、变换标度和计算数值等都属于数据处理。计算机按照设定的方式（如 PID 或直接数字控制）进行计算、输出，从而对生产过程进行控制的程序，称之为过程控制。若要完成以上操作，在设计软件时，需要将整个程序拆分为几个模块，每一个模块都是能够发挥某种作用、较为独立的程序段。这就是模块化程序设计法。

2）结构化程序设计法

结构化程序设计法在程序设计上进行了特定设置，对采用规定的结构类型与操作先后顺序进行了限制。所以，编写出的程序不仅有明确的操作顺序，而且能够快速找到并改正错误。直线顺序结构、条件结构、循环结构和选择结构是常用的结构，它们不仅能用程序框图表述易形成模块的程序本身，而且易于跟踪操作顺序，进而快速地对错误进行查找和测试。

3.6.2.6　系统调试

计算机控制系统设计完成以后，要对整个系统进行调试。调试步骤为硬件调试→软件调试→系统调试。

对元器件的筛选及老化、印刷电路板的制作，元器件的焊接及试验均属于硬件调试，在完成安装后，应经过连续拷机运行；对计算机上的各模块分别进行调试，保证其准确无误，并在EPROM中固化，这属于软件调试的主要部分；将硬件和软件组合起来进行模拟实验，在调试完成后，若数据正确，再进入现场试验环节，直到正常运行为止，此为系统调试（联调）部分。

思考题与习题

3-1 简述计算机控制系统的组成和特点。

3-2 简述计算机控制系统的常用类型及其特点。

3-3 试述计算机控制系统的基本要求和一般设计方法。

3-4 简述常用的工业控制计算机类型及其特点。

3-5 PLC的硬件系统主要由哪几部分组成？各部分的作用分别是什么？

3-6 PLC控制系统设计步骤一般分为哪几步？

3-7 试编制一个用PLC实现的24h时钟程序，要求：

（1）秒闪烁灯指示，即每秒指示灯亮灭各半。

（2）半点声音报时，响一声。

（3）整点声音报时，几点钟响几声。

3-8 观察电梯运行情况，写出其主要的运行逻辑顺序，编制能够实现其控制功能的梯形图。

3-9 数字PID控制器的参数整定方法有哪些？

3-10 简述嵌入式系统的组成。

3-11 简述嵌入式系统的软硬件协同设计方法。

3-12 简述计算机控制系统的设计思路。

第 4 章　机电系统建模与仿真

4.1　概述

机电一体化系统分析与设计，通常是在确定系统的技术要求基础上，首先建立系统的数学模型，然后对该模型进行仿真，根据仿真结果分析系统的动静态性能，通过对比模型仿真的结果与性能指标要求，进行反复校核设计，最后实现该机电一体化系统。可见，机电一体化系统的建模是系统分析与设计的基础，仿真是系统分析与设计的重要手段。本章在介绍数学模型的各种表现形式和模型建立的基本方法的基础上，掌握在 MATLAB/Simulink 环境下对机电一体化系统的建模和仿真，并通过实例详细介绍机电一体化系统的建模与仿真方法。

4.1.1　模型的基本概念

物理模型、数学模型和描述模型是系统模型的三种类型。

物理模型就是在相似的基础上，不改变原系统的状态变量，只改变真实系统的尺寸而制成的模型。这种模型的运用范围较广，例如土木建筑、水利工程、船舶制造、飞机制造等方面。

数学模型是一种通过数学方程（或信号流程图、结构图等）来对系统性能进行进一步的描述的模型。而该模型在系统仿真中的首要任务是解决参数的时间问题。计算机与微电子技术的发展使得在计算机（数字的或模拟的）上采用数学模型进行仿真实验的研究引起人们的广泛关注。

对于描述模型来说，它很难用数学方法描述，因为它是抽象的，只能通过语言来进行描述，比如自然语言或程序语言。

4.1.2　系统仿真的基本概念

4.1.2.1　系统仿真的定义

对系统模型进行的实验分析来研究一个由各种相互联系并且相互制约的部分组成的有功能性的整体，这个整体叫作系统模型，这个过程叫作系统仿真。

4.1.2.2 仿真的分类与性能特点

物理仿真是指采用物理模型进行的仿真，而采用数学模型进行的仿真，叫作数学仿真。而数学仿真也叫作计算机仿真，原因是仿真基本上是通过计算机来进行的。还有一种半物理仿真是利用已研制出来的系统的一部分或者子系统进行替代一部分数学模型。总的来说，计算机仿真在时间与费用上投入少，方便并且经济，快捷且具实用性。而半物理、全物理因为其含有实物的部分，因此可信度较强，实时性和在线性较好。

由于计算机仿真具有上述优点，所以除了必须采用半物理仿真、全物理仿真才能满足要求的情况外，一般来说都应尽量采用计算机仿真。因此，计算机仿真得到了越来越广泛的应用。本章重点讨论基于数学模型的数学仿真问题，即计算机仿真问题。

4.1.2.3 计算机仿真的基本内容

视计算机的类型以及仿真系统的组成不同，计算机仿真可分为模拟仿真（采用的是模拟计算机）、数字仿真（采用数字计算机）等类型。但是，计算机仿真的基本内容却是相同的。通常情况下，实际系统、数学模型与计算机是计算机仿真的三个基本要素。要将这三个基本要素联系在一起需要进行模型建立、仿真实验与结果分析这三个基本活动。在一次模型化的过程中，把实际系统抽象变为数学模型，并且其中涉及一部分辨识系统的技术问题，这叫作建模问题。而二次模型化就是对数学模型进行转换，转换成可以在计算机系统上运行的仿真技术，统称为仿真实验。

综上所述，仿真是建立在模型这一基础之上的，对于计算机仿真，要完善建模、仿真实验及结果分析体系，以使仿真技术成为机电一体化系统分析、设计与研究的有效工具。

4.2 机电系统的数学模型

机电一体化系统计算机仿真是一门建立在机电一体化系统数学模型基础之上的技术。机电一体化系统通过仿真手段来进行分析、设计和研究，它不属于某一个领域，而是多个领域的交叉学科。首先要进行的是建立数学模型，即用数学的形式来描述各类系统的运动发展规律。确立了模型之后，须寻找一个数值算法，也就是一个合理的求解方法，这样才能获得正确的仿真结果。本节将学习常见的机电一体化系统数学模型的表示形式和建模的基本方法。

机电一体化变量大的是一些较具体的物理量。若其随着时间连续变化，我们就可以把它叫作连续系统。如果它的变化是随时间断续的，则叫作离散（或采样）系统。根据仿真具体需要，将能够合理地描述系统中各物理量变化的运动学方程，进行抽象，变为不同表达形式的系统数学模型，是采用计算机仿真来分析和设计机电一体化系统的重要任务。

4.2.1　数学模型的表现形式

系统数学描述方法不同，建立出的系统数学模型就不同。系统的外部描述或者说输入—输出描述是指在经典控制理论里，为了表达各物理量之间相互制约、相互联系的关系，通过在系统中输入—输出的微分方程或传递函数来表示。而对于系统的内部描述或状态描述来说，用设定系统的内部状态变量的方式来建立一种状态方程去表达各物理量之间的相互关系，是现代控制理论的内容。连续系统的数学模型通常可由高阶微分方程或一阶微分方程组的形式表示，而离散系统的数学模型则由高阶差分方程或一阶差分方程组的形式表示。如所建立的微分或差分方程为线性的，且各系数均为常数，则称之为线性定常系统的数学模型；如果方程中存在非线性变量，或方程中存在随时间变化的系数，则称之为非线性系统或时变系统数学模型。

4.2.1.1　微分方程

设线性定常系统输入、输出量是单变量，分别为 $u(t)$、$y(t)$，则两者间的关系可以描述为线性常系数高阶微分方程形式，即

$$a_0y^{(n)}+a_1y^{(n-1)}+\cdots+a_{n-1}y'+a_ny=b_0u^{(m)}+\cdots+b_mu \tag{4-1}$$

式中　$y^{(j)}$——$y(t)$ 的阶导数，$y^{(j)}=\dfrac{\mathrm{d}^jy(t)}{\mathrm{d}t^j}$，$j$=0，1，…，$n$；

$u^{(i)}=\dfrac{\mathrm{d}^iu(t)}{\mathrm{d}t^i}$，$i$=0，1，…，$m$；

a——$y(t)$ 及其各阶导数的系数，j=0，1，…，n；

b——$u(t)$ 及其各阶导数的系数，i=0，1，…，m；

n——系统输出变量导数的最高阶次；

m——系统输入变量导数的最高阶次，通常总有 $m\leqslant n$。

微分方程模型是连续系统其他数学模型表达形式的基础，以下所要讨论的模型表达形式都是以此为基础发展而来的。

4.2.1.2　状态方程

当系统输入、输出为多变量时，可用向量分别表示为 U、Y，由现代控制理论可知，总可以通过系统内部变量之间的转换设立状态向量 X，将系统表达为状

态方程形式，即

$$\begin{cases}\dot{X} = AX + BU \\ Y = CX + DU\end{cases} \tag{4-2}$$

式中 U——输入向量（m 维）；

Y——输出向量（n 维）。

应当指出，系统状态方程的表达形式不是唯一的。通常可根据不同的仿真分析要求建立不同形式的状态方程，如能控标准型、能观标准型、约当型等。

在 MATLAB 中，用指令 ss（ ）可以对式（4–1）

建立一个状态方程模型，调用格式为 sys=ss（A，B，C，D）。

4.2.1.3 传递函数

将式（4–1）在零初始条件下，两边同时进行拉普拉斯变换，则有

$$(a_0s^n + \cdots + a_{n-1}s + a_n)Y(s) = (b_0s^m + \cdots + b_{m-1}s + b_m)U(s)$$

输出拉普拉斯变换 $Y(s)$ 与输入拉普拉斯变换 $U(s)$ 之比

$$G(s) = \frac{Y(s)}{U(s)} = \frac{b_0s^m + \cdots + b_{m-1}s + b_m}{a_0s^n + \cdots + a_{n-1}s + a_n} \tag{4-3}$$

将上述公式称为系统的传递函数。

在 MATLAB 中，用 tf ( ) 指令可以建立一个连续系统的传递函数模型，其调用格式为 sys=tf（num，den）。

4.2.2 数学模型的建立方法

建立数学模型就是以一定的理论为依据，把系统的行为概括为数学函数关系的表达式，包括以下步骤：

（1）确定模型的结构，建立系统的约束条件，确定系统的实体、属性与活动。

（2）测取有关的模型数据。

（3）运用适当理论建立系统的数学描述，即数学模型。

（4）检验所建立的数学模型的准确性。

机电一体化系统数学模型建立得是否得当，将直接影响以此为依据的仿真分析与设计的准确性、可靠性，因此必须给予充分重视，以采用合理的方式、方法进行建模。

4.2.2.1 机理模型法

机理模型实际上是一种数学模型，它所采用的是从一般推理到特殊推理的演绎方式，将一定的物理定律运用于已经获知具体参数和结构的物理系统，经过具体的分析和合理的简化后，对系统当中的静态变化以及物理量动进行描述。

机理模型法在建立系统模型时采用了理论分析推导的方法。不论是元件还是系统行为，都会遵循一定的自然机理，用这些机理去描述系统当中各种运动的规律及其本质，比如产品的质量、能量的传递、能量的变换等，这样就会建立起一种特殊的数学关系，即不同的变量间既相互依存又相互制约。一般来说，会得出微分方程形式或传递函数、状态方程等，其中传递函数和状态方程是由微分方程形式衍生而来的。

在构建模型时，首先要对机电一体化系统进行具体的分析和深入的研究，将其主流的、本质性的因素提取出来，忽略那些不重要的，也非本质性的因素，梳理出可能会对模型的准确度产生重要影响的物理变量，以及变量之间的关系，舍弃对系统的重要性能影响较小的物理变量，以及这些变量间的关系，避免使公式方程变得烦琐和复杂，从而使所设计的机电一体化系统不仅清晰简单，精度较高，而且能够准确反映出物理量的实际变化。

系统模型的线性化问题也是构建机理模型时需要特别注意的。一般来说，因为各种因素的影响，机电一体化系统大多会存在非线性的问题，比如存在于机械传动中的死区间隙，存在于电气系统中的磁路饱和等，实际上这些都是非线性系统，区别只在于程度不同而已。要解决这个问题，可以对系统进行适当的简化或进行近似化处理，用近似的手法让线性系统去对非线性系统做出描述。这样做的优点在于可以使存在于线性系统中的一些特性和有效的计算方法得到充分利用，促使机电一体化系统中的设计方案及分析方法更加简便实用。但是必须要承认的是，并不是所有的机电一体化系统都能够使用线性化的方法来进行处理，对于存在本性非线性要素的系统要使用其他的研究方法。

4.2.2.2 统计模型法

所谓统计模型法，就是按照特定的归纳和逻辑方法，根据系统的运行情况，获知相关的物理数据，对系统当中的物理量进行估算的数学模型。系统所产生的各种实测性数据是统计模型的基础，所以这也被称为实验测定法。

如果不能清楚地了解和掌握系统内部的具体结构以及特殊的属性，就无法确定系统的机理变化及其规律，这也就叫作“灰箱”、“黑箱”问题，这时就无法再使用机理模型法。而统计模型则恰好可以解决这一问题，因为统计模型依据的是监测到的输入和输出数据，并采取特殊的方法进行处理。计划者可以通过系统来体现出激励的作用，然后对系统的反应进行观察，了解和掌握系统内部变量的具体特征，建立起相应的数学模型。

频率特性法是一种实用性的工程研究法，它的研究对象是控制系统，应用也十分广泛。这种研究法有一个明显的特点，那就是它可以在正弦输入信号与系统频率响应之间建立起一种稳态的关系，可以直接体现出系统在稳态方面的性能，而且可以通过这种方法来研究系统的暂态性能以及系统的稳定性。系统所体现出来的开环频率特性还可以用来判别闭环之后的具体性能。另外，其可以具体分析出动态性能是如何受到系统参数的影响的，帮助设计者寻找到改善系统性能的办法。

频率特性有着非常明确的物理意义，这种实验方法可以用来测试大部分较为稳定的部件、元件以及系统的频率特性，特别是对于无法建立机理模型，也难以形成动态方程的系统来说，这种方法非常实用。

系统辨识法是一种很常用的技术方法，主要见于现代控制理论当中，这种方法的使用依据同样是输入、输出数据，通过这些具体的数据可以对动态系统的数学模型做出估算，但是这里的输出数据并不仅仅是频率响应，一些其他的时间性响应也同样可以作为非常重要的信息来体现出系统模型的动态特性。正因为系统辨识法方便实用，因此使用范围较为广泛，而且成了一门较为成熟的学科。

需要注意的是，因为无法对系统进行深入的了解，而仅靠实验来获取相关的数据，这样得到的数据精度不一样，而且数据的处理方法也不是十分完善，所以这种数学模型的精度无法进一步提升，只能用于一般性的工作之中。

4.2.2.3 混合模型法

机电一体化系统还存在着一种问题，那就是虽然对它的特性和内部的具体结构有了一定的了解，但是无法使用机理模型来加以表述，这种情况下，就需要通过实验去了解还未被完全掌握的结构特性，这时可以采取实际测定的方式来获得相关的模型参数。通常要先确定好系统模型的具体结构，这个过程中可能使用到演绎法，随后结合观测得来的各种数据来估算出尚未掌握的参数。实际上这是将统计模型法与机理模型法结合起来运用，所以也被称为混合模型法。混合模型法的使用范围要比前两种方法更为广泛，它能将理论性的推导同实践性的分析很好地结合在一起。

机电一体化系统的建模是一个理论性与实践性都很强的问题，是影响数字仿真结果的首要因素，鉴于本节的篇幅有限，此处不再展开讨论。

4.3 仿真理论基础

机电一体化系统数学模型的建立，为进行系统仿真实验研究提供了必要的前提条件，但真正在数字计算机上对系统模型实现仿真运算、分析，还有一个关键步骤，就是所谓“实现问题”。

“实现问题”就是根据已知的系统传递函数求取该系统相应的状态空间表达

式，也就是说，把系统的外部模型（传递函数描述）形式转化为系统的内部模型（状态空间描述）形式。这对于计算机仿真技术而言，是一个具有实际意义的问题。因为状态方程是一阶微分方程组形式，非常适合用于数字计算机求其数值解（而高阶微分方程的数值求解是非常困难的）。如果机电一体化系统已表示为状态空间表达式，则很容易直接对该表达式编制相应的求解程序，可见“实现问题”实质就是数值积分的问题。

机电一体化系统数字模型通常会发展成为微分方程形式，因为它有一个简化和合理近似的过程。在实际运用的过程中，很难得到大多微分方程的解析解，一般都是用计算机的数值计算法来获取数值解。而在 MATLAB 这个数学软件中，程序段和功能函数的功能已经非常强大，使用者并不需要去考虑编程问题，只需按要求调用即可。

4.3.1　单变量系统的可控标准型实现

设系统传递函数为

$$G(s)=\frac{Y(s)}{U(s)}=\frac{c_1 s^{n-1}+\cdots+c_{n-1}s+c_n}{s_n+a_1 s^{n-1}+\cdots+a_{n-1}s+a_n}$$

若对上式设

$$\frac{Z(s)}{U(s)}=\frac{1}{s_n+a_1 s^{n-1}+\cdots+a_{n-1}s+a_n}$$

$$\frac{Y(s)}{Z(s)}=c_1 s^{n-1}+\cdots+c_{n-1}s+c_n$$

再经过拉普拉斯反变换，有

$$z^{(n)}(t)+a_1 z^{(n-1)}(t)+\cdots+a_{n-1}z'(t)-a_n z(t)=u(t)$$

$$y(t)=c_1 z^{(n-1)}(t)+\cdots+c_{n-1}z'(t)+c_n z(t)$$

引入 n 维状态变量 $X=[x_1, x_2, \cdots, x_n]$，并设

$$x_1=z$$

$$x_2=z'=x_1'$$

$$\vdots$$

$$x_n=z^{(n-1)}=x_{n-1}'$$

又有

$$\begin{aligned}x_n' = z^{(n)} &= -a_1 z^{(n-1)}(t)-\cdots-a_{n-1}z'(t)-a_n z(t)+u(t)\\ &= -a_1 x_n-\cdots-a_{n-1}x_2-a_n x_1+u(t)\end{aligned}$$

$$y(t)=c_1 z^{(n-1)}(t)+\cdots+c_{n-1}z'(t)+c_n z(t)$$

得到一阶微分方程组

$$
\begin{aligned}
&x_1' = x_2 \\
&x_2' = x_3 \\
&\vdots \\
&x_n' = x_n \\
&x_n = -a_1 x_n - \cdots - a_{n-1}x_2 - a_n x_1 + u(t)
\end{aligned}
$$

写为状态方程形式为

$$
\begin{cases} \dot{X} = AX + BU \\ Y = CX + DU \end{cases} \tag{4-4}
$$

就得到了系统的内部模型描述——状态空间表达式。式中

$$
A = \begin{bmatrix} 0 & 1 & 0 & \cdots & 0 \\ 0 & 0 & 1 & \cdots & 0 \\ \vdots & \vdots & \vdots & \cdots & \vdots \\ 0 & 0 & 0 & \cdots & 1 \\ -a_n & -a_{n-1} & -a_{n-2} & \cdots & -a_1 \end{bmatrix}，\ B = \begin{bmatrix} 0 \\ 0 \\ \vdots \\ 0 \\ 1 \end{bmatrix}
$$

$$
C = [c_n,\ c_{n-1}, \cdots,\ c_1],\ B = [0]
$$

其一阶微分矩阵向量形式很便于在计算机上运用各种数值积分方法求取数值解。

采用传统的模拟计算机求解，则积分环节由运算放大器构成的积分器实现，而采用数字计算机求解，积分环节由各种数值积分算法实现。可以说模拟实现图给出了清晰的系统仿真模型。

4.3.2 系统模型的转换

随着MATLAB的普及，上节介绍的数学模型不同表达式之间可以互相转换，“实现问题”可以得到解决。

利用 MATLAB 可方便地实现系统数学模型不同表达式之间的转换，例如：

Nsys=tf（sys）将非传递函数形式的系统模型 sys 转化成传递函数模型 Nsys。

Nsys=zpk（sys）将非传递函数形式的系统模型 sys 转化成零极点模型 Nsys。

Nsys=ss（A，B，C，D）将非传递函数形式的系统模型 sys 转化成状态空间模型 Nsys。

4.4 机电系统建模与仿真实例

4.4.1 电液疲劳试验机控制系统的建模与仿真

接触网零部件疲劳试验机对接触网零部件试件进行各种振动、疲劳乃至破坏试验来考察其性能。其主要用于接触网用滑轮补偿装置传动效率试验、疲劳试验以及接触网零部件疲劳试验。由于不同的零件有不同的质量、刚度和连接方式，所以几乎所有试验机控制系统都要解决因试件多样性引起的系统数学模型扰动问题。

疲劳加载为拉一拉试验，是电液伺服力控制系统，下面是对该系统数学模型的建立过程：

设被加载对象的折算质量为 m，弹性系数为 K，施力液压缸活塞杆的位移为 y，则运动方程为

$$m\ddot{y}+Ky=F$$

液压缸力平衡方程

$$F=AP_{\mathrm{L}}$$

液压缸连续性方程与伺服阀流量方程联立可得

$$K_{\mathrm{x}}x_{\mathrm{v}}=K_{\mathrm{t}}P_{\mathrm{L}}+\frac{V}{4\beta}P_{\mathrm{L}}+A\dot{y}$$

式中 P_{L}——负载压力，Pa，$P_{\mathrm{L}}=P_1-P_2$；

A——活塞有效面积，m^2；

V——腔体容积，m^3；

K_{x}——流量增益，m^2/s；

K_{t}——总流量压力系数，$\mathrm{m}^4/(\mathrm{N}\cdot\mathrm{s})$；

β——液压弹性模量，$\mathrm{N/m}^2$；$\beta=-V\mathrm{d}p/\mathrm{d}v$。

以上三式联立即可得到位置扰动型施力机构的数学模型，即

$$F(s)=\frac{\dfrac{AK_{\mathrm{x}}}{K_{\mathrm{t}}}\left(\dfrac{m}{K}s^2+1\right)x_{\mathrm{v}}(s)}{\dfrac{mV}{4\beta K_{\mathrm{t}}}s^3+\dfrac{m}{K}s^2+\left(\dfrac{V}{4\beta K_{\mathrm{t}}}+\dfrac{A^2}{K_{\mathrm{t}}}\right)s+1}$$

将上述电液伺服力开环系统的数学模型的反馈控制用方块图形式表示出来，如图 4–1 所示。其中 K_{F} 为反馈增益；K_{y} 为前置放大器增益；K_{a} 为功率放大器增益；G_{v} 为伺服阀传递函数。

将方块图在 Simulink 集成仿真环境中用模块表示出来的结果如图 4–2 所示。

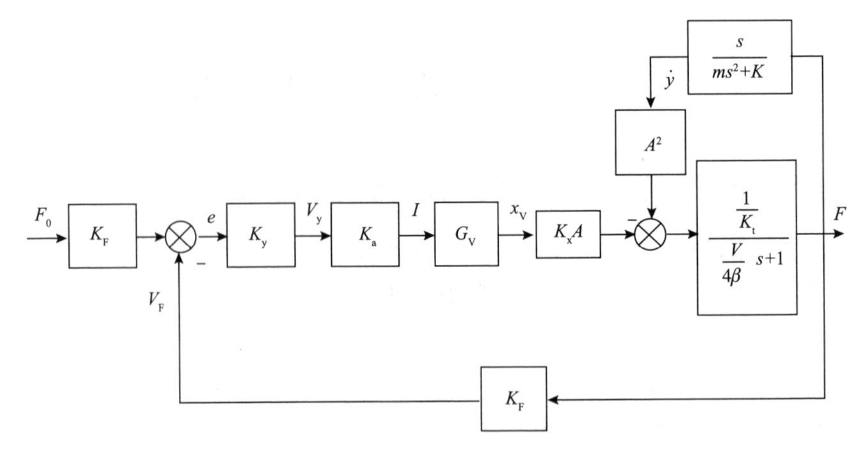

图 4-1 位置扰动型施力系统方块图

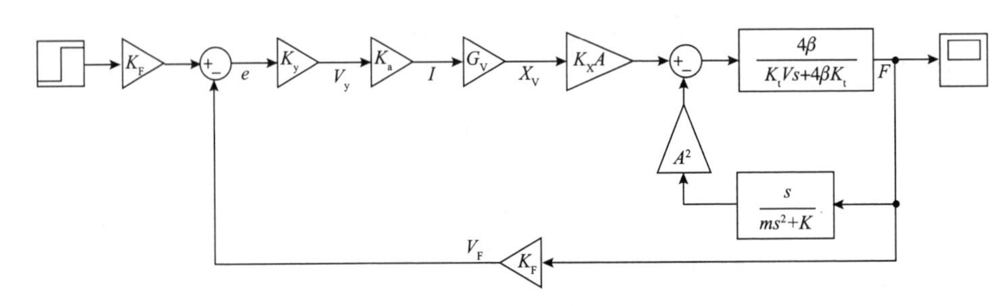

图 4-2 Simulink 环境下建立的模型

利用接触网疲劳试验机的具体参数对上述电液伺服力控制系统进行仿真研究，如伺服阀的额定流量为 100L/min，液压缸活塞直径为 80mm，活塞杆直径为 45mm，液压缸行程为 1.2m。在 MATLAB 环境下通过 M 语言编程得到电液伺服力控制系统数学模型，进而设计数字控制器并整定其控制参数，再将该结果应用于图 4-2 的 Simulink 仿真模型中。利用该 Simulink 模型分别进行输入信号为正弦和阶跃信号的仿真实验研究，其仿真结果如图 4-3 和图 4-4 所示。

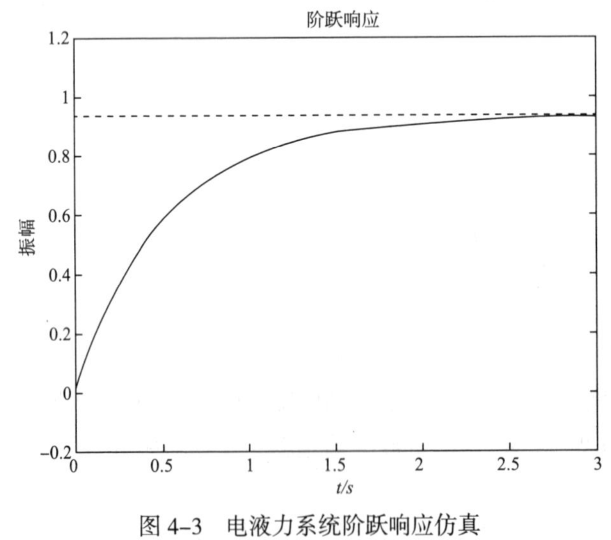

图 4-3 电液力系统阶跃响应仿真

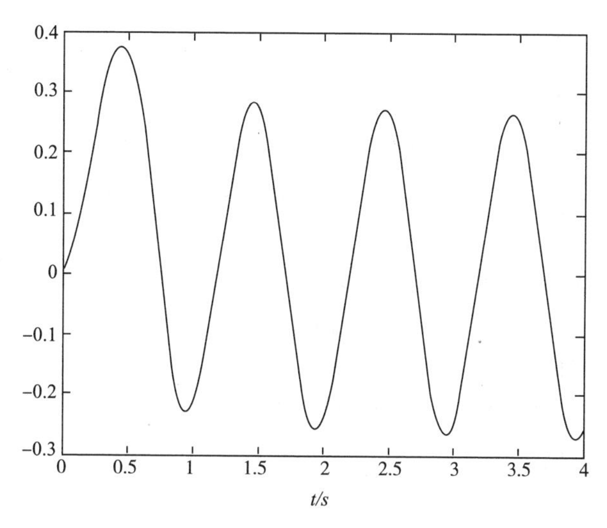

图 4–4　电液力系统正弦信号跟踪仿真

4.4.2　钢轨探伤车超声波探头自动对中系统的建模与仿真

钢轨探伤车可以在运行中实时探测到钢轨的伤痕，是关系到行车安全的重要设备。钢轨探伤采用超声波探头在钢轨上方纵向移动时，水介质耦合条件下，通过接收自身所发射的超声波反射波的方法检测钢轨的伤痕，这就要求在列车快速移动时（如 80km/h），要将超声波探头在横向和垂向上与钢轨保持一致（一定的定位误差条件下）。为满足实时高速探伤要求，设计自动对中系统来控制超声波探头做与列车摆动方向相反的运动，以确保其相对于轨道踏面的位置保持恒定。

自动对中系统工作原理如下：探头及伺服机构安装在探伤车上，两侧共有 8 个探头，每个钢轨上方 4 个，固定在支架上。通过横向的机构控制支架，可以将探头安装在钢轨的中间，所以也被称为对中系统。而通过垂向机构控制支架也可以将探头安装在轨道的垂直面上。轨道与探头的距离以及位移都可以通过横向对中系统的传感器来进行检测，而支架的垂向振动则可以通过垂向位移传感器来测定。

4.4.2.1　设计指标

根据实测列车蛇行运动的幅频特性分析结果确定对中系统负载及指标如下。

（1）惯性负载质量：额定负载为 30kg。

（2）最大位移参数：不小于 ±15mm。

（3）最大速度参数：线速度参数 ±0.47m/s。

（4）位移跟踪误差：均方小于 ±1mm。

4.4.2.2 负载匹配

根据负载的特性，绘制了惯性负载条件下的负载轨迹，在此基础上，得到了动力机构的速度特性曲线，确定了电液伺服阀和液压缸的有关参数，从而确定了动力机构的形式。

忽略液压缸摩擦力的影响，对中系统负载为惯性负载，有

$$m\ddot{y}=F$$

式中 m——负载质量，kg；

$\ddot{y}$——系统的输出位移 y 的加速度，m/s^2。

若设系统的输出位移 y 为正弦运动，则

$$y=y_m\sin(\omega t)$$

式中 y_m——正弦信号幅值，m；

ω——正弦信号角频率，r/s；

t——时间，s。

则其速度和负载力分别为

$$\begin{cases}\dot{y}=y_m\omega\cos(\omega t)\\ F=-my_m\omega\sin(\omega t)\end{cases}$$

上式联立又可得出下式：

$$\dot{y}^2+\left(\frac{F}{m\omega}\right)^2=(y_m\omega)^2$$

可见负载轨迹为一正椭圆，如图 4–5 所示，其中速度 $\dot{y}_{max}=y_m\omega$ 与 ω 成正比，而力轴 $F_{max}=my_m\omega^2$，与 ω^2 成正比，故随 ω 增加椭圆横轴增加得快。

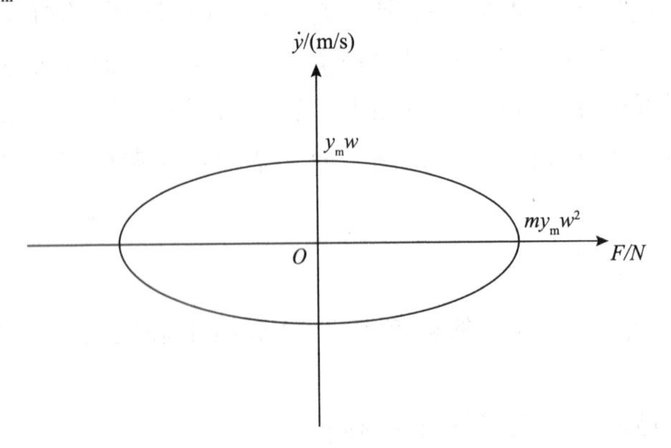

图 4–5 具有惯性时的负载轨迹

如果忽略液体可压缩性和泄漏，则可将负载轨迹的纵坐标 $\dot{y}$ 乘以活塞面积 A，横坐标 F 除以 A。如此将负载轨迹方程变成另外一种形式：QL=f（PL）。将其画在 QL–PL 平面上，就得到另外一种负载轨迹。

将负载轨迹和伺服阀负载曲线画到一起，并要求伺服阀负载曲线包容负载轨迹，最佳负载匹配即阀的负载曲线的最大功率点和负载轨迹的最大功率点相重合，如图 4–6 所示。

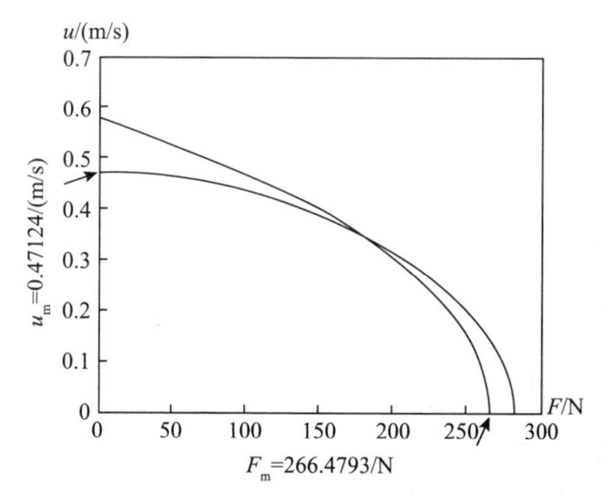

图 4–6　动力机构与负载匹配曲线

根据动力机构与负载匹配曲线和参量间的换算关系，可计算得到：

液压缸最小面积：$2.3554\times10^{-5}\text{m}^2$。

伺服阀最小流量：0.8156L/min。

而最终选定元件参数如下：

电液伺服阀额定流量：Qn0=30L/min=$5\times10^{-4}\text{m}^3/\text{s}$。

液压缸有效面积：8cm^2。

有效行程：±25mm。

4.4.2.3　系统建模与仿真

伺服阀流量方程

$$Q_L = k_v u_v \sqrt{P_S - \text{sgn}(u_v) P_L}$$

液压缸流量连续方程

$$Q_L = A\dot{x}_p + c_t P_L + b_v \dot{P}_L$$

负载力平衡方程

$$AP_L = m\ddot{x}_p$$

控制信号

$$u_v = k_p(r - k_f x_p)$$

式中 x_p——负载位移输出；

u_v——伺服阀输入控制电压；

P_S——系统的供油压力；

P_L——系统的负载压力；

r——指令信号；

k_f——位移传感器增益；

sgn——符号函数；

k_p——开环增益。

式中的系数分别为

$$k_v = 4.36\times10^{-4}\text{m}/\left(\text{N}^{\frac{1}{2}}\cdot\text{V}\cdot s\right),\ A=8\times10^{-4}\text{m}^2,$$

$$c_t=7\times10^{-12}\text{m}^5/(\text{N}\cdot\text{s}),\ b_v=7\times10^{-12}\text{m/N},\ m=30\text{kg},\ k_f=10\text{V/m}。$$

（1）建立一阶微分方程组。

设 $x_1=x_p$，$x_2=x_p$，$x_3=P_L$，

则有

$$\begin{cases}\dot{x}_1 = x_2\\ \dot{x}_2 = \dfrac{A}{m}x_3\\ \dot{x}_3 = -\dfrac{A}{b_v}x_2 - \dfrac{c_t}{b_v}x_3 + \dfrac{k_v}{b_v}\sqrt{P_S - \text{sgn}(u_v)x_3\cdot u_v}\\ u_v = 0.8\times10^{-4}(r-10x_p)\\ r = 2\sin(2\pi t)\\ x_1(0)=0,\ x_2(0)=0,\ x_3(0)=0\end{cases}$$

（2）建立描述系统微分方程的 m– 函数文件 ehpscs.m。

```
function dx=ehpscs（t，x，flag，Ps）
kv=4. 36e–4；A=8e–4；ct=7e–12；bv=7e–12；m=30；kp=0. 8e–4；
dx=zeros（3，1）;
uv=kp*（2*sin（2*pi*t）–10*x（1））;
dx（1）=x（2）;
dx（2）=A/m*x（3）;
dx（3）=–A/bv*x（2）–ct/bv*x（3）+uv*kv/bv*sqrt（Ps–sign（uV）*x
（3））;
```

（3）编写 MATLAB 主程序，并执行。

```
tspan=[0，4]；x0=[0，0，0]；
Ps=12e6；
[T，X]=ode45（'ehpscs'，tspan，x0，odeset，Ps）；
plot（T，X（：，1））；
```

响应曲线如图 4-7 所示。

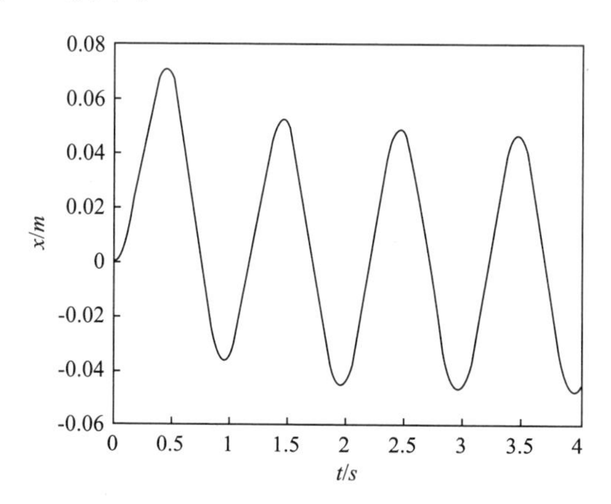

图 4-7　系统对 2Hz 正弦信号的响应

对于阶跃输入，反馈增益 kp=0.5×10^{-4}，给定信号 r 变为 1，编写阶跃输入下的系统动态模型 ehpstp.m。

```
function dx=ehpstp（t，X，flag，Ps）
kv=4.36e-4；A=8e-4；ct=7e-12；bv=7e-12；m=30；kp=0.5e-4；
dx=zeros（3，1）；
uv=kp*（1-10*x（1））；
dx（1）=x（2）；
dx（2）=A/m*x（3）；
dx（3）=-A/by*x（2）-ct/bv*x（3）+uv*kv/bv*sqrt（Ps-sign（uv）*x
（3））；
```

而对应这主程序为

```
tspan=[0，43；x0=[0，0，o]；
Ps = 15e6；
[T，X]=ode45（'ehpstp'，tspan，x0，odeset，Ps）；
plot（T，10*X（：，1））；
xlabel（'t（sec）'），ylabel（'x（m）'）
```

得到的仿真结果如图 4-8 所示。

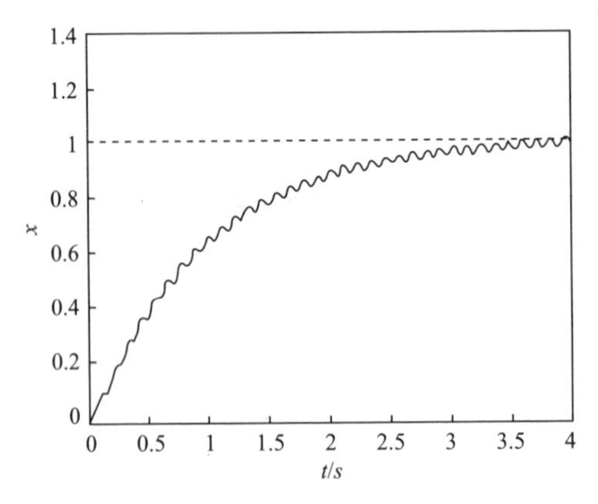

图 4-8　系统的阶跃响应

思考题与习题

4-1 已知一级倒立摆的数学模型为

$$\begin{cases} \ddot{y} = \dfrac{f/m + l\theta^2 \sin\theta - g\sin\theta\cos\theta}{M/m + \sin^2\theta} \\ \ddot{\theta} = \dfrac{-f\cos\theta/m + (M+m)g\sin\theta/m - l\theta^2\sin\theta\cos\theta}{l(M/m + \sin^2\theta)} \end{cases}$$

式中 θ——摆体与垂直方向的夹角，rad；

y——小车的位移，m；

f——电动机对小车的作用力，N；

M——小车的质量，kg；

m——摆体的质量，kg；

l——摆长的一半，m；

g——重力加速度，9.81m/s²。

试建立起倒立摆的 Simulink 模型。若取 m=0.21kg，M=0.455kg，l=0.61/2m，并取 f 为系统的输入信号，试在平衡点 y=θ=0 处对该系统进行线性化，并比较原系统和线性化系统的阶跃响应曲线。

4-2 试使用 SimMechanics 对习题 4-1 中的机构进行建模与仿真，并与所得出的结果进行比较。

第 5 章　机电系统接口与电磁兼容技术

各种子系统和子要素共同构成了机电一体化系统，各种信息和能量的交换与传递必须能够在这些子系统与子要素之间顺利进行。所以，它们之间要存在特定的联系，而这些联系以及促成联系的条件就是接口。机电一体化系统可以通过这些接口实现与外界的相连，包括人、自然，也包括其他系统。同时还需要通过这些接口将系统的各种构成要素联系在一起，成为一个整体。因此，系统的性能在很大程度上取决于接口的性能。从某种意义来说，机电一体化系统设计归根结底就是“接口设计”。

接口设计的总任务是解决功能模块间的信号匹配问题，根据划分出的功能模块，在分析研究各功能模块输入与输出关系的基础上，计算制定出各功能模块相互连接时所必须共同遵守的电气和机械的规范和参数约定，使其在具体实现时能够“直接”相连。由于电力电子器件和计算机技术在工业自动化控制中得到应用，所以机电一体化系统成为电力和电子设备相结合、强电和弱电相配合的有机整体。为进行信息处理和自动控制，微电子器件的应用使得机电一体化产品具有易受电磁干扰的特点。同时，机电一体化产品又多以电子半导体器件为其功率驱动和执行部件，因此它又是频带很宽的干扰源。强电和弱电本身是不相容的，但又必须在同一个系统内工作，这就使电磁兼容成为机电一体化系统能否正常运行的一个关键性问题。另外，机电一体化产品既会影响周围的设备和环境，也会受周围环境和其他设备的影响，因此需要进行有关电磁兼容性的设计和测试，以达到国家和国际标准规定的要求，并使系统性能稳定、可靠。

机电一体化产品可看成是由许多接口将组成产品各要素的输入和输出联系为一体的系统，并且系统的要素间能够电磁兼容。

5.1　机电一体化系统的接口技术

5.1.1　接口技术概述

在机电一体化系统中各要素和子系统之间，接口使得物质、能量、信息在连接要素的交界面上平稳地输入和输出，它是保证产品具有高性能、高质量的必要条件，有时会成为决定系统综合性能好坏的关键因素，这是由机电一体化系统的复杂性决定的。

在机电一体化系统中，机械系统与计算机控制系统在性质上有很大差别，计算机控制系统通过检测通道的接口对外界的信号加以检测，经过判断，将计算结果及控制信号输出到控制通道的接口，对被控对象加以控制。机械系统与计算机控制系统之间的联系必须通过计算机控制接口进行调整、匹配、缓冲，因此计算机控制接口有着重要的作用。另外，尽管计算机控制系统的引入使机械系统具有了“智能”，达到了更高的自动化程度，但是机电一体化系统的运行仍离不开人的干预，为了便于操作人员与计算机的联系，并及时了解系统输出及输入的工作状态，接口技术还应包括人机通道的接口。

5.1.1.1 接口的分类

接口的种类繁多，可按不同的分类标准进行分类。

（1）接口的功能由参数变换与调整以及物质、能量和信息的输入与输出两部分组成。其根据接口的变换和调整功能特征可以做出如下分类。

①零接口：不进行参数的变换与调整，即输入与输出的直接接口。

②被动接口：仅对被动要素的参数进行变换与调整。

③主动接口：含有主动因素，并能与被动要素进行匹配的接口。

④智能接口：含有微处理器、可进行程序编制或适应条件变化的接口。

（2）根据输入与输出功能的性质，接口分为以下几类。

①信息接口（软件接口）：受规格、标准、法律、语言、符号等逻辑、软件的约束等。

②机械接口：根据输入与输出部位的形状、尺寸、配合、精度等进行机械连接。

③物理接口：受通过接口部位的物质、能量与信息的具体形态和物理条件约束，如受电压、频率、电流、阻抗、传递扭矩的大小、气（液）体成分（压力或流量）约束的接口。

④环境接口：对周围的环境条件（温度、湿度、电磁场、放射能、振动、水、火、粉尘等）有具体的保护作用和隔绝作用（如屏蔽、减振、隔热、防爆、防潮、防放射线等），如防尘过滤器、防水联结器、防爆开关等。

（3）按照所联系的子系统不同分类。以控制微机（微电子系统）为出发点，将接口分为人机接口与机电接口两大类。本节主要介绍常见的机电接口和人机接口设计，对于机械分系统和微电子分系统内部的各种接口不作具体介绍。

5.1.1.2　接口设计的要求

不同类型的接口，其设计要求有所不同。这里仅从系统设计的角度讨论计算机接口和机械传动接口设计的各自要求。

5.1.1.2.1　计算机接口

计算机接口通常由接口电路和与之配套的驱动程序组成。能够使被传输的数据实现在电气、时间上相互匹配的电路称为接口电路。它是接口的骨架，能够完成这种功能的程序称为接口程序，它是完成接口预定任务的中枢神经，主要完成接口数据的输入与输出、传送以及可编程接口器件的方式设定、中断方式设定等初始化工作。两者融为一体构成了计算机接口。由于计算机接口担负着在计算机和设备之间传输信息的任务，因此，系统要求其具有两大特点：一方面能够可靠地传送相应的控制信息，并能够输入有关的状态信息；另一方面能够进行相应的信息转换，以满足系统的输入与输出要求。信息转换主要包括以下几个方面：数 / 模（D/A）转换，模 / 数（A/D）转换，从数字量转换成脉冲量，电平转换，电量到非电量的转换，弱电到强电的转换以及功率匹配等。其具体要求如下：

接受测量的机械量信号源与传感器之间，需要建立起直接的关系，而且必须要有可行的、精确的标度转换以及数学建模。机械本体同传感器之间要建立起稳固而简单的连接关系，能够对抗机械谐波的干扰，将参数准确地反映出来。

变送接口要能够实现对信号的远距离传输，要与电气参数相匹配，经过接口传输出来的信号应当是可靠的，也是准确的，具备一定的抗干扰能力，噪声的容限应该较低。接口的输入阻抗与输出阻抗要相互匹配，输出电平与计算机的电平要保持一致，输入输出信号之间保持一种线性的关系，这样计算机才能对这些信号进行处理。

驱动接口应满足接口的输入端与计算机系统的后向通道在电平上一致，接口的输出端与功率驱动模块的输入端之间不仅电平要匹配，还应在阻抗上匹配。另外，接口必须采取有效的抗干扰措施，防止功率驱动设备的强电信号窜入计算机系统。

5.1.1.2.2　机械传动接口

对于机械传动接口，如减速器、丝杠螺母等，要求它的连接结构紧凑、轻巧，具有较高的传动精度和定位精度，安装、维修、调整简单方便，刚度好，响应快。

5.1.2　人机接口设计

人机接口是操作者与机电一体化系统（主要是控制计算机）之间进行信息

交换的接口。按照信息传递的方向不同，其可以分为两大类：输入接口与输出接口。一方面，系统通过输出接口向操作者显示系统的各种状态、运行参数及结果等信息；另一方面，操作者通过输入接口向系统输入各种控制命令及控制参数，对系统运行进行控制，完成所要求完成的任务。

（1）专用性。每一种机电一体化产品都有其自身的特定功能，对人机接口有着不同的要求，所以人机接口的设计方案要根据产品的要求而定。例如，对于一些简单的二值性的控制参数，可以考虑采用控制开关；对一些少量的数值型参数的输入可以考虑使用 BCD 拨码盘；当系统要求输入的控制命令和参数比较多时，则应考虑使用行列式键盘等。

（2）低速性。控制计算机的工作速度，相对于大多数人机接口设备的工作速度来说是较高的。若想提高人机接口的工作效率，就必须借鉴控制计算机的速度优势，提高人机接口设备与计算机设备的运行效率问题，如何改善人机接口设计的低速性，是通过设计提高其工作效率时必须考虑的重要问题。

（3）高性能价格比。人机接口设备在满足其信息交换功能的同时，输入输出设备均小巧轻盈。机器设备和计算机控制的完美结合，促使信息在最廉价的装置下完美交换信息，具有高性价比。

5.1.2.1 输入接口设计

来自输入设备的数据，要通过数据总线传送给 CPU，而 CPU 与存储器以及其他设备传输的输入与输出数据，也要通过这条数据总线分时地进行传输。因此，输入接口的功能就是在只有 CPU 允许该输入接口进行数据输入时，才能将来自外设的数据传送到数据总线上。

5.1.2.1.1 简单开关输入接口设计

对于一些二值化的控制命令和参数，可采用简单的开关作为输入设备，常用的开关有按钮、转换开关等，图 5–1 所示为一简单开关输入电路。图 5–1（a）中上拉电阻的作用是，当开关处于 OFF 状态时能将高电平传送给输入缓冲器或输入口。上拉电阻的阻值越小，当开关处于断开状态（OFF）时，被传输的高电平值就越高，但是当开关处于闭合状态（ON）时，流过开关触点的电流就越大。因此当采用这种电路时，上拉电阻的阻值，应在全面考虑开关的触点电流和整个电路的功耗电流后再确定。

所谓开关的消抖，即当开关电路使用带机械触点的开关时，在开关进行开、闭的瞬间，由于开关簧片的反弹会导致输出信号的抖动，即开关或继电器的触点在开、闭操作的瞬间，因机械振动会导致输出信号产生不规则的波动，由于开关的抖动使输入计算机的信号变成图 5–1（b）所示的波形。抖动时间的长短与机械特性有关，一般为 5~10ms。按钮的稳定闭合期由操作员的按键动作决定，一般在几百微秒至几秒之间，如果 CPU 在读取开关状态信号时正好发生开关的抖动，就可能导致数据读取错误。所以在进行实际接口设计时，必须采用软件或硬件措施进行消抖处理。

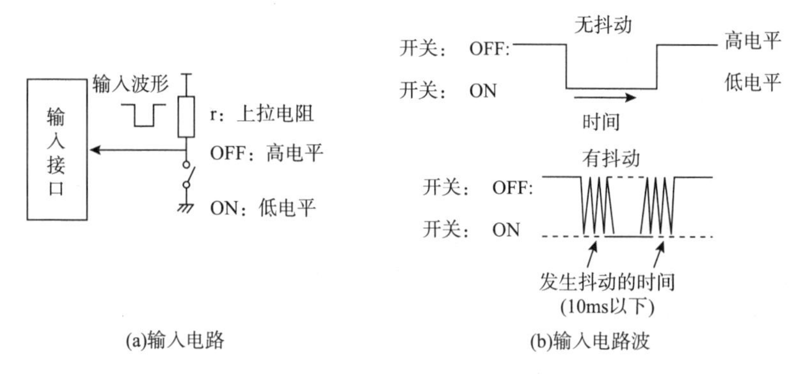

(a)输入电路　　(b)输入电路波

图 5–1　简单的开关输入电路

采用如图 5–2 所示的硬件消抖电路，即可消除开关的抖动现象。此外，通过程序对输入的开关信号进行处理，也能够消除图 5–1（b）中因开关抖动引起的读取错误现象，这种方法称为软件消抖。软件消抖办法是在检测到开关状态后，延时一段时间再进行检测，若两次检测到的开关状态相同则认为有效，否则按键抖动处理。延时时间应大于抖动时间。

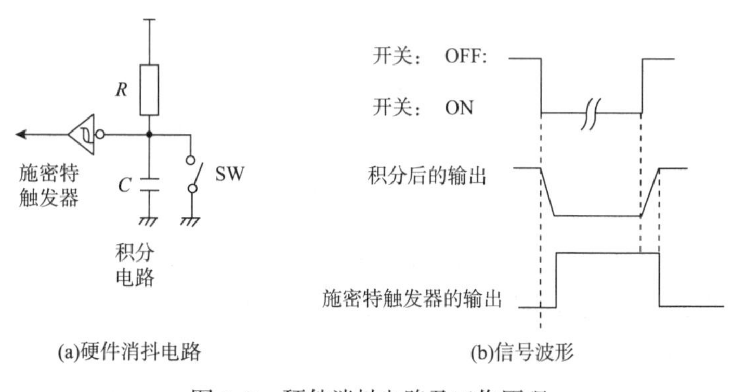

(a)硬件消抖电路　　(b)信号波形

图 5–2　硬件消抖电路及工作原理

5.1.2.1.2　键盘输入接口设计

在机电一体化系统的人机接口中，当需要操作者输入的指令或参数比较多时，可以选择键盘作为输入接口。以下主要介绍矩阵式键盘的工作原理、硬件接口电路的设计和键处理程序设计。

矩阵式键盘由一组行线（Xi）与一组列线（Yi）交叉构成，按键位于交叉点上，为对各个键进行区别，可以按一定规律分别为各个键命名键号，如图 5-3 所示。通常键行线通过上拉电阻接至 +5V 电源，当无键按下时，行线呈高电平。当键盘上某键按下时，则该键对应的行线与列线被短路。例如，7 号键被按下闭合时，行线 X3 与列线 Y1 被短路，此时 X3 的电平由 Y1 的电位决定。可采用 8031 单片机通过 P1 口与该 4×4 键盘的接口电路，如果行线 X0~X3 接至控制微机的输入口 P1.0~P1.3，列线 Y0~Y3 接至控制微机的输出口 P1.4~P1.7，则在微机的控制下依次从 P1.4~P1.7 输出低电平，并使其他线保持高电平，则通过对 P1.0~P1.3 的读取即可判断有无键闭合、哪一个键闭合。这种工作方式称为扫描工作方式。控制微机对键盘的扫描可以采用程控的方式、定时方式，亦可以采取中断方式。应该着重强调一点：由于按键为机械触点，故在释放与闭合瞬间，将产生抖动，为保证对键的一次闭合作一次且仅作一次处理，必须采取消抖措施，通常采用软件方法。

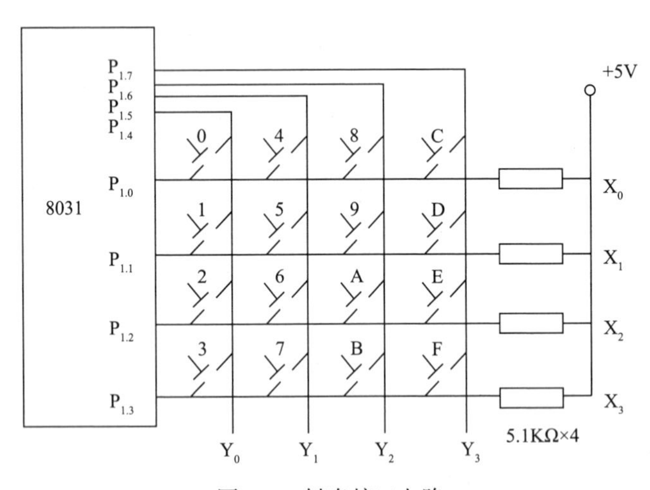

图 5-3 键盘接口电路

键输入程序设计方法，在设计输入程序时，应考虑下面四项功能。

（1）判断键盘上有无键闭合。其方法为在扫描线 P1.7~P1.4 上全部送“0”，然后读取 P1.3~P1.0。状态，若全部为“1”，则无键闭合；若不全为“1”，则有键闭合。

（2）去除键的机械抖动。其方法是读键号后延时 10ms，再次读键盘，若此键仍闭合则认为有效，否则认为前述键的闭合是由机械抖动和干扰引起的。

（3）判断闭合键的键号。其方法为对键盘列线进行扫描，依次从 P1.7、P1.6、P1.5、P1.4 送出低电平，并从其他列线送出高电平，相应的顺序读入 P1.3~P1.0 状态，若 P1.3~P1.0 全部为“1”，则列线输出为“0”的这一列没有键闭合；若 P1.3~P1.0 不全为“1”，则说明有键闭合。状态为低电平的键的行号加上其所在列的列首号，即为该键键号。例如，P1.7~P1.4 输出为 1101，读回 P1.3~P1.0 为 1011，则说明位于第 2 行（X2）与第 1 列（Y1）相交处的键处于闭合状态，第一列列首号为 4，行号为 2，则键号为 6。

（4）使控制微机对键的一次闭合仅进行一次功能操作。采用的方法是，等待闭合键释放后再将键号送入累加器 A 中。

编程扫描方式只有在 CPU 空闲时才调用键扫描子程序，因此在应用系统中软件方案设计时，应考虑这种键盘扫描程序的编程调用应能满足键盘响应的要求。

上述方法对键盘的扫描是由程序控制进行的。实际上在系统的工作过程中，操作者很少对其进行干预，所以在大多数情况下，控制微机对键盘进行空扫描。为提高控制微机的工作效率，亦可以采用中断方式设计键盘接口，平时不对键进行监控，只有当键闭合时，产生中断请求，控制系统才响应中断，对键盘进行管理。

5.1.2.2 输出接口设计

从计算机输出的数据，要经过输出接口传输给输出设备，但在输出接口与实际的输出设备之间一般需要进行信号电平转换，并需要对输出数据的传输时序进行控制。输出接口是操作者对机电一体化系统进行检测的窗口，通过输出接口，系统向操作者显示自身的运行状态、关键参数及运行结果等，并进行故障报警。

数字显示器接口电路的设计：单片机应用系统中，常使用 LED（发光二极管）、CRT（阴极射线管）显示器和 LCD（液晶显示器）等作为显示器件。其中 LED 和 LCD 成本低、配置灵活，与单片机接口方便，故应用广泛。

阳极显示器和阴极显示器分别导通后，会显示出笔画式的字符，相应的一个点或一个笔画发亮，形成不同组合的二极管，若干个发光二极管就组成了数码显示器。尽管它显示的字符有限，但是物美价廉，控制简便，应用也很广泛。

七段 LED 显示块实际上是由七笔字形“8”和一个小数点的发光二极管构成的。它是通过段选码和互为补数的阴阳极共同组成的，通过将一个 8 位并行输出口，与显示块的发光二极管引脚相连即可，连接非常简单。

根据实际设计需要，点亮显示器既可以使得相应的发光二极管恒定地导通或截止，也可以一位一位地轮流点亮各显示器（扫描）。

三位显示器的接口逻辑如图 5-4 所示，图中采用共阴极显示器。静态显示时，较小的电流能得到较高的亮度，所以由 8255 的输出接口直接驱动。当显示器位数很少（仅一二位）时，采用静态显示方法是适合的；当位数很多时，用静态显示所需的 I/O 口太多，一般采用动态显示的方法。在动态点亮显示器的情况下，需要控制好时间间隔和导通电流。通过调整相应的参数，实现稳定高效地显示。8 位并行口只适用于位数不大于 8 位的显示器。

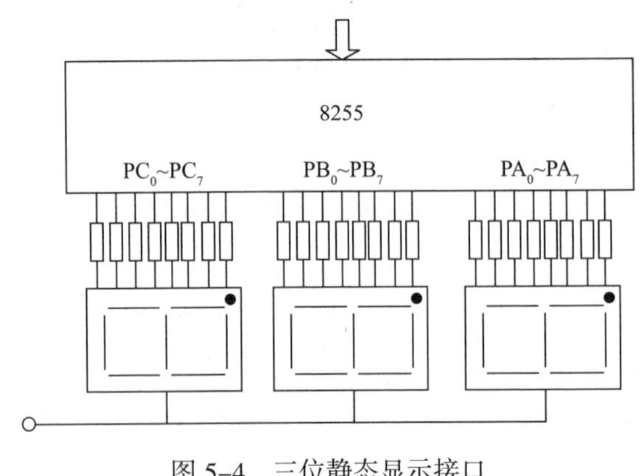

图 5-4　三位静态显示接口

8155 的 PA 口作为扫描口，经 BIC8718 驱动器接显示器公共极，PB 口作为段数据口，经驱动后接显示器的 a~g、dp 各引脚，如 PB_0 输出经驱动后接各显示器的 a 脚，PB_1 输出经驱动后接各显示器的 b 脚，以此类推。

5.1.3　机电接口设计

机电接口是指机电一体化产品中的机械装置与控制计算机间的接口。控制计算机通常是通过三个固定的步骤，来完成传感器接口与控制量输出接口。第一步通过信息采集接口接受传感器输出信号；第二步检测机械系统运动参数；第三步是经过运算处理后，发出有关控制信号，最后完成控制输出接口的匹配、转换、功率放大、驱动执行元件，来使其达到完美的运行状态。

（1）信息采集接口的任务与特点。因为机械系统运行时，位置、速度、温度等不可控，运行的规律无法得到统一，所以只有对机械装置进行参数设置和监督才能追踪统一的规律，实现设计机电一体化产品的专业化。针对不同的频率信号和开关信号，以及不同的参数设置，传感器相应地将这些物理形式转化为内在的能量，经过信息采集接口匹配转换成信号，再传递给控制计算机。例如：当模拟信号无法与参数进行匹配的时候，需要通过相应的转换器转换成可以识别的数字信号传递给计算机。

另外，在机电一体化产品中，传感器要根据机械系统的结构来布置，环境往往比较恶劣，易受干扰。再者，传感器与控制计算机之间常要采用长线传输，加之传感器输出信号一般又比较弱，所以抗干扰设计也是信息采集接口设计的一个重要内容（详见本章电磁兼容技术内容）。

（2）控制输出接口的任务与特点。控制计算机通常通过三个步骤来完成传感器接口与控制量输出接口，驱动执行元件去调节机械系统的运行状态，使其按设计要求运行。有时候，执行元件与控制接口无法进行合适的匹配，要先进行转换。例如，对于交流电动机变频调速器，控制信号为 0~5V 电压或 4~20mA 电流信号，则控制输出接口必须进行 D/A 转换；对于交流接触器等大功率器件，必须进行功率驱动。实际上在工作中，多使用电动机、电热器这种大功率的设备，形成的磁场自然会影响计算机的匹配参数设置，所以如何减少这些磁场带来的不合理因素，以及由此带来的随机因素，也是我们在进行输出接口设计时应该考虑的问题。

5.1.3.1　信息采集接口

模拟信号的信息采集通道，首先选用相应传感器将这些物理量转换为电量，再经过信息采集接口进行整形、放大、匹配、转换等信号处理环节，经采样 – 保持器，将模拟信号变换成时间上离散的采样信号后，送 A/D 转换器将模拟保持信号转换成数字信号，再送入计算机。

在实际生活中，计算机数据采集信号源往往不止一个，对多个信号源的数据采集通道通常有下面几种结构形式。

（1）多路 A/D 通道。从每个信号源检测的信号都有各自独立的采集通道，即每个通道都有独自的采样 – 保持器和 A/D 转换器。该结构形式使用了较多数量的采样 – 保持器、A/D 转换器，成本高。但这种通道结构的 A/D 转换速度高，并且控制各路通道的采样 – 保持器或 A/D 转换器，可实现各路通道同时进行采样或同时进行转换的功能，故常用于需同步进行高速数据采集、同步转换的计算机控制系统。

（2）多路同时采样、分时转换通道。从多路信号源来的数据经各自的采样 – 保持器后，经模拟多路转换开关控制，共用一个 A/D 转换器，此结构使用模拟多路开关进行多路选择，使多路信号按一定的顺序切换到共用的 A/D 转换器上进行 A/D 转换。显然这种通道结构节省硬件，但转换速度比较慢，因为共用一个 A/D 转换器必须分时进行转换，多路开关的应用也使误差增加，所以该结构多用于转换速度、精度要求不高，需同时采集、分时转换的控制系统，如多点巡回检测系统。目前，有不少芯片都具有多路通道的功能，如 ADC0808/0809 为 8 位 8 通道。

（3）多路信号源共享采样 – 保持器和 A/D 转换器。从多路信号源来的数据先经多路开关，然后按某种顺序切换到具有采样 – 保持器和 A/D 转换器的通道上，此结构共用一套采样 – 保持器和 A/D 转换器，节省硬件成本，但转换速度更慢，常用于分时采样、分时转换的计算机控制系统中。除了上述几种数据采集通道的结构形式外，还有不带采样－保持器的最简单的采集通道和单路采集通道。

在模拟信号数据采集通道中，采样－保持器和 A/D 转换器是必不可少的，其他组成部分可根据实际需要增减。

5.1.3.1.1　传感器信号的采样－保持

传感器需要经过一系列的处理，将模拟信号进行数字转换的过程中需要一定的孔径时间。如果输入信号频率不稳定时，会影响转换时间造成一定的误差。通过采样－保持，在 A/D 转换开始时使信号保持在稳定的频率，随后也可以继续跟踪信号的变化情况，达到预定的状况。其相当于一个不存在的“模拟信号存储器”。

1）采样－保持器原理

当模拟开关 S 接通时，输出信号跟踪输入信号进行系统采样；当其断开时，存储器电容 C 两端一直保持 S 断开时的电压。这两个阶段分别称为采样阶段和保持阶段，共同构成了采样－保持器的运行原理。若想提高其精准度，需要在运行过程始终借助于缓冲器，并且选择合适的电容来减少其阻力。

机电一体化的快速发展使得对于各种形式的采样－保持器的需求越来越大，要求既可以在一般速度下使用也可以在高速场合下使用，特殊情况下，对分辨率也有要求。例如 SHA1144 就是在高分辨率场合下使用。内部设有保持电容的采样－保持器更受市场欢迎。

2）集成采样－保持器的特点

①采样速度快、精度高，一般为 2~2.5μs，即达到 ±0.01~±0.003 精度。

②下降速度慢，如 AD585、AD348 为 0. 5mV/ms，SD389 为 0.1/μV/ms。

采样阶段和保持阶段，共同构成了采样－保持器的运行原理。若想提高其精准度，则需要在运行过程中始终借助于缓冲器并且选择合适的电容来减少其阻力。

下面以 LF398 为例进行介绍：当输入电压高于参考电压时，A_3 输出一个低电平信号驱动开关 S 闭合，此时输入经 A_1 后跟随输出到 A_2，再由输出端跟随输出，同时向保持电容（接 6 端）充电；当控制端逻辑电平低于参考电压时，A_3 输出一个正电平信号使开关 S 断开，以达到非采样时间内保持器仍保持原来输入信号的目的。因此，通过输入缓冲器即跟踪器，进行信号转换，以提高统一性能。

5.1.3.1.2　A/D 转换器接口

在机电一体化产品常用的传感器中，有很多是以模拟量形式输出信号的，如位置检测用的差动变压器、温度检测用的热电偶、温敏电阻以及转速检测用的测速发电动机等，但由于控制计算机是一个数字系统（有些型号单片机内部集成了 A/D 转换器件，如 MCS–96 系列单片机等）。这就要求信息采集接口能完成 A/D 转换功能，将传感器输出的模拟量转换成相应的数字量，输入给控制计算机，这一工作通常通过 A/D 转换器完成。

1）A/D 转换器的分类

A/D 转换器的种类及其特点见表 5–1。在实际应用中，应根据转换精度及转换时间的要求加以选择。

表 5–1　A/D 转换器的种类

参数	双重积分型	逐次比较型	跟踪比较型	并行比较型
特点	利用电容充放电原理，通过测量（计数）放电时间来测量模拟量，多用于高分辨率产品	内部具有 D/A 转换器，分辨率中等的产品居多	与逐次比较型的结构相似，但内部不是采用逐次比较寄存器而是采用加减计数器	内部具有与分辨率个数相同的比较器，转换速度快，但分辨率较低
转换速度	低速	中高速	中低速	高速

2）A/D 转换器的工作原理

A/D 转换器是将模拟电压转换成数字量的器件，它的实现方法有多种，常用的有逐次逼近法、双积分法。它由 N 位寄存器、D/A 转换器和控制逻辑部分组成。N 位寄存器代表 N 位二进制数码。

当模拟量 Ux 送入比较器后，起动信号通过控制逻辑电路起动 A/D 开始转换，首先置 N 位寄存器最高位（DN–1）为“1”，其余位清“0”，寄存器的内容经 D/A 转换后得到模拟电压 UN，与输入电压 Ux 比较。若 Ux>UN，则保留 DN–1=1；若 Ux<UN，则 DN–1，位清“0”。然后，控制逻辑使寄存器下一位（DN–2）置“1”，与上次的结果一起经 D/A 转换后与 Ux 比较，重复上述过程，直至判别出 D0 位取“1”为止，此时控制逻辑电路发出转换结束信号 DONE。这样经过 N 次比较后，位寄存器的内容是转换后的数字量数据，经输出缓冲器读出。整个转换过程就是这样一个逐次比较逼近的过程。

常用的逐次逼近法 A/D 器件有 ADC0809、AD574A 等，下面介绍 ADC0809 的原理与应用。

① ADC0809 的结构。ADC0809 是一种 8 路模拟量输入 8 位数字量输出的逐次逼近法 A/D 器件。其内部除 A/D 转换部分，还有模拟开关部分。多路开关有 8 路模拟量输入端，最多允许 8 路模拟量分时输入，共用一个 A/D 转换器进行转

换，这是一种经济的多路数据采集方法。8 路模拟开关切换由地址锁存和译码控制，3 根地址线与 A、B、C 引脚直接相连，通过 ALE 锁存。改变不同的地址，可以切换 8 路模拟通道，选择不同的模拟量输入，其通道选择的地址编码见表 5–2。

表 5–2 通道地址表

地址编码			被选中的通道
C	B	A	—
0	0	0	IN0
0	0	1	IN1
0	1	0	IN2
0	1	1	IN3
1	0	0	IN4
1	0	1	IN5
1	1	0	IN6
1	1	1	IN7

A/D 转换结果通过三态输出锁存器输出，所以在系统连接时，允许其直接与系统数据总线相连。OE 为输出允许信号，可与系统读选通信号 $\overline{RD}$ 相连。EOC 为转换结束信号，表示一次 A/D 转换已完成，可作为中断请求信号，也可用查询的方法检测转换是否结束。

UR（+）和 UR（–）是基准参考电压，决定了输入模拟量的量程范围。CLK 为时钟信号输入端，决定 A/D 转换的速度，转换一次占 64 个时钟周期。SC 为起动转换信号，通常与信号 $\overline{WR}$ 相连，控制起动 A/D 转换。

② ADC0809 与 MCS–51 单片机接口

ADC0809 与 8031 连接方法的线路为 8 路模拟量输入，输入模拟量变化范围是 0~5V。

0809 的 EOC 用作外部中断请求源，用中断方式读取 A/D 转换结果。8031 通过地址线 P2.0 和读写线 RD、WR 来控制转换器的模拟输入通道地址锁存、起动和输出允许。模拟输入通道地址的译码输入 A、B、C 由 P0.0~P0.2 提供，因 0809 具有地址锁存功能，故 P0.0~P0.2 也可不经锁存器直接与 A、B、C 相连。

设在一个控制系统中，巡回检测一遍 8 路模拟量输入，将读数依次存放在片外数据存储器 AOH–A7H 单元，其初始化程序和中断服务程序如下：

初始化程序

```
MOV R0，#0AOH   ；数据暂存区首址
MOV R2，#08H   ；8 路计数初值
SETB ITl   ；置脉冲触发方式
```

```
SETB EA    ；CPU 开中断
SETB EXl   ；允许申请中断
MOV DPTR，#0FEF8H；指向 0809 首地址
READI：MOV@DPTR，A   ；起动 A/D 转换
HERE：SJMP HERE   ；等中断
DJNZ R2，READl   ；巡回未完继续

中断服务程序
MOVX A，@DPTR   ；读数
MOVX@R0   ；A 存数
INC DPTR   ；更新通道
INC R0   ；更新暂存单元
RETI
```

3）A/D 转换器的选择要点

①确定 A/D 转换器的位数。A/D 转换器位数的确定与整个测量控制系统所要测量的范围和精度有关，但又不能唯一确定系统的精度，因为系统精度设计的环节较多，包括传感器变换精度、信号预处理电路精度和 A/D 转换器及其输出电路、伺服机构精度，甚至还包括软件控制算法。但在估算时，A/D 转换器的位数至少要比总精度要求的最低分辨率高一位，实际选取的 A/D 转换器的位数应与其他环节所能达到的精度相适应。对 A/D 转换器位数的另一点考虑是如果微机是 8 位（MCS-51 单片机），则采用 8 位以下的 A/D 转换器，接口电路简单。

②确定 A/D 转换器的转换速率。A/D 转换器从起动转换到转换结束，输出稳定的数字量，所需的时间即 A/D 转换器的转换时间，其倒数就是每秒钟能完成的转换次数，称为转换速率。用不同原理实现的 A/D 转换器的转换时间是大不相同的。积分型、跟踪比较型 A/D 转换器转换时间从几毫秒到几十毫秒不等，只能构成低速 A/D 转换器，如双积分式转换速度慢，但精度高，常用型号有 MC14433（$3\frac{1}{2}$位），ICL7135（$4\frac{1}{2}$位），ICL7109（12 位二进制）等，一般适用于温度、压力、流量等缓变参量的检测和控制。逐次比较型 A/D 转换器的转换时间从几微秒到 100μs 左右，属于中速 A/D 转换器，A/D 逐次比较式转换器常用型号有 ADC0808/0809（8 通道 8 位二进制），ADC0816/0817（16 通道 8 位二进制），ADCl210（单通道 12 位二进制）等。其一般用于单片机控制系统和声频数字转换系统。高速 A/D 转换器使用双极型或 CMOS 工艺制成的全并行型、串并行型和电压转移函数型的 A/D 转换器转换时间仅为 20~100ns，即转换速率在 10~50 兆

次 /s，适用于实时光谱分析、实时瞬态记录、视频数字转换等。

③如何决定是否采用采样 – 保持器。原则上直流和变化非常缓慢的信号可不用采样 – 保持器。其他情况都要加采样 – 保持器。根据分辨率、转换时间和信号带宽关系得到的数据可作为是否采用采样 – 保持器的参考。

5.1.3.2 控制量输出接口

控制计算机通常通过三个步骤来完成传感器接口与控制量输出接口，驱动执行元件去调节机械系统的运行状态，使其按设计要求运行。有时候，执行元件与控制接口无法进行合适的匹配，要先进行转换。例如，对于交流电动机变频调速器，控制信号为 0~5V 电压或 4~20mA 电流信号，则控制输出接口必须进行 D/A 转换；对于交流接触器等大功率器件，必须进行功率驱动。实际上在工作中，多使用电动机、电热器这种大功率的设备，自然形成的磁场会影响计算机的匹配参数设置，所以如何减少这些磁场带来的不合理因素，和由此带来的随机因素，也是我们在进行输出接口设计时应该考虑的问题。

5.1.3.2.1 模拟量输出接口

在机电一体化产品中，很多被控对象要求将模拟量作为控制信号，如交流电动机变频调速、直流电动机调速器和滑差电动机调速器等，而计算机系统是数字系统，不能输出模拟量，这就要求控制输出接口能完成 D/A 转换。实现 D/A 转换的方法很多，在实际应用中，应根据转换精度及转换时间的要求加以选择。

1）D/A 转换器的工作原理

D/A 转换器是指将数字量转换成模拟量的电路，它由权电阻网络、参考电压和电子开关等组成，典型的 R–2R 网络 D/A 转换器的原理如图 5–5 所示。从图 5–5 中可见，不管电子开关接在 Σ 点还是接地，流过每个支路的 $2R$ 上的电流都是固定不变的，从电压端看的输入电阻为 R，从参考电源取的总电流为 I，则支路（流经 $2R$ 电阻）的电流依次为 $I/2$、$I/4$、$I/8$、$I/16$，而 $I=U_{REF}/R$，故输出电压为

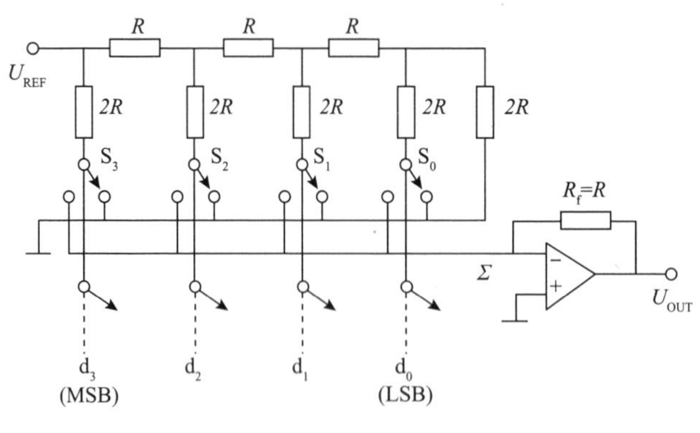

图 5–5 R–2R 网络 D/A 原理图

$$U_{OUT}=-\frac{U_{REF}}{2^4}\left[d_3\times 2^3+d_2\times 2^2+d_1\times 2_1+d_0\times 2^0\right]$$

上式中，d_3~d_0 为输入代码，d=“0”，则开关接地；d=“1”，则开关接到 Σ 点上。

如果采由 n 个电子开关组成的网络，那么

$$U_{OUT}=-\frac{U_{REF}}{2^4}\left[d_{n-1}\times 2^{n+1}+\cdots+d_0\times 2^0\right]$$

上式中，n 为 D/A 电路能够被转换的二进制位数，有 8 位、10 位、12 位等，有时也称为分辨率。

实用的 D/A 转换器都是单片集成电路，如 DAC0832 是 8 位 D/A 芯片，采用 20 引脚双列直式封装，原理如图 5-6 所示。

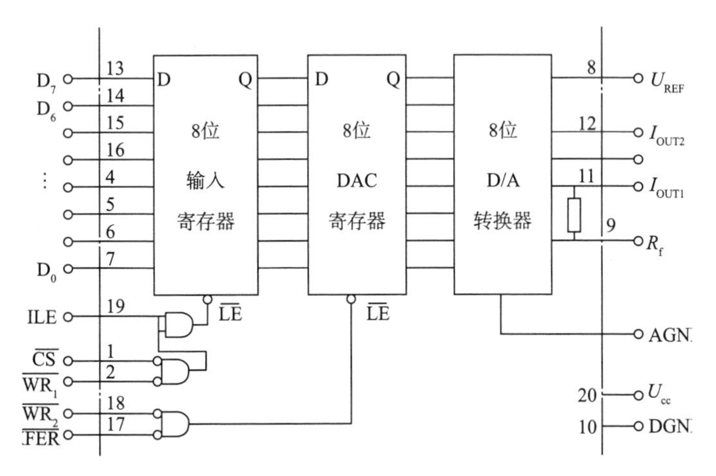

图 5-6　DAC0832 原理图

DAC0832 主要由两个 8 位寄存器和一个 8 位 D/A 转换器组成，使用两个寄存器的优点是可以进行两次缓冲操作，使该器件的应用有更大的灵活性。

DAC0832 各引脚含义如下：$\overline{CS}$ 片选信号，ILE 为输入寄存器锁存允许信号，一般设为“1”。当 $\overline{CS}$ 为低电平 $\overline{WR_1}$ 为低电平，ILE 为高电平时，才能将 CPU 送来的数字量锁存到 8 位输入寄存器中。$\overline{XFER}$ 为转换控制信号，$\overline{WR_2}$ 与 $\overline{XFER}$ 同时有效时才能将输入寄存器数字量再传送到 8 位 DAC 寄存器，同时 D/A 转换器开始工作。IOUT1 和 IOUT2 为输出电流，被转换为 0FFH 时，IOUT1 取大；转换为 00H 时，IOUT1 为 0，IOUT2 最大。AGND 和 DGND 称为模拟地和数字地，它们只允许在此片上共地。UREF 为参考电压，可在 -10~10V 选择。Ucc 为电源，可在 5~15V 选择。

图 5-7 为 DAC0832 与微机的连接图。由于 $\overline{WR_2}$ 和 $\overline{XFER}$ 接地，因此 DAC 寄存器时刻有效，而只有输入寄存器缓冲锁存作用。设译码后地址为 Port，则 D/A 转换程序为

```
MOV DX, Port
MOV AL, n
OUT DX. AL
HLT
```

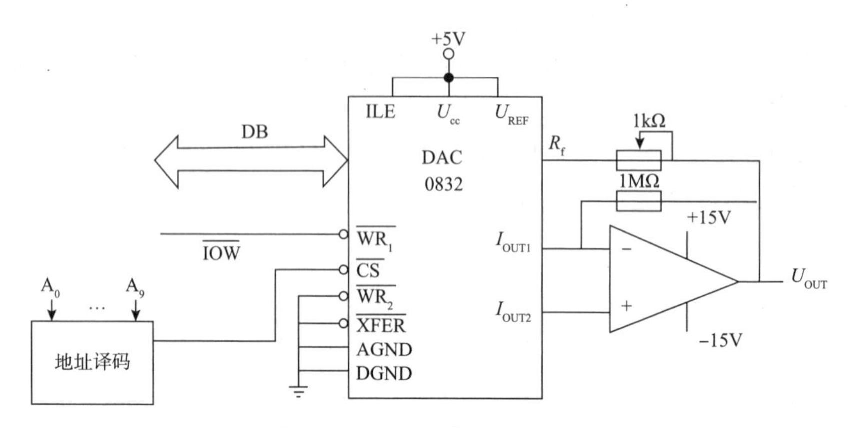

图 5-7　DAC0832 与 CPU 的连接

2）D/A 转换器的选用

目前单片机应用系统中大多采用集成芯片形式的 D/A 转换器。随着集成电路技术的发展，D/A 转换器的结构、性能有了很大的变化。采用不同结构特点的集成芯片，其集成电路也就不同。为了提高 D/A 转换器的接口性能和简化接口线路，应尽可能选择性能与价格比高的集成芯片。

① D/A 转换器的主要参数：

A. 分辨率即 D/A 转换器所能分辨的最小电压增量，或者说 D/A 转换器能够转换的二进制位数，位数多则分辨率就高。例如，一个 D/A 转换器能够转换 8 位二进制数，然后转换后的电压满量程是 5V，则它的分辨率为 5000mV/256≈20mA，即转换器能正确地分辨出 20mA 的电压变化。

B. 转换时间是指数字量输入到完成转换，并输出达到最终值且稳定为止所需的时间。电流型 D/A 转换较快，一般在几纳秒到几百微秒；电压型 D/A 转换较慢，取决于运算放大器的响应时间。

C. 精度是指 D/A 转换器实际输出电压与理论值之间的误差。一般采用数字量的最低有效位作为衡量单位，如 ±1/2LSB。如果分辨率为 20mV，则它的精度为 ±10mV。

D. 线性度是当数字量变化时，D/A 转换器模拟量按比例关系变化的程度。理想的 D/A 转换器是线性的，但实际上有误差，模拟输出偏离理想输出的最大值称为线性误差。

② D/A 转换器的输入与输出特性。D/A 转换器是系统或设备中的一个功能单元，当把它接人系统或与设备相连时，针对不同用途的场合，它的输入与输出端有不同的要求。反映 D/A 转换器输入与输出特性的因素有输入与输出缓冲能力、输入码制、输入数据的宽度，是电流型还是电压型，是单极性输出还是多极性输出等。

③ D/A 转换器选择要点。在选用 D/A 芯片时，应先根据用户需要，合理选择转换速度、精度及分辨率以满足设计任务所要求的技术指标。但应注意到，一般情况下，位数愈多精度愈高，其转换的时间愈长。如果要求高速度又高精度，则芯片价格也就愈昂贵。其次是看芯片内部是否带有数据输入缓冲器，这一点在设计接口电路时特别重要。另外，D/A 芯片还有电压型和电流型之分，目前多数厂家的 D/A 芯片是电流型的，若要构成电压 DAC，只需在电流 DAC 的 JouT 电流输出端，另外再接运算放大器，其运算放大器的反馈电阻有的也是集成在芯片内部的（如 DAC0832）。

5.1.3.2.2　功率驱动接口

在实际工作中，常使用电磁铁这类大功率设备，这需要通过功率放大器将数字量的信号转换成匹配的功率才可以驱动执行元件，其改变了相应的电压和电率，进而实现对机电系统的控制。常用的功率接口主要有开关型功率接口、步进电动机功率驱动接口、直流电动机功率接口和交流电动机变频调速功率接口等。

1）开关型功率接口

在机电一体化系统中，常用的开关型功率接口主要有光电耦合器驱动接口、晶闸管接口、继电器输出接口、固态继电器接口和大功率场效应管开关接口等。

①电耦合器驱动接口。在机电一体化产品的开关量控制输出接口中，光电耦合器把发光二极管和光敏晶体管或光敏晶闸管封装在一起，当发光二极管随着电流通过或者消失时，受光器产生相应的反应来达到控制开关的目的。电信号通过不同的光电隔离器输入的电流不同，一般以 10mA 为标准。一般负载电流比较小的外设可直接带动，若负载电流要求比较大时，可在输出端加接驱动器。

A. 光电耦合器的结构和特点。光电耦合器是把发光二极管和光敏晶体管或光敏晶闸管封装在一起，结构分为发光源和受光器两部分。通过向发光源引出的输入端施加正向电压，发光二极管会产生反应，导通电流，产生输出信号。

光电耦合器具有如下特点：

a. 光电耦合器的信号传递采取“电—光—电”形式，发光部分和受光部分不接触，因此其绝缘电阻可高达 1010Ω 以上，并能承受 2000V 以上的高压。被耦合的两个部分可以自成系统不“共地”，能够实现电控系统强电部分与弱电部分隔离，避免干扰由输出通道窜入控制计算机。

b. 光电耦合器的发光二极管依靠电流来驱动器件，具有抗干扰的特征。

c. 光电耦合器作为开关应用时，具有耐用、可靠性高和高速等优点，响应时间一般为数微秒以内，高速型光电耦合器的响应时间有的甚至小于 lons。

光电耦合器用途很多，如作为高压开关、信号隔离转换、脉冲系统间的电平匹配等。

B. 晶体管输出型光电耦合器驱动接口设计。在机电系统的控制输出接口设计中，晶体管输出型光电耦合器主要用于实现电信号之间的隔离。8031 单片机通过光耦控制步进电动机的接口电路如图 5–8 所示。由于一般计算机控制系统的接口芯片大都采用 TTL 电平，不能直接驱动发光二极管，所以通常须在它们之间加一级驱动器，如 7406 和 7407 等。

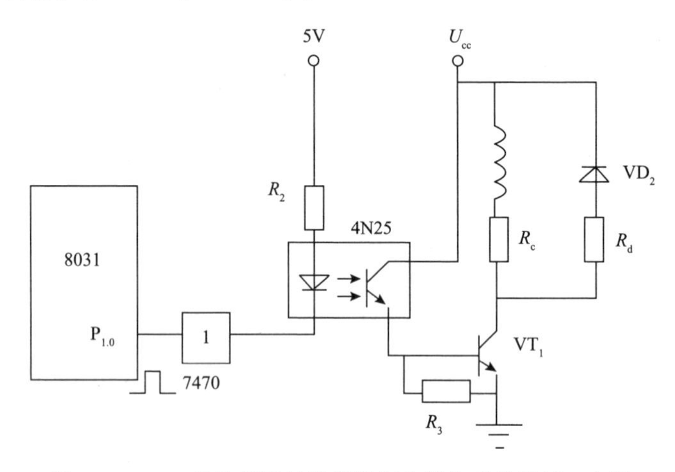

图 5–8　8031 单片机通过光耦控制步进电动机的接口电路

在这种场合应用时，应考虑两个参数：电流传输比 CTR 与时间延迟。电流传输比是指光电晶体管的集电极电流 I_c 与发光二极管的电流 I_f 之比。

不同结构的光电耦合器的电流传输比相差很大，如输出端是单个晶体管的光电耦合器 4N25 的电流传输比 CTR ≥ 20%，而输出端使用达林顿管的光电耦合器 4N33 的电流传输比 CTR ≥ 5000A。电流传输比受发光二极管的工作电流 I_f 影响，当 I_f 为 10~20mA 时，电流传输比最大。另外，工作温度升高时电流传输比也会下降。时间延迟是指光电耦合器在传输脉冲信号时，输出信号与输入信号间的延迟时间。

在图 5–8 中，R2 为发光二极管限流电阻，它的取值由下式计算：

$$R_2=\frac{U_{cc}-U_f-U_d}{I_f}$$

上式中，U_c 为电源电压；U_f 为发光二极管管压降，取 1.5V；U_d 为驱动器压降，取 0.5V；I_f 为发光二极管工作电流。

若 I_f 为 10mA，则

$$R_2=\frac{5-1.5-0.5}{0.01}=300\Omega$$

当 8031 的 $P_{1.0}$ 端输出为高电平时，经反相驱动器后变为低电平，光电耦合器输入端电流为 0，此时发光二极管有电流通过并发光，使光敏三极管导通，而晶体管 VT_1 不导通，步进电动机绕组两端无电压；当 $P_{1.0}$ 输出低电平时，4N25 的输入电流为 10mA，4N25 的电流传输比 CTR≥20%，输出端可以流过大于 2mA 的电流，再经过晶体管放大，产生驱动步进电动机所需电流。

在图 5-8 中，输入部分与输出部分采用两套互相独立的电源，没有联系，电流之间不会相互影响，相互隔离。

②闸管接口。晶闸管虽然在结构上体积小，寿命长，但是其作为大功率电器元件，具有效率高的特点。依据它的设计特点可分为单向晶闸管和双向晶闸管两种。

A. 单向晶闸管接口。单向晶闸管的最大特点是有截止和导通两个稳定状态（开关作用），同时又具有单向导电的整流作用。

图 5-9 是控制计算机控制单向晶闸管实现 220V 交流开关的例子。当控制计算机发出的控制信号为低电平时，光电耦合器发光二极管截止，晶闸管门极不触发而断开。当控制信号为高电平时，经反相驱动器后，使光电耦合器发光二极管导通，交流电的正负半周均以直流方式加在晶闸管的门极，触发晶闸管导通，这时整流桥路直流输出端被短路，负载即被接通。控制信号回到低电平时，晶闸管门极无触发信号，而使其关断，负载失电。

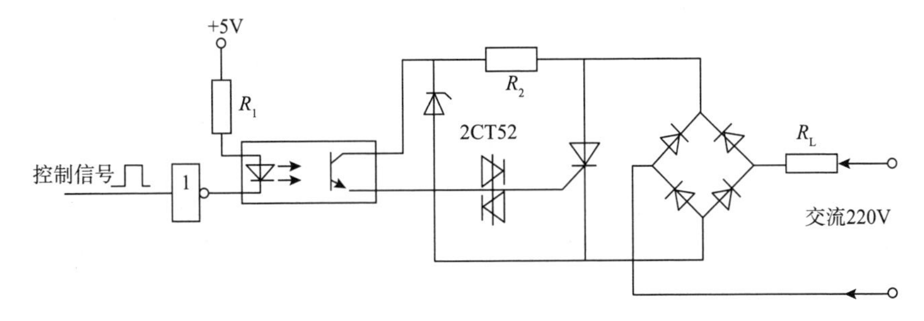

图 5-9　控制计算机与单向晶闸管接口电路

B. 双向晶闸管接口。单向晶闸管只由一个单向晶闸管串联构成，双向晶闸管在结构上可看成由两个单向晶闸管反向并联构成。单向晶闸管具有单向导电的整流作用，和双向晶闸管相比，两者结构上的不同直接导致其应用特征不同。另外，双向晶闸管一般用作过零开关，对交流回路进行功率控制。

图 5–10 为双向晶闸管与控制计算机的接口电路。

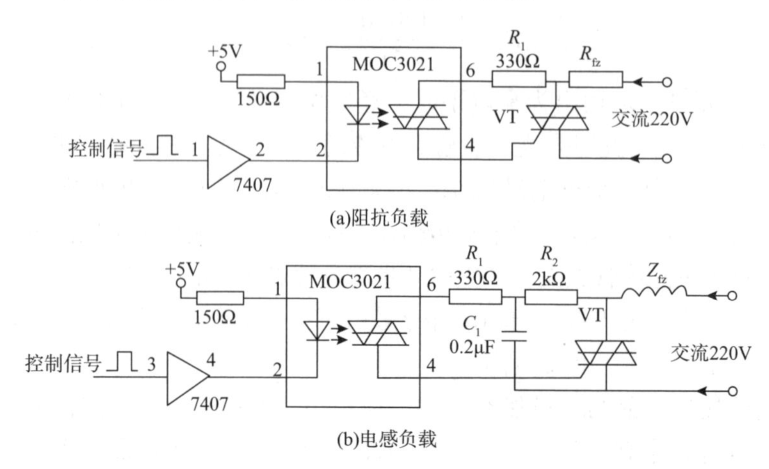

图 5–10　双向晶闸管与控制计算机接口电路

图 5–10 中 MOC3021 是双向晶闸管输出型的光电耦合器，其作用是隔离和触发双向晶闸管。

当计算机输出控制信号为低电平时，7407 也输出低电平，MOC3021 的输入端有电流流入，输出端的双向晶闸管导通，触发外部的双向晶闸管 VT 导通。当计算机输出控制信号为高电平时，MOC3201 输出端（双向晶闸管）关断，外部双向晶闸管 VT 也关断。

③电器输出接口。继电器和晶闸管产生的工作原理不同导致其性能不同。继电器是接触不同的金属触点，使动触点与定触点闭合或分开。晶闸管是一种大功率电器元件，它具有体积小、效率高、寿命长等优点，在计算机自动控制系统中，可作为大功率驱动器件，实现用小功率控件控制大功率设备。相对于晶闸管来说，在运行过程中继电器遇到的电阻小，产生的电流大且可以承受更高强度的电压。而在动作可靠性方面，晶闸管优于继电器。

控制计算机通过驱动电路，将输出信号转换成所需要的模式，适应线圈的要求。为了抗击操作过程中遇到的干扰性，需采用光电耦合器隔离来提高控制计算机系统的可靠性。

常用的继电器控制接口电路如图 5–11 所示。

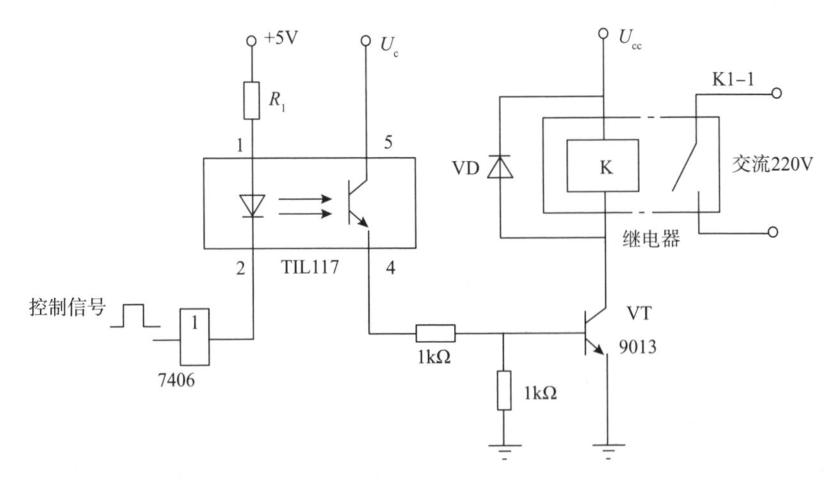

图 5-11　继电器接口电路

当计算机输出的控制信号为高电平时，计算机输出的控制信号的高低压，会影响 K1-1 的状态，从而影响电阻。随着继电器吸收或者释放的状态，会产生不同的感应电压。此电压的极性为上负下正，正端接在晶体管的集电极上。当感应电压与 U_{cc} 之和大于晶体管 9013 的集电极反向电压时，晶体管 9013 有可能损坏。加入二极管 VD 后，继电器线圈产生的感应电流从二极管 VD 流过，从而使晶体管 9013 得到保护。

④固态继电器接口。大功率电器设备自带有电磁场。在继电器控制中，受磁场影响，容易碰撞出火花，另外在高低压不均衡的情况下，可靠性也无法得到保障。

新型的输出控制器件——固态继电器（solid state relay，SSR）即可克服上述缺点。

SSR 是用晶体管或晶闸管代替常规继电器的触点开关，而在前级中与光电隔离器融为一体。因此，SSR 实际上是一种带光电隔离器的无触点开关。根据结构形式，SSR 有直流型 SSR 和交流型 SSR 之分。

由于 SSR 输入控制电流小，输出无触点，所以与电磁式继电器相比，具有体积小、重量轻、无机械噪声、无抖动和回跳、开关速度快、工作可靠等优点。在微型计算机控制系统中得到了广泛的应用，大有取代电磁继电器之势。

A. 直流型 SSR。直流型 SSR 的原理电路如图 5-12 所示。由图 5-12 可看出，SSR 的输入部分是一个光电隔离器，因此，可用 OC 门或晶体管直接驱动。它的输出端经整形放大后带动大功率晶体管输出，输出工作电压在 30~180V。

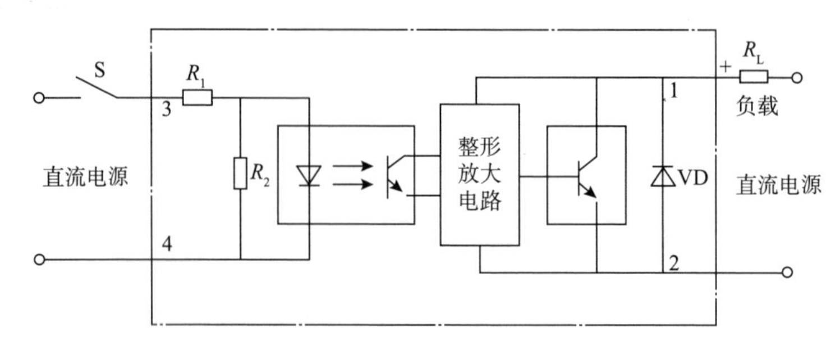

图 5-12　直流型 SSR 原理图

直流电动机控制等直流型 SSR 主要用于带直流负载的场合，采用直流型 SSR 控制三相步进电动机的原理电路图，如图 5-13 所示。

图中 A、B、C 为步进电动机的三相，每相由一个直流型 SSR 控制，分别由三路控制信号控制。只要按着一定的顺序分别给三个 SSR 送高低电平信号，即可实现对步进电动机的控制。

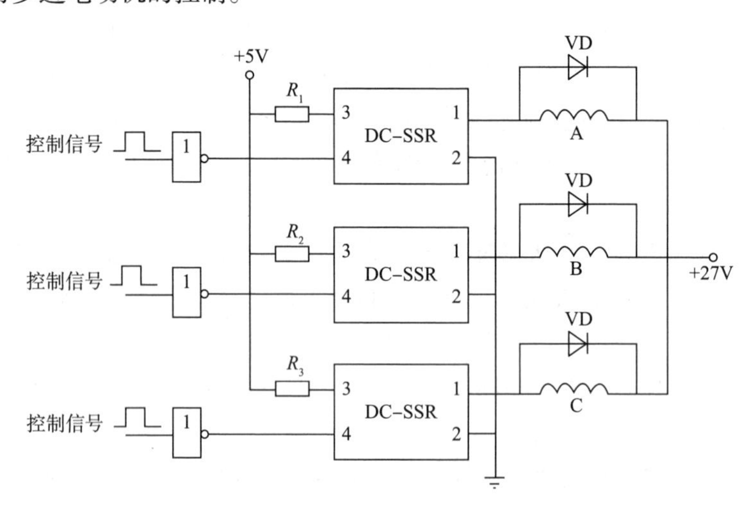

图 5-13　直流型 SSR 控制三相步进电动机原理图

B. 交流型 SSR。交流型 SSR 在如交流电动机、交流电磁阀控制等交流大功率驱动场合下使用，需要双向晶闸管作为其开关器件的材料。过零型和移相型是交流型 SSR 的两种类型。当输入控制信号有效时，过零型 SSR 需在接近于零的负载电源电压下才能导通输入端负载电源，而对于非过零型 SSR 而言，无论负载电流相位是多少，只要有信号输入，负载端就可以马上导通。而一旦取消控制信号的输入，无论是什么类型，只有当经过双向晶闸管负载的电流为零时，它们才能关断。

图5-14表示的是交流型SSR控制单向交流电动机的一种原理图，在图5-14中，

可发现，当交流电动机的通电绕组发生变化时，该电动机的旋转方向也会发生改变。如果采用这样的电路接口来调控流量调节阀的开和关，那么管道中流体的流量也会得到有效控制。

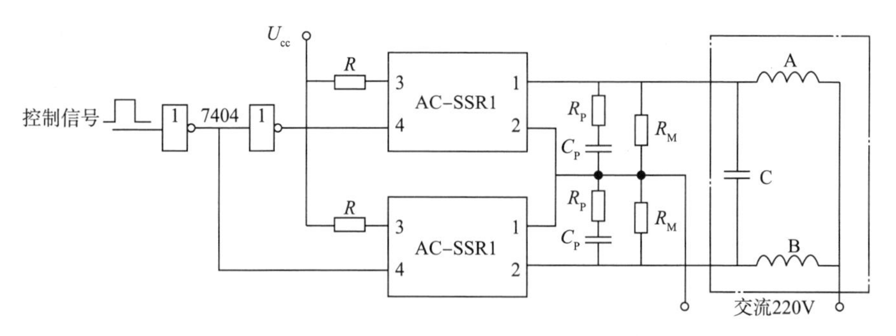

图5–14　用交流型SSR控制交流电动机原理图

当控制信号为低电平时，经反相后，使AC–SSRl导通，AC–SSR2截止，交流电通过A相绕组，电动机正转；反之，如果控制信号为高电平，则AC–SSRl截止，AC–SR2导通，交流电流经B相绕组，电动机反转。图5–14中的RP、CP组成浪涌电压吸收回路。通常RP为100Ω左右，CP为0.19μF。RM为压敏电阻，用作过电压保护。

选用交流型SSR时主要注意它的额定电压和额定工作电流。

⑤大功率场效应管开关接口。除上述提到的器件用于开关量输出控制元件外，大功率场效应管开关也可用于此。大功率场效应管又名大功率MOSFET，而不同于传统MOSFET，其消除了MOSFET一直存在的大电流、高电压的短板，主要是在结构上做了调整，改变了传统MOSFET的电流方向，将电流的横向流动改成了垂直流动。另外，场效应管具有很高的输入阻抗，很小的关断漏电流，很快的响应速度等优点，而且不论在体积上还是价格上，都在同功率继电器中占据优势，因此，它是计算机开关量输出控制中使用率很高的一种开关元件。

场效应管有很多种，可以在很多场合中得到应用，比如IRF系列的场效应管，就有低至几毫安、高至几十安培的电流，也有几十伏到几百伏不等的电压。

当G为高电平时，接通S、D，NPN型场效应管可以通过电流，否则，场效应管关断，电流不通过。那么，大功率场效应管和双极性功率晶体管相比有哪些优势呢？其优势具体表现如下：

A.因为多数载流子导电是大功率场效应管的导电方式，没有少数载流子的储存效应，所以，开关速度快；

B. 由于安全工作区宽，无热点产生，并且电阻温度系数为正，从而容易并联使用；

C. 有较高的阈值电压（2~6V），因此有较高的噪声容限和较强的抗干扰能力；

D. 可靠性高、过载能力强，一般情况下，短时过载能力是额定值的四倍；

E. 它属于电压控制器件，输入阻抗高。因此，具有较小的驱动电流和简单接口。

在实际使用中，为了避免干扰从执行元件处进入控制微机，常采用脉冲变压器、光电耦合器等对控制信号进行隔离，如 4N25、TILl13 等。利用大功率场效应管可以实现步进电动机控制。

2）步进电动机功率驱动接口

步进电动机的运行特性与配套使用的驱动电源（驱动器）有很大的关联性。驱动电源的主要部件包括脉冲分配器、功率放大器两部分。它可以通过脉冲信号和方向信号依照一定的配电方式，自动地循环供给电动机各相绕组，实现电动机转子正反向旋转。而脉冲信号和方向信号来自变频信号源（微机或数控装置等），一个连续可调的脉冲信号发生器，能够提供几赫兹到几万赫兹不等的频率信号。所以，要想精确控制步进电动机的转角和转速，可以采用调控输入的电脉冲数量和频率这个方式来实现。

①脉冲分配器。步进电动机的各相绕组必须按一定顺序通电才能正常工作。这种使电动机绕组的通电顺序按一定规律变化的部分称为脉冲分配器（又称为环形脉冲分配器）。实现环形分配的方法有软环分配器、小规模集成电路环形分配器、专用环形分配器三种方式。

软环分配器是采用计算机软件，利用查表或计算方法来进行脉冲的环形分配器。查表方式的软环分配器顺次在数据表中提取数据并通过输出接口输出，其中，电动机的正反转通过正向和反向顺序读取两种方式调节，电动机的转速则由依次读取数据的时间间隔决定。但是，步进电动机的运行速度很容易受到影响，因为软环分配器会占用计算机的运行时间。

小规模集成电路环形分配器的灵活性很大，可以利用小规模集成电路搭接任意通电顺序的环形分配器，同时在工作时不占用计算机的工作时间。随着大规模可编程逻辑器件和电子设计自动化（EDA）技术的发展，现在可以利用电子设计自动化技术在 CPLD/FPGA 芯片上灵活设计各种环形分配器。

专用环形分配器如 CH250 为一种三相步进电动机专用环形分配器，可实现三相步进电动机的各种环形分配，使用方便、接口简单。目前市场上出售的环形分配器的种类很多，功能也很齐全，有的还具有其他许多功能，如斩波控制等，有用于两相步进电动机的 L297（L297A）、PMM8713 和用于五相步进电动机的 PMM8714 等。

②功率放大器。驱动步进电动机运转，需要将计算机出口或环形分配器输出的几个毫安的脉冲信号电流，通过功率放大器放大到几至十几安培才能实现。所以，输入脉冲的数量与频率能够影响步进电动机的转角及速度。绕在铁心上的线圈构成电动机的各相绕组，当绕组通电时，电流上升率因线圈电感较大而受到制约，致使电动机绕组电流受到影响。在其断电时，绕组中已有的电流，在电感磁场储能元件的作用下不会突然发生改变。可通过增加适当的续流回路方式，来使电流发生快速衰减并释放断电时出现的反电动势。

功率放大器主要将环形分配器输出的信号进行功率放大，使输出脉冲能够直接驱动电动机工作。不同的驱动器还会结合实际需要而增加相应的保护、调节或改善电动机运行性能的环节，其控制步进电动机的方式也各有不同。

步进电动机常见的功率放大电路有电压型和电流型两种。电压型又有单电压型和双电压型两种；电流型中有恒流驱动和斩波驱动等类型。

A. 单电压功率放大电路如图 5-15 所示，步进电动机的三相分别是图中的 A、B、C，每一相分别由一组放大器驱动。放大器输入端连接的部位是环形脉冲分配器。如果没有脉冲输入，那么 3DK4 与 3DD15 功率放大器都不起作用，绕组中没有电流通过，电动机不转。如果 A、B、C 三个输入端依次输入脉冲，那么三组不同的绕组分别由三个放大器驱动，有电流通过，带动了电动机的一步一步转动。虽然此电路结构简单，但 R 串会在大电流回路中消耗能量，从而降低放大器功率。此外，由于绕组电感 L 影响电路对脉冲电流的反应速度，绕组电感 L 越大，电路对脉冲电流的反应速度越慢，所以输出脉冲波形差、输出功率低，常用于对速度要求比较小的小型步进电动机。

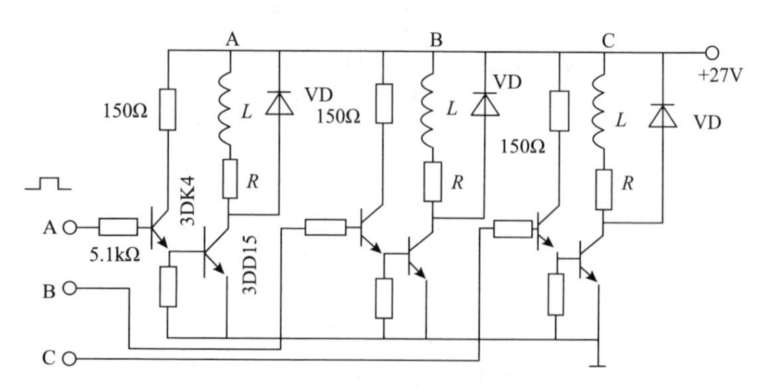

图 5-15　单电压功率放大电路

B. 双电压功率放大电路。采用脉冲变压器 Tl 组成的双电压功率放大电路原理图如图 5–16 所示。双电压功率放大电路由于仅在脉冲开始的一瞬间接通高压电源，其余的时间均由低压供电，因此效率高，电流上升率高，高速运行性能好。但有时电流波形陡峭会引发过冲，故谐波成分丰富，使电动机运行时尤其在低速运行时振动较大。

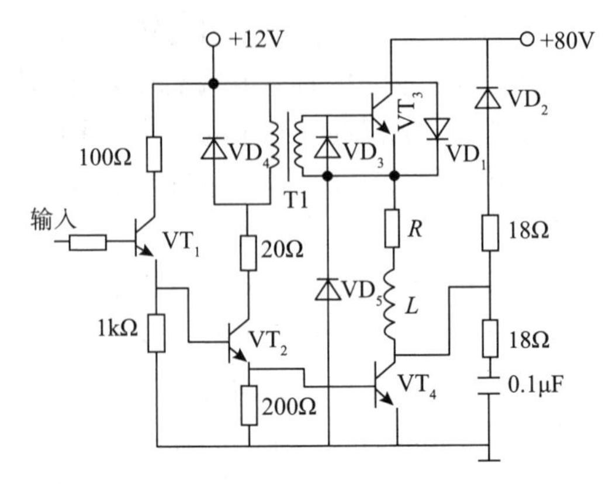

图 5–16 双电压功率放大电路

C. 恒流源功率放大电路如图 5–17 所示，当输入脉冲信号时，A 点为低电平，VT1 截止，电流由电源正端通过电动机绕组 L 及 VT2 与 VT3 组成的达林顿复合管，经由 PNP 型大功率管 VT4 组成的恒流源流向电源负端。由于恒流源的动态电阻很大，故绕组可在较低的电压下取得较高的电流上升率，因而可用于较高频率的驱动。由于电源电压较低，所以功耗减小，效率得到提高。

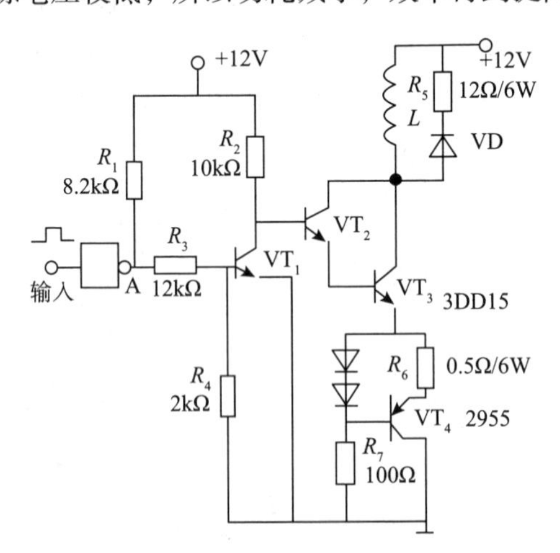

图 5–17 恒流源功率放大电路

③步进电动机的微机控制。步进电动机的运行，是通过控制器完成设计者要求的一系列的控制过程，使功率放大电路，根据所要求的规律来进行驱动的。步进电动机的运转通常由控制器调控。通过各种逻辑电路可以实现简单的控制过程，但线路繁杂、控制方案难以改变依然是其缺点。而微处理器的到来，给步进电动机控制器的设计提供了新的方向。随着单片微型计算机的快速发展，设计功能强大、经济实惠的步进电动机控制器有了用武之地。目前，串行控制和并行控制是步进电动机的微型计算机控制的两种主要方式。

串行控制是具有串行控制特性的单片机系统，通过很少的几根连线将信号传递到步进电动机驱动电源中，而这个过程中，信号要先传递到步进电动机驱动电源的环形分配器中，需要说明的是，在此种系统中，环形分配器是步进电动机驱动电源必不可少的一部分。

并行控制是指利用微型计算机系统的一些接口，来直接调控步进电动机各相驱动电路的方式。不同于串行控制的是，其在电动机驱动电源中，不依赖于环形分配器，而是通过微型计算机系统来完成并行控制功能。通过以下两种方法能够实现系统的脉冲分配功能，其一为纯软件方法，也就是相序的分配全部依靠软件，来直接实现输出信号的各项导通或截止；其二为软硬件相结合的方法，单独设计一种编程器接口，计算机通过将简单的代码数据输入到接口中，而步进电动机各项导通或截止的信号将从接口中输出。

④细分驱动。前面介绍的各种步进电动机产生运动，均是各种功率放大电路通过环形分配器芯片来进行环形分配，进而导通或截止控制电动机的各项绕组实现的。由步进电动机结构决定的步距角，其大小分为整步工作、半步工作两种。

若要步进电动机步距角更小或者减小电动机产生的振动、噪声，那么在每次切换输入脉冲的过程中，需要调整相应绕组中额定电流的一部分，不是全部阻断或者通入绕组电流，这样电动机在运动时，每一步都是步距角的其中一部分。需要注意的是，绕组电流是阶梯波，而不是一个方波，额定电流指的是台阶式的通入或阻断，电流被分解成几个台阶，那么转子转过一个步距角的个数就是几个。细分驱动指的就是这样的细分方式：将一个步距角分解成若干步。它可以在减小步距角时不改变电动机的结构参数。然而，步距角细分后的精度较低，也使功率放大驱动电路变得繁杂，但是细分驱动可以让电动机运行的平稳性在很大程度上得到改善，匀速性也能得到有效提升，并且震荡也会减弱乃至清除。随着微处理机技术的不断改进与发展，细分驱动电路也在很多领域得到了广泛使用。

3）直流电动机功率接口

目前，直流伺服电动机的驱动控制一般采用脉冲宽度调制法（PWM），以下主要介绍直流伺服电动机的 PWM 功率驱动接口。

① PWM 功率驱动接口电路。功率放大器是 PWM 功率接口的主电路，可分为单极性和双极性两种。单极性电路，电动机只能单方向转动。能使电动机正、反向转向的双极性电路有 T 型电路和 H 型桥电路两种形式。T 型电路需双电源供电，而 H 型桥式电路只需单电源供电，但需要 4 只大功率晶体管。

②控制计算机与 PWM 功率放大器的接口。直流调速系统的标准化接口在实现的手段上是各种各样的，因此接口参数也有所不同。控制计算机模拟量输出通道由 DAC0832 转换器和 ADOP–07 运算放大器组成，它把数字量（00H—FFH）的控制信号转换成 –2.0~2.0V 模拟控制信号 U1，ADOP–07 与 DAC0832 之间的连线是一种特殊的连接方法。

通常来说，DAC0832 以电流开关方式进行 D/A 转换后以电流形式从 IOUT1、IOUT2 端输出，IOUT1、IOUT2 两端脚与运算放大器的两输入端相连，运算放大器的输出再接反馈电阻端 Rfb，由运放器件把 DAC0832 电流输出信号转换成电压信号输出。运算放大器的输出电压为 UOUT=UREFN/256，UREF 是接入 DAC0832 的参考电压，N 为控制计算机输出的 8 位数据。而 DAC0832 接成电压开关方式进行 D/A 转换，此时将参考电压接 IOUT1、IOUT2 端，而且 IOUT2 端接地，IOUT1 接正电压 UDC，DAC0832 的 D/A 结果以电压形式从 UREF 端输出，UREF 输出的电压为 UREF=UDCN/256=2N/256（V），UDC 为 IOUT1、IOUT2 端的参考电压值。此时，VC1 为 2V 稳压管，所以 UDC 为 2V。

运算放大器 U2 的负输入端由 R3 和 VC2 形成一个 1V 的恒压源，正输入接 DAC0832 的 UREF 端，U2 的放大倍数 $\beta=R_4/R_2=2$。在 UREF=0 时，U2 的输出 U1=–2V；在 UREF=2V 时，U1=2V，U1 的计算为

$$U_1=U_{\mathrm{DC}}\left(\frac{D}{128}-1\right)=2\left(\frac{D}{128}-1\right)$$

上述分析说明，控制计算机经 DAC0832 转换后，再经运算放大器可产生与控制数据对应的控制电压 U1，去控制 PWM 功率放大器工作，使被控直流伺服电动机实现可逆变速转动。

4）交流电动机变频调速功率接口

直流电动机在结构上存在整流子和电刷的复杂结构，体积和重量比相同规格的交流电动机大，这些特点使得直流电动机传动系统的性能指标优于交流电动机传动系统，尤其是对于要求平滑起动与制动、可逆运行、可调速以及高精

度的位置和速度控制的调速系统，直流电动机传动性能优势特别明显，但正是由于直流电动机体积较大，结构复杂，如果在易燃及粉尘多的场合使用，维修保养工作量很大，并且难以实现高速大容量转动，传动系统的性能优势也无法得到发挥。

交流电动机由于结构简单，坚固耐用，所以具有运行可靠、惯性小以及节能高效的优点，但是传动系统的性能较差，无法实现高速运转。随着20世纪80年代以来交流电动机融合了微电子技术，电力电子技术以及电动机的发展，解决了交流电动机传动系统的问题，这项技术才日益发展迅速，被广泛使用。

交流电动机若想代替直流电动机，就必须实现高速度大容量运转。通过尝试变频调速系统设计，直流调速已经无法在动态性能及稳态性能上优于交流电动机，由此可见，变频调速不仅是交流电动机实现超越直流电动机的发展方向，而且是未来实现机电一体化设计的优选方案。

交流电动机需要使用一个功率驱动接口，也就是变频器来进行在线控制，日益完善且规格齐全的变频器系列化产品，不仅解决了变频器的选用以及与控制系统的连接等问题，而且其既可以单独使用，也可以通过主回路端子来连接供电电源，交流电动机及外部能耗制动电路或者通过控制回路端子连接变频控制电路，使用非常简便。有关规格的变频器产品请参考使用说明书。

①变频器的分类。变频器的作用是将供电电网的工频交流电变为适合于交流电动机调速的电压可变、频率可变的交流电。按照变频方式和控制方式的不同分类如图5-18所示。

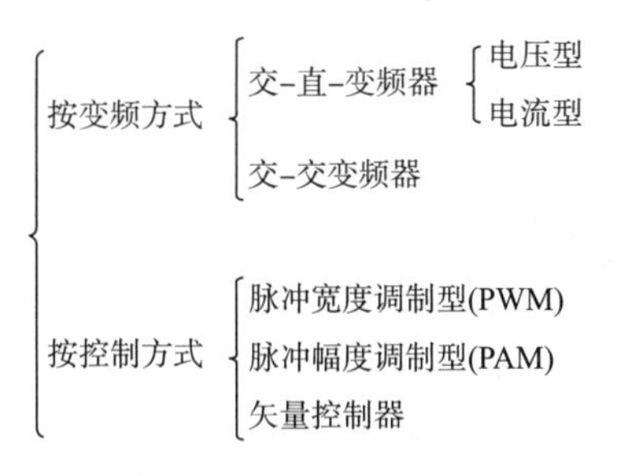

图5-18　变频器的分类

控制器通过以集成电路的模拟控制或者控制计算机构成的数字控制两种方式，来控制功率使逆变器各功率元件在预定的运行状态下输出预订频率和预订电压的交流电，以达到变频调速的目的。后者是目前常用的控制方式。

根据用途和使用效果，变频器分为以下几种。

A. 通用变频器。通用变频器有两方面的应用：用于节能，平均节电 20%，主要用于压缩机、泵、搅拌机、挤压机及净洗机械；用于提高控制性能实现自动化，主要用于运输机械、起重机、升降机、搬运机械等。

B. 纺织专用变频器。纺织专用变频器用于纺纱、化纤机械，能改善传动特性，实现自动化、省力化。

C. 矢量控制变频器。矢量控制变频器用于冶金、印刷、印染、造纸、胶片加工等机械，上述机械设备要求高精度的转矩控制，加速度大，能与上位机进行通信。这种变频器能提高传动精度及实现系统的集散控制性能。

D. 机床专用变频器。机床专用变频器专门用于机床主轴传动控制，以满足工艺上要求的大加减速转矩、宽广的恒功率控制以及高精度的定位控制，提高机床的自动化水平和动态、静态性能。

E. 电梯专用矢量变换控制变频器。电梯专用矢量变换控制变频器可实现缓慢平滑的升降速度。

F. 高频变频器。高频变频器适用于超精密加工、高速电动机，如专用脉冲幅度调制型变频器，频率达 3kHz，对应转速为 18×10^4r/min。

②变频器选择。电动机的容量及负载特性是变频器选择的基本依据。在选择变频器前，首先要分析控制对象的负载特性并选择电动机的容量，根据用途选择合适的变频器类型，然后再进一步确定变频器的容量，一般原则如下：

A. 连续运行场合。要求变频器容量（kV·A）满足

$$\text{变频器容量}\geqslant\frac{KP_{\mathrm{M}}}{\eta\cos\varphi}$$

式中 P_{M}——负载要求的电动机输出功率，kV·A；

η——电动机效率，通常为 0.85 左右；

$\cos\varphi$——电动机的功率因数，通常为 0.75 左右；

K——考虑电动机波形的修正系数，K 介于 1.05~1.1。

B. 多台电动机并联场合。有些场合由一台变频器供电，同时驱动多台并联的电动机，组成所谓成组传动。在允许过载 150%，过载时间为 1min 的情况下，可按下式计算变频器的容量：

$$1.5\times\text{变频器}\geqslant\frac{KP_{\mathrm{M}}}{\eta\cos\varphi}\left[\beta_{\mathrm{T}}+\beta_{\mathrm{S}}\left(K_{\mathrm{S}}-1\right)\right]=P_{\mathrm{A}}\left[1+\frac{\beta_{\mathrm{S}}}{\beta_{\mathrm{T}}}\left(K_{\mathrm{S}}-1\right)\right]$$

式中 P_{A}——连续容量，kV·A；

β_{T}——并联电动机台数；

β_{S}——同时起动的电动机台数；

K_S——电动机起动电流与额定电流之比。

C. 起动时变频器所需的容量。在起动（加速）过程中应考虑动态加速转矩，即为克服机械传动系统转动惯量 J_L 所需的动态转矩，这时变频器容量，kV · A 计算为

$$变频容器量 \geqslant \frac{Kn}{973\eta\cos\varphi}\left(T_{fz}+\frac{J_L}{375}\times\frac{\eta}{t_A}\right)$$

式中　J_L——机械传动系统折算到电动机轴上的飞轮惯量，kg · m^2；

T_{fz}——负载转矩，N · m；

n——电动机转速，r/min；

t_A——电动机加速时间 s。

在选择变频器时，除确定容量外，还应正确地确定变频器的输入电源、输出特性、操作功能等，使选用的变频器满足使用要求。

③变频器使用方法。变频器作为交流电动机变频调速的标准功率驱动接口，在使用上十分简便，它可以单独使用，也可以与外部控制器连接进行在线控制。

变频器是通过装置上的接线端子与外部连接的。接线端子分为主回路端子和控制回路端子，前者连接供电电源、交流电动机及外部能耗制动电路，后者连接变频控制的控制按钮开关或控制电路。

在人工控制系统中，只要将变频器连接外部控制器来进行电路控制，便可实现变频调速。但是在自动化系统中，既可以使用集成电路构成的模拟控制方式，也可以使用控制计算机构成的数字控制方式来实现变频调速。如图 5-19（b）上位机模拟通道与控制回路的电压频率设定端子或电流频率设定端子相连，产生相应的模拟控制信号来控制功率逆变器各功率元件的工作状态，使逆变器输出预定频率和预定电压的交流电。如图 5-19（c）采用变频数字接口板，接口板是变频器的选件，将它接入变频器后，变频器就可以通过数字接口与上位控制器的并行输出口直接相连，以实现直接数字控制，达到变频调速的目的。但是还有一种情况，若是想实现简单的恒速控制，只需要使用继电器开关电路，继电器的开关受上位控制器的控制，其控制电路如图 5-19（a）所示。

可见，变频器不仅可以独立适用，而且可以用上位控制器控制，连接方便，操作简便。

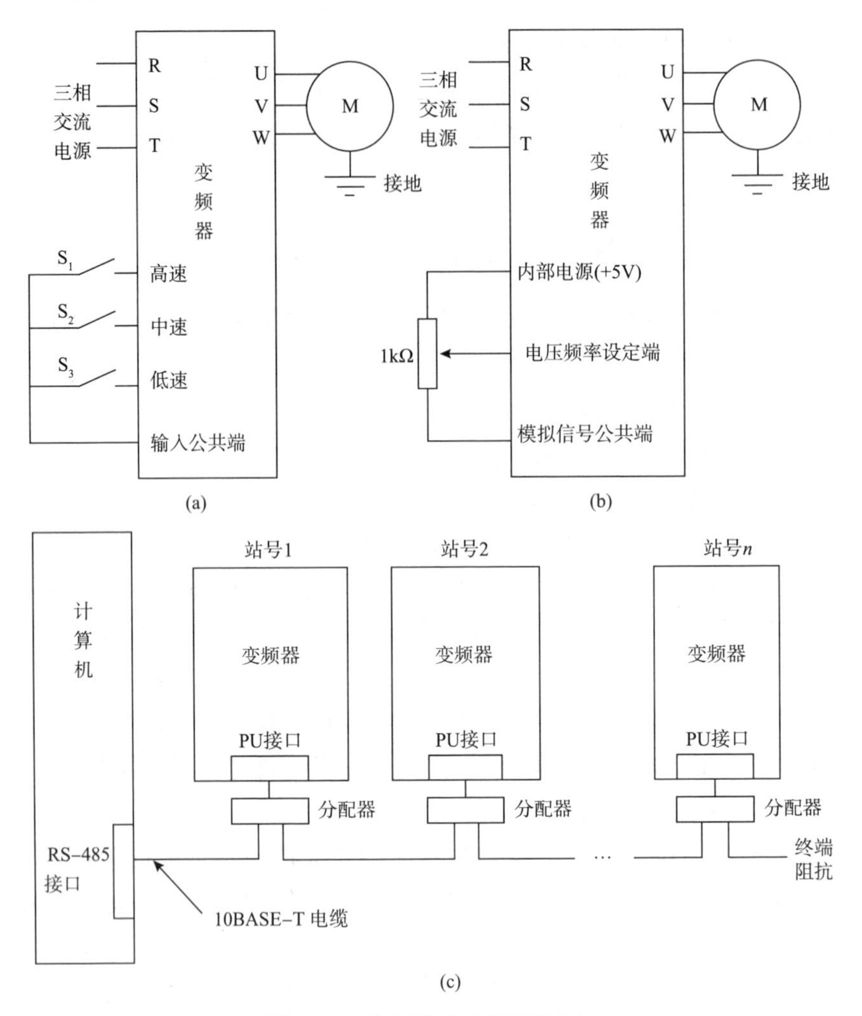

图 5-19　变频器的三种控制方法

5）功率驱动接口的设计要点

为了解决与输入信号的信号匹配及执行元件的功率匹配问题，需要设计各种规格的功率驱动接口，它不仅涉及微机控制的软硬件，而且涉及执行元件、自动控制、电动机拖动、功率器件等多方面的技术领域，所以功率驱动接口的设计需要较强的综合性。

设计功率驱动接口时应考虑以下要点：

①功率驱动接口的主电路是功率放大器，随着电子技术的不断融合与改进，设计者只有通过不断学习新型大功率器件的技术资料，才可以掌握各种功率器件的使用特点和使用方法，对于各种形式的功率放大电路的控制形式都可以熟练运用。

②大功率器件工作时会产生高电压和大电流，稍有不慎便会烧断损耗防功率器件。运行工作时采取散热措施，定时检测电压电流是必要的工作。

③采用信号隔离、电源隔离实现变频器与控制器的连接，可以产生抗干扰的零切换方式，避免功率系统通过信号通道、电源以及空间电磁场对计算机控制器产生干扰，无法达到预期的变频调速的目的。

④在必要的情况下，功率驱动接口的形式需要满足对输入的信号进行波形变换或调制。但是在任何情况下，都必须按照执行元件要求的控制方案进行。

⑤由于功率驱动接口输入的信号主要来自 TTL/CMOS 数字信号或 D/A 转换后的小电流 / 电压信号，这些小信号的输入无法直接驱动大功率器件，所以必须在功率放大器之前设计中小功率的集成电路来推动大功率的输出，实现小信号输入、大功率输出的目的。

⑥在进行接口设计时，应留出采样节点的位置进行状态反馈，虽然这并不属于功率驱动接口，但是也是伺服驱动系统必不可少的反馈环节。

⑦形态各异，规格繁多的功率放大器已经可以满足不同的执行元件或不同的控制要求，如果自带计算机控制系统的情况下，功率放大器本身就是一个机电一体化系统，就像我们在上文提到的交流电动机速度控制的变频控制器。所以说功率放大器已不仅仅是一个零部件，在机电一体化系统中常把功率驱动接口看作一个模块，因此在设计中要更加注重选用标准化的功率放大器或功率放大控制器，并设计出与它直接连接的接口电路，使其更加系列化和整体化。同时也要提高其专业化制造能力，对于确实需要从细部结构上进行设计的功率驱动接口，则应该与电气自动控制方面的专业技术人员共同合作完成设计。

5.2　机电一体化系统的电磁兼容技术

电磁兼容学科综合性非常强，是对相同电磁环境下工作的电子元器件、设备、分系统和电气系统，研究它们如何能够各自运行并且相互兼容的一种学科。其实就是对干扰和抗干扰的深入探索，不过它的研究对象已经扩充到静电放电、自然干扰源、核电磁脉冲，监控地震前的电磁辐射、准确地预报地震，信息处理设备电磁泄密问题，频谱管理工程和电磁辐射对人体的生态效应等方方面面，而非局限于简单的电气电子设备。所以说电磁兼容学科的覆盖面特别广，并具有很强的实用性，现在各种现代化的工业都离不开电磁兼容的研究，比如交通、军工电力、航天、通信、医疗卫生以及计算机等。

5.2.1 电磁兼容技术的有关定义

5.2.1.1 电磁兼容性

电磁兼容性（electromagnetic compatibility，EMC）是指“设备（分系统、系统）在共同的电磁环境中能一起实现各自功能的共存状态，即该设备不会由于受到处于同一电磁环境中其他设备的电磁发射而导致或遭受不允许的降级，它也不会使同一电磁环境中其他设备（分系统、系统）因受到其电磁发射而导致或遭受不允许的降级”。电磁兼容性包括两方面含义：

（1）电子设备或系统内部的各个部件和子系统，一个系统内部的各台设备乃至相邻几个系统，在它们自己所产生电磁环境及在它们所处的外界电磁环境中，保证它们对电磁干扰具有一定的抗扰度，能按原设计要求正常运行。

（2）该设备或系统自己产生的电磁噪声（electromagnetic noise）必须限制在一定的电平，使由它造成的电磁干扰不致对周围的电磁环境造成严重的污染，以防影响其他设备或系统的正常运行。

5.2.1.2 电磁干扰及其具备条件

电磁干扰（electromagnetic interference，EMI）是指系统在工作过程中出现的一些与有用信号无关的，并且对系统性能或信号传输有害的电气变化现象。构成电磁干扰必须具备三个基本条件：①存在干扰源；②有相应的传输介质；③有敏感的接收元件。只要除去其中一个条件，电磁干扰就可消除，这就是电磁兼容设计的基本出发点。

5.2.1.3 电磁敏感度

电磁敏感度（electromagnetic susceptibility，EMS）是指电工、电子或机电一体化装置对所处环境中存在的电磁干扰的敏感性，即一台设备或一个电路承受电磁噪声能量的能力，也就是抗扰性。

5.2.1.4 电磁兼容性设计

电磁兼容性设计是一种基于原有的实践和理论基础，确保系统能尽量不受电磁干扰、并能有效控制干扰的设计方式。电磁干扰一般包括三个因素，分别为噪声接收器（被干扰设备）、噪声的耦合途径和干扰源（噪声）。应针对现场工作情况和用户要求，采取最有效、简单和低成本的电磁兼容性方案，设计一个好的机电一体化系统。

机电一体化系统进行电磁兼容性设计的基本任务是，在阐明电磁环境对系统影响的基础上，深入研究电力与电子设备、强电与弱电紧密结合的装置，在信号传送、线路结构、组装工艺和整体布置等各方面对电磁干扰的防护和抑制措施，以及在产品开发设计中重视采用电磁兼容技术的科学设计和经验方法，从而使产品能够在电磁环境中长期稳定运行，既不被周围设备产生的电磁能量所干扰，也不会妨碍周围设备的正常运行。

为了保证一个电子设备或系统具有良好的电磁兼容性，在新产品的设计阶段就应当首先进行电磁兼容性设计，并且在设备制造、现场施工及维护中加以实施，来确保整个系统能在生产现场运转正常。

电磁兼容性设计的基本内容包括如下几点：

（1）了解和掌握有关产品的国际和国家标准，以提高产品的国际竞争力，这一点非常重要。在这个基础上明确产品的电磁兼容性指标，即本产品在多强的电磁干扰环境中能正常工作，本产品干扰其他产品的允许指标。

（2）按标准规定对设备总体布局和系统控制信号、状态和数据的传输线、接地、印制电路板等进行综合设计，特别是对电源系统的抑制干扰和切断干扰耦合途径应给予高度重视。

（3）在了解本产品干扰源、被干扰对象、干扰耦合途径的基础上，通过理论分析将这些指标逐级地分配到各分系统、子系统、电路和元器件上。

（4）根据实际情况采取相应措施抑制干扰源、隔断干扰途径，提高电路的抗干扰能力。

（5）利用各种模拟测试仪器，如静电放电模拟器、脉冲与瞬变模拟器、浪涌干扰模拟器等，对产品进行严格测试，以验证产品是否达到原定的要求指标，包括产品对电磁干扰承受的极限值，产品对电磁干扰的敏感度等。

电磁兼容性的设计依据是有关电磁兼容性标准，包括国际标准、地区性标准、国家标准等。我国也陆续制定了一些国家标准，但还不够完备。不同标准的测试设备、测试方法、测试场地（开阔地、屏蔽室或电波暗室）、限值和测量单位等都不尽相同。

5.2.2 电磁干扰的形式和途径

由于机电一体化系统都是在一定的电磁环境中工作，要接收传感器的各种信号，经长距离传输后由接口电路输入微处理器，因此经常会受到各种电磁干扰。

5.2.2.1 电磁干扰的分类

常见的电磁干扰根据干扰的现象和信号特征不同有以下几种分类方法。

5.2.2.1.1 按其来源分类

（1）自然干扰。自然干扰是指由大自然现象所造成的各种电磁噪声。其主要有大气噪声，如雷电；太阳噪声，即太阳黑子活动时所产生的磁暴；宇宙噪声，即来自银河系的电磁辐射等自然现象形成的干扰。

（2）人为干扰。由电子设备和其他人工装置产生的电磁干扰。其大致可分为五大类：元器件的固有噪声、电化学过程噪声、放电噪声、电磁感应噪声及非线性开关过程噪声。

5.2.2.1.2 按干扰功能分类

（1）有意干扰。有意干扰是指人为了达到某种目的而有意识地制造的电磁干扰信号。这是当前电子战的重要手段。为使敌方的广播、通信、指挥及控制系统造成错误判断、失效乃至损坏，故意在对方使用的频带内发射相应的电磁干扰信号。这种有明确目的和对象的有意干扰和反干扰（又称为电子对抗）不属于本书讨论的范围。

（2）无意干扰。无意干扰是指人在无意之中所造成的干扰，如工业用电、高频及微波设备等引起的干扰等。人们常说的电磁干扰和电磁兼容是指无意干扰和实际工作现场的电磁兼容。

5.2.2.1.3 按干扰出现的规律分类

（1）固定干扰。其多为邻近电气设备固定运行时发出的干扰。

（2）半固定干扰。其主要指偶尔使用的设备（如行车、电钻等）引起的干扰。

（3）随机干扰。其指无法预计的偶发性干扰。

5.2.2.1.4 按耦合方式分类

干扰源把噪声能量耦合到被干扰对象有两种方式：传导耦合方式和辐射耦合方式。

（1）传导耦合干扰。传导耦合是指电磁噪声的能量在电路中以电压或电流的形式，通过金属导线或其他元件（如电容器、电感器、变压器等）耦合到被干扰设备（电路）。

（2）辐射耦合干扰。电磁辐射耦合是指电磁噪声的能量以电磁场能量的形式，通过空间辐射传播，耦合到被干扰设备（或电路）。

5.2.2.2 电磁噪声耦合途径

干扰源须经过一定的耦合方式对电子设备进行干扰，内部干扰和外部干扰都是利用传输线路和电路，或者交变电磁场和静电场来干扰相关的电子设备。

5.2.2.2.1 电磁噪声传导耦合

常见的传导耦合有直接传导耦合、公共阻抗耦合、共模电流与差模电流等类型。

1）直接传导耦合

所有传导耦合中，电导性是最常见和最简单的，因此也常常被人们所忽略。电磁兼容性的考虑要保证导线中既有电阻 R_t，也有漏电阻 R_p，杂散电容 C_p 和电感 L_t。这些分布参数影响着信号的传输，特别是在频率较高时更为突出。传输线的长短会对分布参数产生非常重要的影响。我们一般将传输线分为短线和长线两种，短信号线不需要配合阻抗，但是长信号线在终端需要配合阻抗。

2）公共阻抗耦合

存在一个公共阻抗时，干扰源的输出回路和被干扰电路就会产生公共阻抗耦合。干扰是指干扰源的电磁噪声经由公共阻抗，耦合到被干扰电路而形成的。“公共阻抗”并非人为的阻抗，指公共电源线和公共地线的引线电感所形成的阻抗或者各接地点之间电位差所形成的一种寄生耦合。公共阻抗耦合包括两类，一类是公共电源阻抗耦合，另一类是公共地阻抗耦合。

3）共模电流和差模电流

导线上产生干扰电流时，一般会有两种传输方式，一种是共模方式，另一种是差模方式。两者的区别是，当共模电流通过一对导线时，会在两条导线上产生相同方向的电流；当差模电流通过一对导线时，会在两条导线上产生大小相等但方向相反的电流。通常情况下，只有差模电流是有用的信号。而干扰则可能在两种方式下产生。

5.2.2.2.2　电磁辐射耦合

电容性耦合也称为电场耦合，是指干扰源通过电场的耦合。电感性耦合是指通过磁场的耦合。电磁场耦合则是指磁场和电场同时存在的耦合。

1）电容性耦合

电容性耦合是由于干扰波以电压的方式出现，干扰源和信号电路之间产生的一种耦合，并通过电容耦合对信号电路进行干扰。通常情况下，我们可以通过对电路进行合理布置或者进行电场屏蔽来有效规避电容性耦合。

2）电感性耦合

变压器、动力线、发电动机和交流电动机等交流载体定然会在其周围形成共频磁场，对周边的电子装置和电路形成干扰。这类交变磁场一般会在热电偶或者变送器的小信号，在经过比较长的传送信号线时进行干扰。

3）电磁场耦合

电磁场耦合是指远场时电场和磁场的干扰比为常数。整流子电动机的电刷滑环、晶闸管变流装置、开关（继电器、接触器等）节点开断时所产生的电弧、高频加热炉、电车集电环产生的火花、航空雷达信号和电焊机的弧光等都属于大功率的高频发生装置，它们工作时将会产生非常强烈的电磁波，而且以立体发射式的方式对周边的电子设备进行干扰。

电灯线、架空配电线具有接收天线效应，其天线的有效高度为 2m。在辐射电磁场中，它将感应产生干扰电压，并通过电源电路对电子设备造成干扰。

电子设备中同样具有天线效应的，还有控制线和长的信号输入与输出线，它们不但能接收干扰波，而且能够产生干扰波。辐射电磁场一般干扰距离干扰源比较远的地区。

5.2.2.2.3 串扰

串扰和反射是信号在传输过程中产生的两大主要噪声，当信号平行且距离很近时，由于线间互感和互容的存在，在相邻两信号之间产生的干扰，称为串扰。传输线串扰噪声与信号之比为

$$\frac{\text{串扰噪声}}{\text{信号}}=\frac{1}{1+Z_c/Z_o}$$

式中 Z_c——耦合阻抗；

Z_o——传输阻抗。从式中可看出 Z_c/Z_o 的比值越大，串扰的影响越小。

当两根信号线紧靠在一起时，Z_c 很小，当信号线与地距离很近，则 Z_o 增大，说明串扰严重。

若将发送线和接收线改用两对双绞线，其中一根在始端和终端接地。对于一般 TTL 电路就比较安全了。

5.2.2.2.4 浪涌

电路遭受雷击、断开电感负载或投入大型负载时，常会产生很高的操作过电压，这种瞬时过电压或电流称为浪涌电压或电流，这属于瞬变干扰，具体数据如表 5-3 所示。

表 5-3 浪涌电压或电流

干扰源	最大可能值或现象
断开直流 6V 继电器线圈	300~600V
接通白炽灯	8~10 倍浪涌电流
接通大型容性负载	出现大浪涌电流，电源电压突降
切断空载变压器	额定电压 8~10 倍过电压

5.2.3 常用的干扰抑制技术

各类干扰是造成机电一体系统或装置发生瞬间故障的重要因素。现在为了有效控制电磁干扰，在设计电子设备和机电一体化系统的时候，会重点关注电磁兼容性。我们可以从接收器、传播渠道、干扰源等对象来控制电磁的干扰，当然堵

截干扰耦合的渠道也能有效抑制干扰的发生。一般采用隔离、降低和消除公共阻抗、滤波或者屏蔽的手段来抑制干扰。

5.2.3.1　屏蔽技术

屏蔽技术是通过切断辐射电磁噪声的传播渠道，或者阻断电磁噪声沿着空间的传播来抑制干扰的一种技术。一般是在需要屏蔽的区域周围包上金属材料或者磁性材料，起到一种隔离的作用。屏蔽技术通常分为两种，一种是主动屏蔽，另一种是被动屏蔽。主动屏蔽主要是对噪声源的屏蔽，目的是抑制噪声源向外辐射场的干扰；被动屏蔽是对敏感设备的屏蔽，目的是保护敏感设备不被噪声辐射场干扰。

辐射场包括电场、磁场和电磁场三种，由于其产生的原理不同，所以对其进行屏蔽时也要运用不同的方法。针对不同辐射场的屏蔽方法，屏蔽技术可分为电场屏蔽、磁场屏蔽和电磁场屏蔽三种。

5.2.3.1.1　电场屏蔽

电场屏蔽是对噪声源和敏感设备之间，因为电场耦合而产生的干扰进行消除。电场分为静电场和交变电场两种。其主要可以采用金属屏蔽体来进行屏蔽，不过想要达到屏蔽的效果，需要保证两点，一是屏蔽体的屏蔽一定要有良好的接地，二是各接地要完好地相连，可以利用电阻较低的金属如铝或者铜来做成屏蔽罩。

屏蔽体良好接地和完善地屏蔽都是电场屏蔽的必要条件，而且对静电场和交变电场有着同样的适用性。

5.2.3.1.2　磁场屏蔽

磁场屏蔽是对噪声源和敏感设备之间，因为磁场耦合而产生的干扰进行消除。根据频率的不同来选择合适的磁场屏蔽手段。

1）低频磁场屏蔽

通电线圈的四周会产生一个磁场，其磁力线是闭合的且分布在整个空间内，因此对其附近的敏感设备都会产生干扰。对恒定磁场和低频段的干扰可以将高磁导率的铁、坡莫合金和硅钢片等铁磁材料做成杯状和管状罩进行屏蔽。这种设置，能很好地将干扰控制在屏蔽罩内，也能保证放在屏蔽罩里的电路和器件不会被外面的低频干扰磁场干扰。如图 5-20（a）所示的线圈的磁屏蔽，就是一个主动屏蔽装置，屏蔽体内线圈产生的磁通，受铁磁材料的高磁导性而不会对外面的电路和元件造成干扰；图 5-20（b）所示的是一个被动屏蔽，屏蔽体的磁力线在屏蔽体内部通过，不会延伸到屏蔽壳体内部的空间去，所以也不会受到外磁场的干扰。

如果在利用铁磁性材料做屏蔽壳体时涉及要开缝的情况，则特别需要重视开缝的方向。在图 5–20（a）中，其磁力线是垂直流动的，如果在它的横向方向进行开缝的话，则会对磁力线的流动产生阻拦，加大磁阻，破坏它的屏蔽性能。所以这里需要采取纵向的开缝，但要注意开的缝不能太宽。

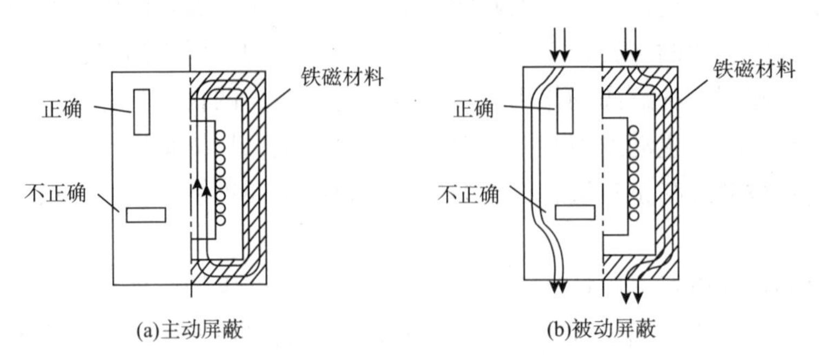

图 5–20　低频磁场屏蔽

对于低频磁场干扰，除应用磁屏蔽外，还可利用双绞线予以消除。

2）高频磁场屏蔽

可以运用低电阻率的金属导体如铝、铜等对高频磁场进行屏蔽，其原理是高频磁场通过金属板的时候会产生感应电动势，从而产生特别大的涡流。涡流会产生一个反磁场，与原磁场可以相互抵消，并对原磁场有一定的增强作用。主要是要引导磁力线在金属板周围绕行。再利用一个金属盒将这些线圈包起来，使得线圈电流所产生的高频磁场只能在金属盒内绕行，不会外泄，这里的作用是主动屏蔽。同时，金属盒外的高频磁场也不能进入金属盒里面，这里又可以起到被动屏蔽的作用。一般金属屏蔽体只需要很薄就可以了，以 0.2~0.8mm 为最优，这是因为高频电流具集肤效应的特点，涡流也只会在金属表面的薄层通过。所以较薄的金属体就完全可以起到屏蔽的作用。

磁场屏蔽并不要求接地，但实际运用时，一般会接地，这样可以同时对电场进行屏蔽。

5.2.3.1.3　电磁场屏蔽

电磁场屏蔽是对噪声源和敏感设备较远距离时，由电磁场耦合产生的干扰进行消除。

一般情况下运用电阻率较小的良导体来屏蔽高频电磁干扰，若要同时对电场和磁场进行屏蔽，则导体材料除了要具备电阻率较小的特点外，还需要有良好的接地性。在实际运用时，如果金属板不适合采用，则一般会用金属网来代替，双层金属网也可以具有较好的屏蔽效能。

在低频的情况下，由于反射量大，所以电场屏蔽是完全没有问题的。但是磁场却不同，只能通过增加屏蔽物的厚度来增加屏蔽物的磁导率和电导率，从而提高磁屏蔽效能。

5.2.3.2　接地技术

“地”可定义为一个等位点或一个等位面，它为电路、系统提供一个参考电位，电路、系统中的各部分电流都必须经“地线”或“地平面”构成电流回路。因此“地”在电路系统中充当一个重要的角色，接地可接真正的大地，如接大地则地线的电位就是大地电位，该接地系统记为 ⏚；也可不接大地，系统地线有时与公共底板相连，有时与设备外壳和柜体框架相连，称为浮地系统，符号为 ⊥，如飞机上的电子电气设备接飞机壳体就是接地。

之所以接地是因为以下原因。第一，从人员和设备的安全性考虑，为了防雷电、抗静电以及避免设备漏电，必须向大地引导电流进行接地保护措施。第二，从设备的正常运转考虑，比如直流电源必须有参考零电位，这就需要让一极接地。另外，信号传输也要有基准电位，让一根线接到地面，传输信号的大小与这个基准电位保持一致。与此同时，如果要屏蔽某个设备，经常需要接地操作，才能达到目的。

接地系统主要有四种类型，即保护地线、工作地线、地环路和屏蔽接地。

5.2.3.2.1　保护地线

为了保证操作人员和设备在安全的环境下工作，电气设备的机壳和底盘必须接地。通常在一些常见的电源插座或配电板上都会有保护地线。图 5–21 为交流单相 220V 供电线路中的三根线：火线、中线、地线。

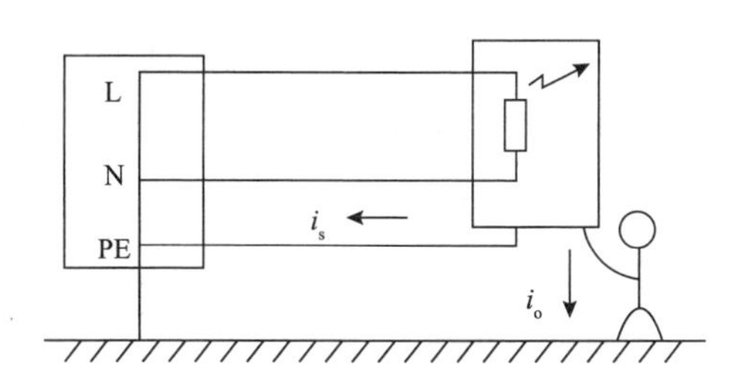

图 5–21　保护地线的作用示意图

电流正常的流通路线是从火线出发经过中线，然后返回，从而避免电流经过地线。如果有绝缘体破坏电路正常运转出现突发情况，把火线连接上机壳，就会使电流经过地线烧断火线上的保险丝，从而使电源关闭。由于机壳是借助保护地线连接到地面上的，机壳会一直处于大地电位，因此可以确保人触碰到机壳不会发生事故。根据直接接触安全操作电压的标准，普通环境电压必须保持在 48V 以下，潮湿环境和手持设备需要保持在 24V 以下，如果大于以上数值就应该接地。

5.2.3.2.2 工作地线

工作地线的作用是充当电源和传输信号中的等电位，然而在实际电路操作中，工作地线往往被当作电源和信号线的回流线。在工作地线可以经常发现有少量的电阻和电感存在，通常电阻的流量很小，可忽略不计，但是在高频情况下电感的感抗是很大的，必须经过计算。一旦回流流经工作地线，地线的阻抗上就会有压降发生，所以不同点的电位各不相同，任意两个点都会具有电位差，这就容易导致共阻抗干扰。从消除或者抑制上述情况角度出发，地线设计需要遵循三点要求：第一，最大限度地让接地电路形成不同的回路，使电路和地线两者耦合的可能性降低；第二，科学合理铺设地线，使地电流稳定在一定的范围；第三，按照地线不同的电流，采取不同的接地方式，应用合适形状的地线。单点接地和多点接地是比较常见的接地方式。

1）单点接地

单点接地分为单点串联接地和单点并联接地两种方式。单点串联接地方式如图5–22所示，其利用工作地线把电路1、2、3的接地点串联起来，再进行接地。

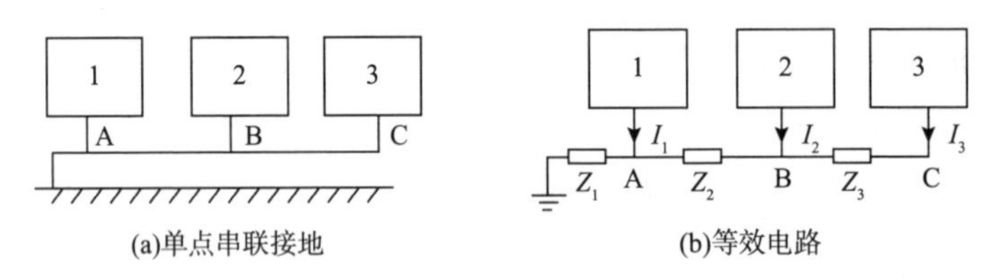

(a)单点串联接地 (b)等效电路

图 5–22 单点串联接地方式

单点并联接地方式是将电路1、2、3各自独立地在同一点接地，如图5–23所示，电流 I_2、I_3 就不可能流经 Z_1，因此就不会产生共阻抗干扰。

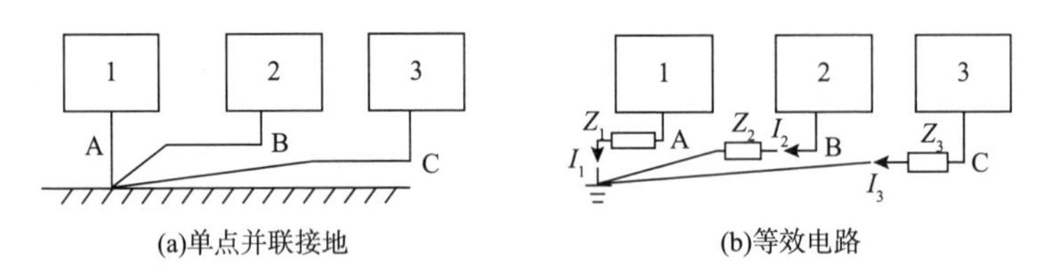

(a)单点并联接地 (b)等效电路

图 5–23 单点并联接地方式

在实际电路布置中常常将单点串联方式和单点并联方式结合起来使用。

2）多点接地

为了改善地线的高频特性，把需要接地的电路就近接到一金属面上，如图5–24所示。

应该确保所有电路接地点与金属面的引线距离是最短的。金属面具有导电性强、面积大的特点，所以具有减小的阻抗，从而不易出现共阻抗干扰的情况。通常设备中地线多采用常用机壳。如果是高频电路（f >100MHz）应该采用这种接地方式。然而在印制板上，金属面构成的地线往往很大，这时候高频电路以及低频电路就可以多点就近接地。

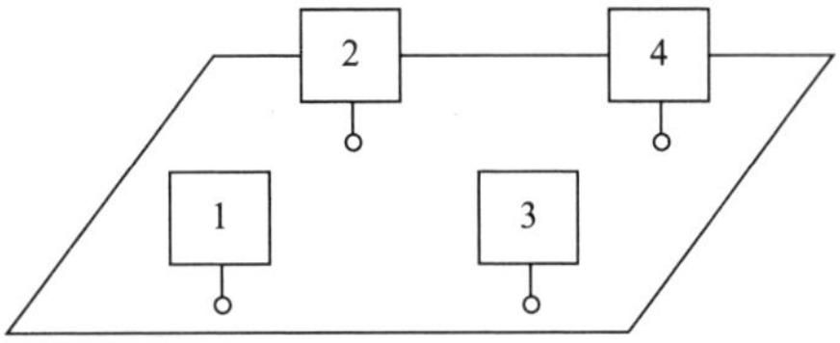

图 5–24　多点接地方式

5.2.3.2.3　地环路

地环路的形成原因不是因为地线本身所形成的环路，而是电路接地点较多，当电路间信号连接时所造成的干扰，如图 5–25 所示。

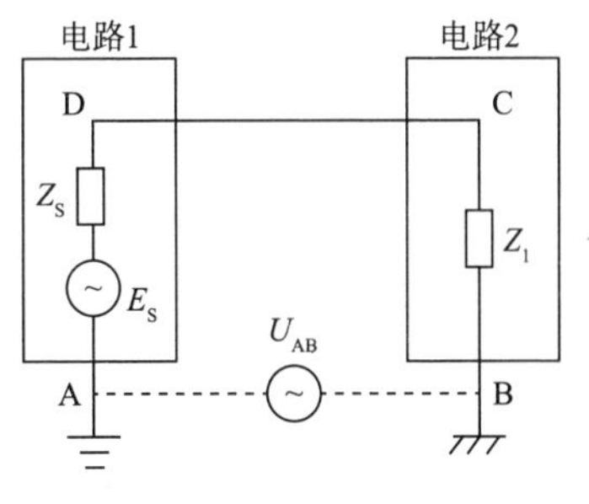

图 5–25　地环路的构成

共阻抗干扰的形成原因是受到外界电磁场的刺激从而出现感应电动势，具有了电流，导致了地线阻抗上产生电压降。A 点连接电路 1，B 点连接电路 2，通过一根信号线把两个电路串联起来，因为信号线和地面连接从而形成地环路 ABCD，当 A 点和 B 点电位不相同时，就会产生相应的电位差 UAB，另一种情况是当外界产生强电磁场时，地环路 ABCD 中就会产生感应电动势 UAB，UAB 和有用信号 E 就会相加，导致 Z_1 产生负载，这时候就出现差模干扰。

通过采取阻隔地环流的方式来减小干扰有多种途径，常用的是通过变压器、扼流圈、光电耦合和继电器等隔离器件进行隔离。

1）变压器隔离

用变压器进行隔离经常用到隔离器件，它的目的就是阻断一切可以干扰信号的传导通路，而且变压器可以调控干扰信号的强度。图 5–26 就是一种多层隔离变压器。

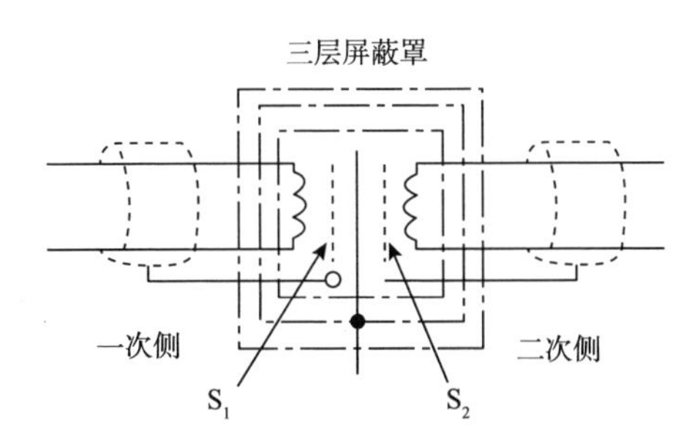

图 5–26　多层隔离变压器

变压器的结构组成有三部分，即安装在一次侧的静电隔离层 S_1，安装在二次侧线圈处的静电隔离层 S_2，和三层屏蔽密封体。安装 S_1 和 S_2 的目的是使一次侧和二次侧绕组的耦合不产生干扰。在变压器的三层屏蔽层中，内外层用铁制成，目的就是屏蔽磁，中间层是用铜连接铁心接到地面，主要作用是屏蔽静电。这三层屏蔽都是为了使电路不受外界电磁场作用干扰到电压器，这种隔离变压器的特点是抗干扰性较强。

2）扼流圈隔离

隔离变压器有一定的局限性，在传输的信号中出现直流分量以及较低的频率成分时就应该利用扼流圈这种隔离器件来阻隔地环路，如图 5-27 所示。

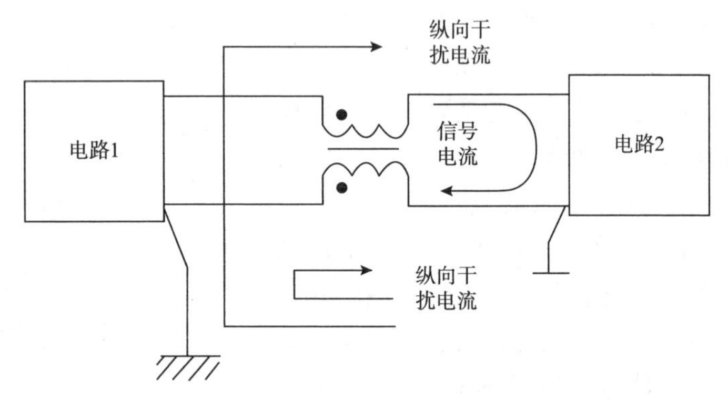

图 5-27　用纵向扼流圈阻隔地环路

扼流圈的作用机制是，使两个绕组的绕向相同，匝数相同，当信号电流流经两个绕组时，产生的磁场相同就自然抵消，因此扼流圈不会扼制电流，信号电流就可以顺畅地进行传输。地线中的干扰电流在通过两个绕组会出现相同的磁场，从而产生叠加，扼流圈会最大程度地抗干扰电流，所以会阻隔地环流，从而减小信号干扰。

扼流圈隔离的作用体现在三个方面：第一，扼流圈既可以传送交流信号，也可以传送直流信号；第二，扼流圈可以最大程度地抑制地线中较高频率的干扰；第三，扼流圈能够较好地抑制流经的较高频率的信号对其他电路单元的干扰。

3）光电耦合隔离

光电耦合器可以轻易地切断两个电路单元中间产生的地环流，如图 5-28 所示，它的作用机制是使二极管发光的强弱随着电路 1 输出信号电流变化而变化，电路 2 的输入信号产生于强弱光刺激光敏晶体管产生的电流。把这两种器件装置到一块就形成了光电耦合器。

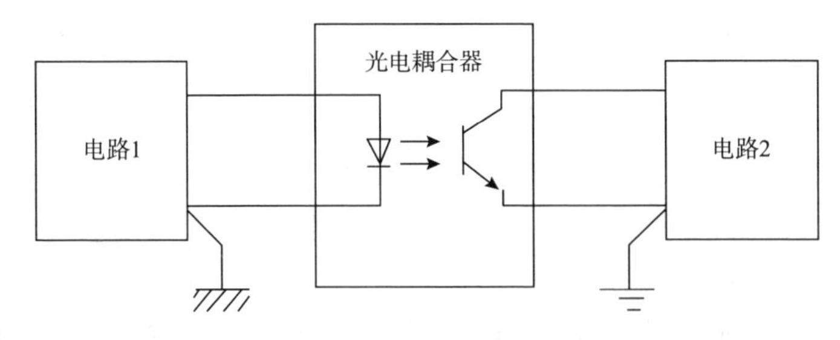

图 5-28　用于切断地环路的光电耦合器

由于光电耦合器从根源上切断了两个电路单元之间的地环路，因此具有较强的抑制地线干扰的能力。因为光强和电流具有较弱的线性关系，当有模拟信号流经时，失真现象比较严重，所以光电耦合器就发挥不出应有的作用，但是光电藕合器在进行数字信号传输时实用性较强。

4）继电器隔离

继电器线圈和触点只是机械地连在一起，但是不会产生电流联系，所以可以通过继电器线圈来进行信号接收，通过它们的触点进行信号发送和传输，从而对强电和弱电进行隔离。继电器因为拥有较多的触点，而且这些触点可以承载较大的负载电流，所以具有适用范围广的特点。在实际电路连接中，往往把继电器的线圈接到弱电控制回路中去，而线圈触点的用途是进行强电回路的部分信号传输。用来隔离的继电器类型，主要是一般小型电磁继电器以及干簧继电器。

5.2.3.2.4　屏蔽接地

为了达到屏蔽电场的目的，静电屏蔽层必须使用金属良导体，而且电位必须是持续稳定的，一般都会接地，这样屏蔽层就会起到屏蔽静电的作用，相反，如果不使用金属良导体，还会增加分布电容，使电容耦合增大。鉴于此，屏蔽高频电磁场时，良导体屏蔽层应该接到地面。另外，屏蔽低频磁场时，磁屏蔽体也应该接到地面。常用的屏蔽体还有很多，比如屏蔽线、屏蔽电缆、电源滤波器、变压器等。

设计屏蔽体层的接地方式需要遵循一定的原则，不仅要符合原屏蔽设计的要求，提高屏蔽效能，而且要满足接地系统的设计目标，使地回路结构设计合理规范。

同一个系统，屏蔽体通常设置在两个位置，一个部位是对信号输入敏感性较强的电路部分，通过屏蔽减小外界噪声造成的干扰；另一个部位是输出部分，屏蔽自身产生的干扰噪声电平。

5.2.3.3 滤波技术

滤波器是一个具有频率选择性的两个端口网络，其结构组成为电感、电容、电阻或铁氧体器件。滤波器可以插到传输线里面，使无用的频率停止传输。我们通常把削弱减小通过滤波器的频率段叫作滤波器的通带，而把很大衰减通过滤波器的频率段称为滤波器的阻带。

在电路中，根据滤波器放置的部位和用途不同，可以分为信号滤波、电源滤波、EMI 滤波、电源去耦滤波和谐波滤波等类型；根据滤波器电路中有源器件类型，可以分为无源滤波和有源滤波两种；根据滤波器的频率特点，可以分为高通滤波器、低通滤波器、带通滤波器和带阻滤波器等类型；按照滤波器的能量损耗又可分为反射式滤波器和吸收式滤波器等类型。

5.2.3.3.1 反射式滤波器

反射式滤波器的组成部分包括电感、电容等器件，在滤波器阻带内设置了两种阻抗，即高串联阻抗和低并联阻抗，其作用是区分噪声源的阻抗和负载阻抗，从而使不需要的频率反射回噪声源。

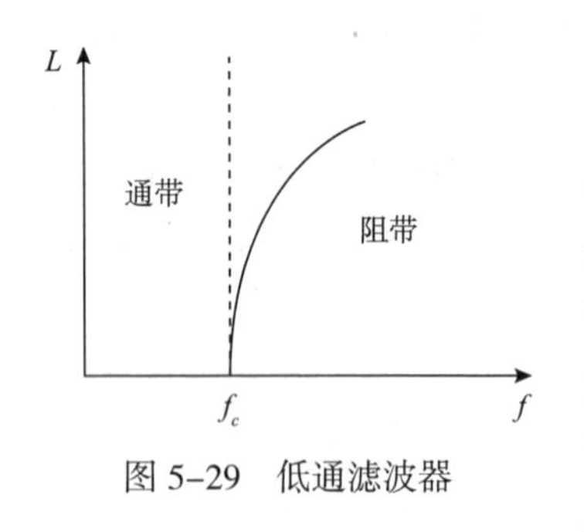

图 5-29 低通滤波器

1）低通滤波器

电磁兼容抑制技术中使用最广泛的一种滤波器是低通滤波器，这种滤波器可以削弱低频信号并传输，过滤出高频信号如图 5-29 所示。在交直流电源系统中，低通滤波器能够抑制电源中的高频噪声，在放大器或发射机输出电路中，低通滤波器能够将有用信号的高次谐波和其他杂散干扰过滤出来并进行传输。常用的有电容滤波器、电感滤波器、Γ 滤波器、电源滤波器等。

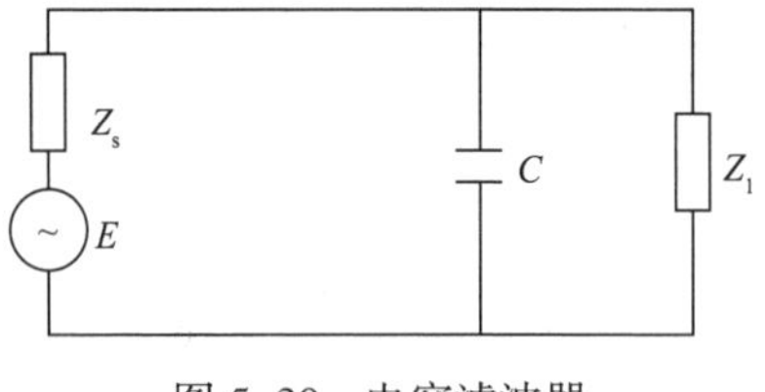

图 5-30 电容滤波器

①电容滤波器。电容滤波器结构如图 5-30 所示。Z_1 为滤波器向负载端视入的阻抗，Z_s 为滤波器向源端视入的阻抗。滤波器电容本身的阻抗为 $Z_c=l/(\mathrm{j}\omega C)$，频率越高电容的阻抗越小，即高频时电容器为线路提供一个并联的低阻抗。如果电源电流中同时存在高频成分和低频成分，则高频成分主要流过电容，而低频成分则流向负载，所以电容起了滤除高频成分的作用。

②电感滤波器。电感滤波器的结构如图 5-31 所示，滤波器电感的阻抗为 $Z_L=\mathrm{j}L\omega$，频率越高，电感的阻抗越大，即高频时为线路提供了一个串联的高阻抗，高频成分主要降在电感上，而低频成分能衰减很小地通过电感到达负载。

电感器的选择应在需要滤除的频率范围内满足 Z_s，$Z_1<Z_L$。所以电感滤波器适用于高频时负载阻抗和源阻抗较小的场合。

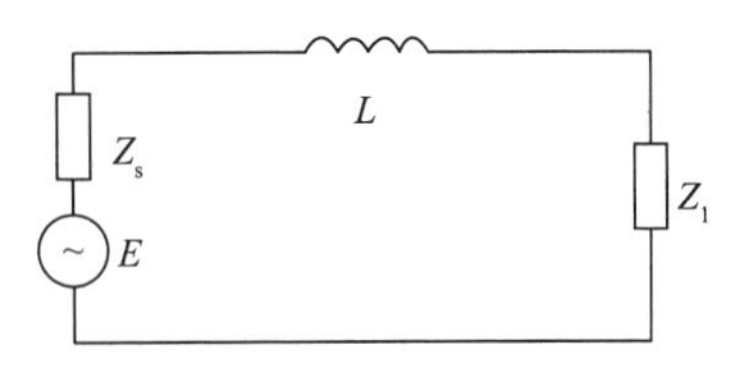

图 5-31　电感滤波器

2）带通滤波器

带通滤波器只允许以特定频率为中心的一段窄带信号通过，如图 5-32 所示。

例如，谐振滤波器是一种带通滤波器，图 5-33 是一种由 L、C 串联组成的谐振滤波器，常接在晶闸管变流设备的电网供电端。用于滤除晶闸管产生的高次谐波。各支路的谐振频率为 $f_n = 1/\left(2\pi\sqrt{L_n C_n}\right)$，分别针对第 n 次谐波，当 L、C 串联电路谐振时阻抗最小，从而给谐振波提供了通道，使之不再流入电网。

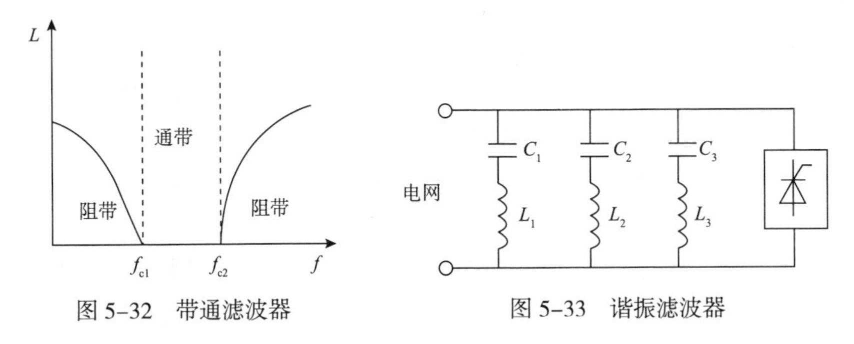

图 5-32　带通滤波器　　图 5-33　谐振滤波器

3）带阻滤波器

带阻滤波器则正好相反，带阻滤波器通常串联于噪声源与被干扰对象之间，对带阻内频率呈现高阻抗，从而起到滤波作用。也可将带通滤波器并联在带有噪声的导线与地之间，在带通频率范围内呈现低阻抗，把噪声引入地中，从而起到滤波作用。

5.2.3.3.2　吸收式滤波器

吸收式滤波器也被叫作损耗滤波器，它的组成构件主要是有耗器件，通过在阻带内吸收噪声的能量并将其转化为热损耗，在滤波器中消化吸收不需要的频率成分从而过滤电波。现在应用最广泛的低通滤波器主要是铁氧体吸收式滤波器，大部分电路都采用这种做法，铁氧体作为一种磁性材料，主要作用是抑制电磁噪声，它的主要成分是铁、镍、锌氧化物，它的特点是电阻率较高，磁导率较高一般控制在 100~1500 范围内。铁氧体的形状多为中空型，中间接导线。一旦导线中有电流流经铁氧体，低频电流几乎可以原样通过，然而这种滤波器会削弱高频电流，并将其转化成热量挥发出去，因此，吸收式低通滤波器是由铁氧体和穿过其中的导线构成的。

5.2.3.4 隔离技术

布线的隔离是通过加大受扰电路器件或装置与干扰源之间的距离来降低干扰的一种行之有效的措施。因为干扰与距离的平方成反比，距离增加 1 倍则干扰就降低 4 倍，所以，在安装器件和设备时，要科学合理地布置线路，在一定范围内使干扰源和受扰电路之间的距离保持最大，这会阻断干扰的传播路径，从而增强系统效能。

在实际电线布置时，需要综合考虑干扰的灵敏度以及本身功率的大小，并按照一定的标准执行。

线路布置的顺序是先安排低电平模拟信号，然后是一般数字信号，接着是交流控制装置，随后进行直流动力装置，最后再布置交流动力装置等，依据这样的顺序布置，使它们各自保持适当的距离，但有时设备要求体积小，安装受到限制时，就考虑其他措施。另外，布线要注意强弱信号的隔离、输入线和输出线间的隔离、交流和直流线路隔离、不同电压和不同电流等级的线路隔离。

布线时要正确使用“短”“乱”“辫”“共地”和“浮地”的方法。

所谓“短”，就是要在任何可能的条件下，使电路之间的连线尽量缩短，连线缩短之后，在连线上出现的各种干扰效应就会减弱。

所谓“乱”，就是弱电系统不宜像强电系统那样，追求整齐划一的排列方式，而应该按照有利于消除干扰的原则进行布线。因而，相对强电系统的布线要乱一些，但不是杂乱无章的。相反，它也是有规律的，如该交叉的交叉，该扭绞的扭绞，处理得当，也可布设得整齐美观。

所谓“辫”，指的是对于同一类型线路的导线束，不宜采用捆扎和胶排的方法，而要采用编辫子的方法将其编成辫线。这样有利于抑制电磁耦合干扰。

当系统地线处理方案采用“共地”时，应使所有线路尽量沿地敷设。

当系统地线处理方案采用“浮地”时，则所有线路均应以此“浮地”为地而沿浮地的直流地敷设，并应尽量避免沿交流地敷设。

5.2.3.5 浪涌吸收器

（1）氧化锌压敏电阻。这是目前广泛使用的过压保护器件，适用于交流电源电压的浪涌吸收，各种线圈、接点间过电压吸收，灭弧、三极管、晶闸管等的过压保护。

（2）直流浪涌吸收电路。在直流线圈两端及控制接点两端并联电阻、电容、二极管及稳压管等浪涌吸收器件。原则上这些措施也适用于交流。

（3）放电管。利用充气放电管的气隙放电作用消除浪涌。

（4）新型半导体雪崩二极管。这是一种过压钳位器件，它和压敏电阻响应时间的比较列于表 5–4 中。

表 5–4　压敏电阻与雪崩二极管的响应时间对照表

	压敏电阻	雪崩二极管
响应时间	25ms~2/μs	5ns
漏电流	200~1000μA	5μA
偏移	20%~30%	5%~10%
可靠性	短路型、性能差	不会疲劳

5.2.3.6　软件的抗干扰设计

所有的干扰模式最后都会体现在系统的微机模块上，造成一定的后果，比如增大数据采集的误差，使机器脱离控制状态，导致存储数据变动，影响程序运行等。尽管通过多种抗干扰措施来保障系统硬件运行，然而还是存在一定的误差，所以人们对软件抗干扰措施的探索意识越来越强烈。

5.2.3.6.1　软件抗干扰必要条件

软件抗干扰是一种微机系统为了保持自身运行顺畅而采取的主动防御行为，确保系统中抗干扰软件不受干扰从而能正常应用，这是软件抗干扰最根本的必要条件。具体包括以下几方面：

（1）当受到干扰时，微机硬件系统会完好无损，或者在容易损坏部分安装监测软件用来查询方便监控。

（2）确保程序区在干扰范围以外。系统的程序和一些重要常数能够维持恒定状态，不受干扰的影响。

（3）RAM 区中的重要数据不被破坏，或虽被破坏却仍可以重新建立。

5.2.3.6.2　数据采样的抗干扰设计

（1）抑制工频干扰。当微机系统的前向通道经过工频干扰以后，许多干扰信号会相互叠加，载重到被测信号上，尤其当传感器模拟量接口输出的是小电压信号时，采用这种串联设计，就会吞没所有的被测信号。如果想去除这种串联干扰，则可以使采样周期和电网工频周期的数量成整数比例，从而使工频干扰信号在采样周期内可以相互抵消，达到平衡。在实际电路连接操作中，工频信号的频率是不固定的，所以采样触发信号时应该采取硬件电路来传输电网工频，并以整数倍的频率发出信号录入微机系统，微机按照信号数据进行触发采样，这样能够提高系统对工频串模的抗干扰能力。

（2）数字滤波。为消除变送通道中的干扰信号，在硬件上采取有源或无源 RLC 滤波网络，实现信号频率滤波。微机可用数字滤波模拟硬件滤波的功能。

①防脉冲干扰平均值滤波。前向通道受到干扰时，往往会使采样数据存在很

大的偏差，若能剔除采样数据中个别错误数据，就可能有效地抑制脉冲干扰。

②中值滤波。首先对采样点进行连续采样，然后比较采样值的大小，计算出采样数值的中间值，最终数据以计算出的中间值为准。这种计算方法还能避免出现由于干扰导致的采样误差。

③一阶递推数字滤波。这种方法是通过软件达到 RC 低通滤波器的作用，可以最大程度地避免周期性干扰和频率较高的随机干扰，在对变化过程缓慢的参数进行采样时应用较多。一阶递推滤波的计算公式为

$$y_n=ax_n+（1-a）y_{n-1}$$

上式中，a 为与数字滤波器的时间常数有关的系数，a= 采样周期 /（滤波时间常数 + 采样周期）；x_n 为第 n 次采样数据；y_n 为第 n 次滤波输出数据（结果）。

a 取值越大，其截止频率越高，但它不能滤除频率高于采样频率二分之一（奈奎斯特频率）的干扰信号，对于高于奈奎斯特频率的干扰信号，应该用硬件来完成。

④宽度判断抗尖峰脉冲干扰。如果用脉冲信号作为被测信号，由于采样信号在机器正常运转时的脉冲宽度是确定的，但是尖峰具有减小的干扰宽度，所以可以根据采样信号的宽度判定来避免信号干扰。

⑤重复检查法。这种方法属于容错技术之一，主要利用采取软件冗余的措施使抗干扰特性增强，变化缓慢的信号经常采取这种抗干扰方法。由于干扰信号的强弱各不相同，所以需要多次采集被测信号样本，如果所有的采样数据完全相同，那么就可以认为信号是有效的；如果连续两次采样数据不相同，或多次采样的数据都不相同，那么这种信号就属于干扰信号。

⑥偏差判断法。有时被测信号本身在采样周期内发生变化，存在一定的偏差（这往往与传感器的精度以及被测信号本身的状态有关）。可以通过估算得出这个客观存在的系统偏差值，如果随机干扰影响到被测信号，那么估算的系统偏差就会小于这个偏差，因此就可以得出结论确定采样的真假。具体步骤如下：按照理论常识确定两次采样能够达到的最大偏差 Δx。如果把连续两次采样数据相减得出的绝对值 Δy=Δx，那么就证明采样值 x 属于干扰信号，不应该计算在内，而应该把上一次采集样本的数值作为本次采样值。如果 $\Delta y \leqslant \Delta x$，那么就证明被检测的信号没有干扰性，所以本次采样就是有效的。

5.2.3.6.3　程序运行失常的软件抗干扰设计

1）软件陷阱

从软件运行角度分析，瞬时电磁干扰有可能造成 CPU 脱离原先程序指针的轨道，从而到了还没应用的 RAM 区以及 ROM 区，产生异常状态，比较常见的如死循环和程序“飞跑”。软件陷阱法的应用就是为了避免出现这种干扰异常

情况，这种方法的设计理念就是，用一种重新起动的代码指令把系统存储器即 RAM 和 ROM 中闲置的单元填满，充当软件的“陷阱”，来捕获“飞跑”的程序，使系统重新投入正常运行。

2）WTD 技术

WTD（Watchdog）即监控定时器，俗称“看门狗”，是专门为防止程序进入死循环而设计的。WTD 由一个至几个计数器组成，计数器靠系统时钟或分频后的脉冲信号进行计数，当计数器计满时，由计数器产生一个复位信号，强迫系统复位，使系统重新开始从初始化执行程序。在正常情况下，在每隔一定的时间（根据系统应用程序执行的长短来确定），程序将计数器清零。因此在正常状态下，计数器就不会计满，因而不产生复位。但是如果程序运行不正常，如陷入死循环等，计数器将会计满而产生溢出，将此溢出信号作为系统复位信号，使程序重新开始起动，便可有效地克服干扰的影响。

思考题与习题

5-1 接口的定义及作用分别是什么？

5-2 按接口所联系的子系统不同，以信息处理系统（微电子系统）为出发点，可将接口分为哪几类？各自特点分别是什么？

5-3 输入接口可以有哪些方法？各自适用于什么场合？

5-4 ADC0809 的结构及工作原理分别是什么？

5-5 控制量输出接口的作用是什么？其有哪些种具体形式？各自适用什么情况？

5-6 什么是电磁兼容性？

5-7 何谓电磁干扰？电磁干扰必须具备的条件是什么？

5-8 电磁兼容性设计的目的是什么？如何进行？

5-9 电磁干扰有哪三种形式？请举例说明。

5-10 在电磁辐射耦合中，如何判别干扰场源的性质？

5-11 为了抑制电容性、电感性和电磁场三种耦合形式，应分别采取何种有效措施？

5-12 常见的抑制电磁干扰措施有哪些？

5-13 如何进行电场屏蔽、磁场屏蔽？

5-14 接地系统分为几大类？举例说明。

5-15 如何实施软件抗干扰？

5-16 简述电磁兼容性测试的一般步骤。

第 6 章　机电一体化系统设计

6.1　概述

机电一体化系统设计是从系统工程观点出发，应用机械、微电子技术等关键技术，使机械、电子有机融合，实现系统或产品整体最优的设计过程。它要求设计者以系统的、整体的观点来综合考虑设计过程中的诸多技术问题。为避免不必要的经济损失，设计机电一体化系统应遵循一定的科学原则。

6.1.1　机电一体化系统设计流程

机电一体化产品覆盖面很广，在系统构成上有着不同的层次，但在系统设计上是否有着共同的规律呢？答案是肯定的，机电一体化系统的总体设计包括市场调研、产品构思、方案设计与评价、详细设计、质量规划与控制、制造工艺规划、样机试制、正式生产、用户意见反馈、修改与完善等阶段。

可以分为五个阶段进行设计：产品规划阶段、概念设计阶段、详细设计阶段、设施实施阶段和设计定型阶段。

第一，产品规划阶段。在这个阶段，先要对需求进行分析，再按需求内容进行设计，然后分析其可行性，确定产品的设计参数，列举出各种制约因素，最后列出具体的设计任务书，以此进行设计、评价并做出决策。

第二，概念设计阶段。基本需求是通过产品的功能来体现的，产品的功能与产品的设计之间存在着因果关系，概念设计是对总体功能进行分解的过程，即将各种功能划分为不同的模块并确定相互间存在的关系，对模块的参数进行设定，确定产品的控制策略、外观造型等内容，建立起总体的结构。然后提交设计组展开讨论，并确定设计方案。由于体现同一功能的产品的工作原理有很多，同一项设计也可以有不同的方案，并且都具有各自的优缺点，因此在这个阶段，应当在多个备选方案中筛选出最优的设计方案。

第三，详细设计阶段。这是对各种功能模块进行细化设计的阶段，需要形成具体的工程图。如果系统需要对过程进行控制，那么就要建立起相应的数学模型，明确控制算法。然后对备选设计进行目标考核，对系统进行优化并做出评估，最终从里面挑选出一个综合性能最优的设计。这个阶段的工作量是各阶段里最大的，不仅要设计电子、计算机软件、机械等系统，还要绘制零件图和总装图。这个阶段应该尽量应用各种 CAD 工具，以提高工效。设计应尽量模块化和结构化，以利于改进或在产品换代时提供参考。

第四，设计实施阶段。要按照电气图纸、机械图纸以及相关文件，将各种功能性模块制造和装配起来，并且对模块进行调试，然后安装和调试整个系统，对系统是否可靠、是否具有抗干扰性进行复核。

第五，设计定型阶段。这个阶段需要做的是进行系统的工艺定型，各类清单和设计图纸都应在这一阶段整理完毕。详细编写出对于设计的说明，形成技术性的档案资料，以便在材料采购、产品生产以及销售时有详细的资料可循。

对于系统的设计流程来说，在整个设计过程中，都应遵循三次循环的原则，也就是从基本原理到总体布局再到细部结构的步骤。每个阶段都可以单独形成一个循环体，即可行性的循环设计、技术性设计循环、概念性设计循环。

6.1.2　设计思想、类型、准则

6.1.2.1　设计思想

机电一体化技术是在微电子技术的基础上，将“智能”赋予机械系统，促使机械能力得到更好发挥的技术。为了让产品展现出最好的性能，在机械系统的设计过程中应该选用同电气参数匹配的机械参数。在设计控制系统时，其电气参数也应按照机械系统原有的参数值进行设定。应将微电子技术和机械技术相结合，实现两者的协调和互补，让机电一体化的优越性得到充分体现。对于机电一体化系统的设计来说，设计理念主要表现在三个方面，一是机电互补法；二是融合法；三是组合法。应当吸取微电子技术和机械技术的优点，让机电一体化系统的设计方案趋于最佳。

（1）机电互补法。这种方法也可以叫作取代法，是利用通用或专用电子部件取代传统机械产品中的复杂机械功能部件或功能子系统。比如可以用微型计算机或者 PLC 取代机械式的变速机构；有些凸轮机构也可以被步进电动机所取代；行程开关和机械挡块可以被电子式传感器取代，这样可以大大提高检测的灵敏度和精度。综上所述，机械技术的缺陷可以通过电子技术的优势去弥补，这样不仅能够让机械的结构更加简化，还能明显提高系统的各种性能。

（2）融合法。融合法也叫作结合法，就是将各种不同的要素结合在一起，构成特定的功能部件，这种功能部件有的是专用的，有的是通用的，不同要素的机电参数能够实现较为充分的匹配。比如机电一体化系统可以将电子齿轮、电子凸轮作为一种产品来加以运用。

（3）组合法。组合法指的是将功能模块以及功能部件重新组成各种机电一体化的系统。比如可以把运动机构、工业机器人的执行元件、控制器、检测传感元件用来共同组成机电一体化的各种功能性部件或子系统。利用各种关节组成工业机器人的各功能模块，比如回转功能、俯仰功能、伸缩功能等，组成各种结构不同、功能各异的工业机器人。运用这种方法对机电一体化进行改造和对新产品进行设计，不仅能够大幅缩短设计和研发的周期，节约相应费用，而且可以对生产过程进行有效管理，方便设备的维修和使用。

6.1.2.2 设计类型

机电一体化系统如果按设计类型来区分，可以分为三类：一是开发性的设计类型；二是适应性的设计类型；三是变型设计类型。

（1）开发性设计。如果处于对产品的结构以及工作原理未知的状态下，则没有可以用来参照的成品，不过可以利用较为成熟的技术或是经过验证能使用的新兴技术来设计、生产出在性能和质量方面达到预期要求的新产品，就属于创新性的设计。早期的电视机、摄像机等都属于开发性设计产品。

（2）适应性设计，是指在保持原有总体方案和基本原理的前提下，局部修改已经成形的产品，使用微电子技术代替原来的机械结构，或为了使用微电子进行产品控制，而对原有的机械式结构做出部分修改，更改部分设计，让产品的附加值更高，质量进一步提高。比如在照相机上使用电子快门，用自动曝光系统来代替原有的手动曝光装备，使产品的体积更小，也更加智能化；汽车的电子式汽油喷射装置代替原来的机械控制汽油喷射装置，电子式缝纫机使用计算机控制。

（3）变型设计。变型设计是指针对已经成形的产品的缺点，或为了满足新的功能性要求，对该产品的功能结构、工作原理、产品尺寸以及执行机构的类型做出一些改变，以满足市场的多样化需求，进一步增强产品的竞争力。变型设计也可以用于基本型的产品，保持原有的工作原理不变，通过参数、尺寸以及功能的变化，开发出新的系列产品。

6.1.2.3 设计准则

设计准则需要考虑的因素主要有人的因素、机器的因素、材料的因素以及成本的因素，设计过程中要想实现产品的实用性、完善性以及可靠性，就要做到在保证产品的应有功能以及寿命的基础上，让生产成本尽可能降低。产品成本的高低 70% 取决于设计阶段。所以在产品设计过程中，一种是设计生产新产品，另一种是对既有产品进行改良，一方面要降低产品的使用成本，即从消费者的角度出发考虑成本问题，另一方面要降低产品设计和生产制造的成本，即从制造商的角度出发考虑成本问题。

6.2　机电一体化系统的产品规划

机电一体化系统设计的任务就是根据客观要求，通过创造性思维活动，借助人类已经掌握的各种信息资源（科学技术知识），经过反复的判断和决策，设计出具有特定功能的机电一体化装置、系统或产品，以满足人们的生活和生产需求。

市场调查与预测是产品开发成败的关键性一步。通过市场调查广泛收集信息，认真研究需求内容，做出需求分析；再针对用户的需求进行理论抽象，对市场未来的不确定因素和条件做出预计、测算和判断，为企业提供决策依据，即需求设计。

在经过对市场需求与企业自身资源优势的充分分析后，企业决策层最终形成适合自身的产品开发规划。因此，产品规划的主要工作是进行需求分析和需求设计，以明确设计任务。

6.2.1　需求分析

机电一体化产品设计是涉及多学科、多专业的复杂系统工程。开发一种新型的机电一体化产品，要消耗大量的人力、物力、财力，因此，要想开发出适销对路的产品，对市场进行需求调查是非常关键的。

从产品与技术开发方面看，市场与用户的需求信息是形成一项设计任务的主要推动力量。市场调查就是运用科学的方法，系统地、全面地收集有关市场需求和营销方面的有关资料，在市场调查的基础上，通过定性的经验分析或定量的科学计算，对市场未来的不确定因素和条件做出预测，为企业提供依据。市场调查的内容很广泛，主要包括消费者的潜在需要、用户对现有产品的反映、产品市场寿命周期要求、竞争对手的技术挑战、技术发展的推动和社会的需求等。

（1）消费者的潜在需要。各种消费阶层，各种消费群体都会有潜在的需要，挖掘这种需要，并创造一种产品予以满足，是产品创新设计出发点。20 世纪 50 年代，日本的安藤百福看到忙碌的人们在饭店前排长队焦急地等待吃热面条，而煮一次面条需要 20min 左右的时间。于是他经过努力创造出一种用开水一泡就可以吃的方便面条，这一发明不仅解决了煮面条时间长的问题，还引发了一个巨大的方便食品市场。随着社会的进步与发展，人们迫切需要加强信息交流，今天通信技术及产品之所以能取得巨大的成功，是因为有巨大的市场需求。

（2）用户对现有产品的反映。现有产品的市场反映，特别是用户的批评和期望，是企业必须关注和应迅速做出改进的重点。桑塔纳轿车问世后，用户对制动系统、后视镜、行李舱、坐椅等提出不少意见，于是推动了桑塔纳 2000、桑塔纳 3000 轿车的问世。因此产品需要不断地进行改进设计，特别是处于失望期的产品更是如此。当年波音 737 客机推入市场后，甚至通过对几次空难事故的分析，方才发现客机存在的问题，并做出相应的改进设计，从而促使了波音 747、波音 757 客机的问世。

（3）产品市场寿命周期产生的阶段要求。当已有产品进入市场寿命周期的不同的阶段后，产品必须不断地进行自我调整，以适应市场不断变化的需求。例如，四川长虹主产的彩电已有 20 多年历史，人们普遍认为该彩电已步入退让期。1998 年年末，厂方率先宣布降价，以减少利润的方式延长产品的市场寿命，并及时开发设计了“纯平彩电”。2002 年厂方宣布再次降价，又开发设计出“低价格大屏幕背投电视”。现在一种新产品在市场上的稳定期仅有 3~5 年，制造商必须不断进行改进，推出新机型，或为已有机型增添新内容，才能保持自己的市场占有率。

（4）竞争对手的技术挑战。市场上竞争对手的产品状态和水平是企业情报工作的重心。美国福特汽车公司建有庞大的实验室，能同时解体 16 辆轿车。每当竞争对手的新车一上市，便马上购来，并在 10 天之内解体完毕，研究对方技术特点，特别是对领先于自己企业的技术做出详尽的分析，使自己的产品始终保持技术领先地位。在 20 世纪 80 年代，日本照相机企业间的竞争给人们留下深刻印象，当时两家著名公司分别推出一种时间自动和一种光圈自动的照相机，由于各具优点，双方都很快吸取了对方照相机的特点，进而都推出了同时具备两种自动功能的照相机，以及全自动的照相机。当时已经知道多家企业都在研究自动测距技术，都想以新技术压倒对方。而到今天，自动测距的照相机已成为人们熟悉的性能，竞争又在数码方面展开，其清晰度快速提高，价格快速下降，胶卷照相机市场日见萎缩，数码相机已统领天下。

（5）技术发展的推动。新技术、新材料、新工艺对市场上原有产品具有很大的冲击。例如，电视机行业中的数字电视、薄型和超薄型等离子电视两大新技术已经在替代传统的模拟电视。如果企业盲目在老技术水平上再扩大生产，必将在市场竞争中处于被动地位。我国机床行业正因为在数控技术应用上落后于国外，所以导致今天中国机床行业处于困境。

（6）社会的需求。市场是社会的组成部分，很多政治、军事和社会学问题都通过市场对产品提出需求。日本开发的经济型轿车，起初并不引人注意，但到石油危机爆发时，这类轿车成为全世界用户的抢手货，使日本汽车工业产量一跃而成为世界第一。目前，环境保护问题已成为全世界共同关注的问题，很多会给环境造成污染的产品的发展受到限制，而像电动汽车、无氟冰箱、静音空调等绿色新产品则被不断设计开发出来。

为掌握市场形势和动态，必须进行市场调查和预测，除对现有产品征求用户反映外，还应通过调查和预测为新产品开发提供决策依据。上述几方面是市场调查的主要内容，它们在市场调查中是相互联系、不可分割、同时进行的。

6.2.2 需求设计

需求设计是指新产品开发的整个生命周期内，从分析用户需求到以详细技术说明书的形式来描述满足用户需求产品的过程，即根据系统的用途及主要需求来确定系统的性能参数或技术指标。因此，需求设计是连接市场和企业的桥梁。

机电一体化的主要技术指标是能够基本反映该系统的概貌与特征的一些项目。因此技术指标既是设计的基本依据，又是检验成品质量的基本依据。机电一体化产品的基本性能指标主要是指实现运动的自由度数、轨迹、行程、速度、动力、稳定性和自动化程度。其主要包括以下方面：

（1）运动参数。表征机器工作部件的运动轨迹、行程、速度和加速度、方向和起点、止点位置正确性的指标。

（2）动力参数。表征机器为完成工艺动作应输出的动力大小的指标，如力、力矩和功率等。

（3）品质参数。表征运动参数和动力参数品质的指标，如运动轨迹和行程的精度（如重复定位精度），运动行程和方向可变性，运动速度的高低与稳定性，力和力矩的可调性或恒定性，灵敏度和可靠性等。

（4）结构参数。表征机器空间几何尺寸、结构、外观造型。

（5）界面参数。表征机器的人机对话方式和功能。

（6）环境参数。表征机器工作的环境，如温度、湿度、输入电源等。

由于机电一体化系统所代表的设备与产品广泛分布在各个领域，所以不同系统的主要性能参数或技术指标的内容将会有很大的差异。

6.3 机电一体化系统的概念设计

在整个系统设计过程中，概念设计属于前期工作，目的是推出产品的设计方案。但是概念设计并不仅仅包括方案设计，还包含着设计者对于所进行的设计任务的具体理解，是设计者灵感的直接表达，也是设计者设计理念的体现，设计者的设计经验以及具备的智慧可以通过概念设计来展现。所以在概念设计的过程中，前期是设计者展示自己形象思维的阶段，而后期主要体现的是对产品进行的构思、设计结构的形成、工作原理的确定、设计方案的完成等，这种设计与传统的方案设计是基本相同的。

概念设计由于涉及内容广泛，所以可实现更大范围内的创新和发明。例如，很多汽车展览会展示出概念车，它就是用样车的形式体现设计者的设计理念和设计思想、展示汽车设计的方案。又如，一座闻名于世的建筑，它的建筑效果图就体现出建筑师的设计理念，属于概念设计的范畴。

以上分析可见，概念设计包容了方案设计的内容，但是比方案设计更加广泛、深入。同时，应看到概念设计的核心是创新设计，概念设计是广泛意义上的创新设计。

6.3.1 概念设计的内涵和特征

Palh 和 Beitz 在 1984 年出版的专著《Engineering Design（工程设计）》中，将概念设计表述如下：“在确定任务之后，通过抽象化，拟定功能结构，寻求适当的作用原理及其组合等，确定出基本求解途径，得出求解方案，这一部分设计工作叫作概念设计。”

6.3.1.1 概念产品

基于市场化的、面向企业的概念产品是产品总体特征、性能、结构、尺寸形状的描述和实现，包括产品的功能信息、原理信息、简单的装配结构、简单的零部件形状信息、基本的可制造与可装配信息、市场竞争力与成本信息、可服务与维修信息，但不要求有详细精确的尺寸、形状、制造和装配信息，可通过功能性、原理可行性或进行动态仿真等手段验证其主要性能特征。

因为不是大批量生产的商品车，所以每一辆概念车都可以更多地摆脱生产制造水平方面的束缚，尽情地甚至夸张地展示自己的独特魅力。

概念产品是用以评估、验证产品对目标市场的适应性和符合产品需求说明书的满意度，也是用以制定、实施产品后续开发过程即生产、营销、服务等计划的技术基础。

6.3.1.2 概念设计的内涵

在提出概念设计几十年以来，人们对概念设计的研究日益深入，使概念设计的内涵更加广泛和深刻。这主要体现在以下几方面：

（1）设计师将自己的经验、智慧融入到新产品的设计理念之中，展现出创新的灵感和思路，形成新的设计哲理，将概念设计的创新性表现得更加明显。

（2）有了更广泛的设计内容，在产品生命的各个不同周期及阶段都应做好以下工作：分析市场对产品的不同需求，分析产品的具体功能，确定产品的功能以及工作原理，选择产品的功能载体，确定方案的组成部门。所以说，在概念设计中，概念产品是最终的结果和目标，概念产品的设计是否成功关键在于概念设计的过程是否顺利。

（3）将新的设计方法引入到产品设计中来，筛选出最佳方案，在整个设计过程中始终保持创新性。

综上所述，概念设计是一个创新性的设计阶段，这个阶段集合了设计者的创作灵感和自身的智慧，会运用到各种先进的设计方法，结合其他数据库中被广泛应用的设计资料，同时还将其他多门学科的相关知识综合运用起来。

6.3.1.3　概念设计的基本特征

概念设计具有创新性、多样性、层次性的基本特征。

（1）创新性。概念设计中需要有一种灵魂存在，那就是创新，只有始终坚持创新精神，才能设计出具有良好性能，功能新颖、物美价廉的机电一体化产品，也才能在激烈的市场竞争中赢得一席之地。构思和创新各种产品的概念是产品创新的核心所在。在产品创新的过程中，概念发展阶段以及产品设计阶段，往往会对整个过程产生决定性的作用，在产品概念的整个设计过程当中，主要的设计内容以及工作任务是对市场进行分析，最终生产出概念产品。概念设计阶段的创新体现在采用新的物理原理，使主功能发生根本性的变化，开发新产品，如激光加工机床、微波炉等；采用创新思维和技术成果，新思路、新构思通常与新技术、新能源、新材料、新工艺等有密切联系，如石英电子钟表是石英晶体振荡器控制的电磁摆来代替机械游丝摆制成的，采用碳纤维增强的复合材料可以做成自行车的车架和工业机器人的手臂等。

（2）多样性。这种多样性主要体现在两个方面：一是设计步骤的多样化；二是设计结果的多样化。对产品功能的不同定义，对产品功能的不同分解方式，对工作原理的不同运用，会导致设计方法和思路截然不同，也会产生完全不同的解决方案。比如石英表和机械式表同样都是手表，但是石英表的生产原理是石英振荡原理，而机械表的生产原理是机械传动原理，使用不同的原理会生产出截然不同的手表。

（3）层次性。概念设计具有层次性，主要通过两个方面来体现：一是概念设计分别对载体结构层和功能层产生作用，而功能层就会向着结构层产生映射反应；二是在结构层和功能层中也有着内部的层次关系。比如功能由一个层次推进到下一个层次，这就是功能分解，代步是“自行车”的主要功能，自行车属于结构，而控制行驶方向是自行车的一个子功能，通过“车把”可以实现这个功能。

6.3.2 概念设计的过程

产品概念设计将决定性地影响产品创新过程中后续的产品详细设计、产品生产开发、产品市场开发以及企业经营战略目标的实现。因此，在机电一体化系统设计过程中，概念设计是整个设计的关键，不同的工作原理构思直接导致设计方案迥异。例如，在烹饪食物时利用微波进入物质内部，引起物质内部分子激烈运动，互相摩擦而发热的原理设计出了微波炉，而利用电磁波引起铁磁性锅体产生涡流而发热的原理设计出电磁炉，而传统的燃气灶是利用明火进行加热。好的原理构思通常是机电产品创新设计思想的主要来源，可影响到产品的结构、性能、工艺和成本，关系到产品的技术水平及竞争能力。

概念设计是按以下进程来实施的：一是根据设计任务确定系统的总体性功能，掌握设计要求的本质，进一步拓展设计思路，利用多种办法来解决遇到的问题；二是将总体性功能不断分解成为若干子功能，直到不能再进行分解，逐步形成一个功能树的状态；三是求解子功能，再将不同的原理解加以组合，设计出多个原理解的方案，然后针对多个方案开展评价，选出一个最优方案，以此形成概念产品。

6.3.2.1 产品的功能设计

功能是指产品的效能、用途和作用，对具体产品来说，人们购置和使用的是产品功能。例如，运输工具的功能是运物载客；电动机的功能是将电能转换为机械能；减速器的功能是传递转矩、变换转速；机床的功能是把坯料变成零件等。

功能分析是概念设计的出发点，是产品设计的第一道工序。产品的结构如同人体结构，人有头部、腹部、四肢等解剖结构件，机器有齿轮、轴、连杆、螺钉、机架等组合结构件；人有消化、呼吸、血液循环等功能件，机器有动力、传动、执行、控制等功能件。机电一体化产品的常规设计是从结构件开始的，而功能分析是将对产品结构的思考转为对它的功能思考，从而做到不受现有结构的束缚，以便形成新的设计构思，提出创造性方案。

产品的功能设计主要步骤如下：首先确定需求抽象得出总功能，再进行功能分解，最后建立功能结构图和确定功能结构。

6.3.2.1.1 设计任务抽象化——确定总功能

在设计任务书中，列出了许多要求，在设计任务抽象过程中，要确定出产品的总功能，抓住本质，突出重点。淘汰次要条件，将定量参数改为定性描述，对主要部分进行充分扩展，只描述任务，不涉及具体解决办法。例如，采煤机抽象为物料分离和移位的设备；载重汽车抽象为长距离运输物料的工具；洗碗机抽象为除去餐具上污垢的装置。

通过问题抽象化获得的功能定义能扩大解的范围，放开视野，寻求更为理想的设计方案。例如，砸开核桃壳取出核桃仁的功能描述，若用“砸”则已暗示了解法，而较抽象的表达才可能得到思路更开阔的解答。

工程设计中常用的抽象方法是黑箱法。求解所设计系统的总功能时，将待求系统看作黑箱，分析和比较系统的输入和输出的物料流、能量流、信息流的差别和关系，从而反映出系统的总功能，然后探求系统的机理和结构，逐步使黑箱透亮，直到拟订方案。

能量流在机电一体化系统中存在于能量变换与传递的整个过程中，是系统所需要的能量形态变化和动力，并用以完成特定的工作，实现特定的动作。能量有多种类型，比如电能量、化学能量、生物能量、太阳能、热能、机械能量、核能量、电能量等。

物料流是工作的对象，也是一种载体，主要用来帮助机电一体化系统完成既定的工作。物料具有三种存在形式，一是固体形式；二是液体形式；三是气体形式。

信息流能够保证机电一体化系统有效、有序地开展工作。信息流有着很多种类，比如图形信号、数据信号、控制信号、波形信号以及测量值、指示值等。

每台机器都需要通过信息流、能量流以及物料流来体现自身的主要特征，要想成功设计出一台新机器，就要先对信息流、物料流和能量流进行认真剖析和缜密构思，这样才能成功设计出新机器的生产制造方案。

下面以 CNC 齿轮测量中心的设计为例，阐述产品的功能设计。CNC 齿轮测量中心是由计算机控制的一种多功能、全自动、智能化的测量仪器，可以对齿轮、复杂刀具、蜗轮、蜗杆、凸轮轴等工件的大多数精度指标进行检测。它集先进的计算机技术、微电子技术、精密机械制造技术、高精度仿真技术、信息处理技术和精密测量理论与技术于一体，代表了齿轮测量技术的先进水平。

6.3.2.1.2　*总功能的分解*

产品的各组成部分客运相互之间形成协调与合作的关系，共同实现产品的整体功能。因此可以将总体功能分解成为不同层级的子功能，子功能按照不同的功能进行结合，形成不同的功能结构。通过这种协作关系，可以将子功能、功能元同总功能间的具体关系充分展现出来。常用的设计策略如下：

（1）尽量减少机械传动部件的数量，让机械结构变得更加简单，体积更小，系统动态响应性能更强，系统运动的精度更高。

（2）尽量选择能被通用的、标准化的功能性模块，减少不必要的重复性设计，令系统的可靠性进一步提升，开发的进度进一步加快。

件的功能实现软件化，以最简单的方式进行组合，让系统的智

步提升。

）设计策略中将计算机系统的开发运用作为核心。

在进行设计的过程中，应将总功能进行分解，形成若干比较简单的子功能，并且寻找到每一个子功能的原理方案。如遇到复杂的子功能时，应对其进行进一步分解，形成层次更低的子功能，基本的功能单元被分解到最后，就成为了功能元。上一级的功能元因此就成了下一级功能元的目的功能，而下一级的功能元则是上一级功能元的手段功能。处于同一层次的功能元客运相互组合在一起，应能满足上一层功能的要求，最终合成的整体功能应当符合系统的总体要求。

6.3.2.1.3　确定功能结构

在进行功能分解的过程中，处于同一个层级的子功能结合在一起后，应当可以满足上一层级的子功能的要求，最后组合起来应满足系统总功能的要求，系统功能的分解关系以及组合关系统称为功能结构。以下三种结构形式就组成了基本的功能结构图：一是串联结构，也叫链状结构；二是并联结构，也叫平行结构；三是环形结构，也叫反馈连接。

（1）串联结构，又称顺序结构，反映了分功能之间的因果关系或时间、空间顺序关系，如台虎钳的施力与夹紧两个分功能就是串联关系。

（2）并联结构，又称选择结构，几个分功能作为手段共同达成一个目的，或同时完成某些分功能后才能继续执行下一个分功能，则这几个分功能处于并联关系。

（3）环形结构，又称循环结构，输出反馈为输入的结构，按逻辑条件分析满足一定条件而循环进行。

6.3.2.2　产品的原理方案设计

产品的原理方案设计就是子功能求解，寻找实现子功能的基本原理。如果对每个子功能都找出了相应的物理效应和确定了功能载体，就可组成具体的设计方案。

首先要做的就是辨明以下三者之间的关系，即机电一体化系统的总体功能、功能元以及子功能，然后再考虑采取怎样的方式让这些功能一一得以实现，也就是要对功能元或子功能进行求解。即便是同一种物理效应，也可以实现不同的功能，比如通过使用杠杆效应，既可以实现缩小、放大的功能，又可以实现转换方向的功能。同理，同一项功能也能够通过多种不同的物理效应加以实现。因此在寻求物理性效应之时，应当提出更多的物理效应，来满足子功能的要求，同时要结合不同学科的知识，拓展思维方式，寻找出更加实用的科学原理和更显著的物理效应，更准确地寻找功能的载体，这令思路更加开阔，令评价决策更加科学合理，也才能得出更优的设计方案。

如表6-1所示，洗衣机的主功能是清洁衣物，因去污功能基本原理的求解途径不同而设计出不同类型的洗衣机，如根据洗衣桶与衣物之间的相对运动产生洗涤作用的原理设计的各种机械式的洗衣机（如波轮式、滚动式和搅拌式洗衣机）；气泡型洗衣机是利用气泡泵向装有衣物、洗涤剂和水的洗衣桶内注入大量微细气泡，气泡上升破裂产生振荡使洗衣桶内的衣物纤维振动从而产生洗涤作用；利用臭氧的氧化作用使衣物污垢脱落并起到杀菌作用设计出臭氧式洗衣机。

表6-1　不同去污原理设计出的洗衣机

洗衣桶与衣物之间的相对运动，产生洗涤作用	机械式的洗衣机 （如波轮式、滚动式和搅拌式洗衣机）
气泡上升破裂产生振荡，使洗衣桶内的衣物纤维振动，从而产生洗涤作用	气泡型洗衣机
臭氧的氧化作用，使衣物污垢脱落并起到杀菌作用	臭氧式洗衣机

6.3.2.3　设计方案的评价与筛选

产品的概念设计过程是一个推理的过程，也是对很多问题进行求解的过程，具有不确定性，而且需要创造性的设计内容进行支撑。这其中有一个非常关键的环节，即对概念产品的方案进行评价。因为系统原理解的结合可以获得的初步设计方案多达几十种，要对这些大量的设计方案进行评价并筛选，最后选出最佳的设计方案。

最终的方案一经选定，那就要开始将方案原理图、零部件草图、总体布局草图一一绘出，以确定产品重量、生产成本、材料种类、产品的空间占用量，制造工艺等上述内容的数据作为依据，并运用强度、动力学原理、运动学原理展开计算，便于直接反映出设计方案中的具体工作特性。同时要开展原理性试验，将一些重要的设计参数确定下来，对设计原理的可行性做进一步的验证。在设计一些比较复杂的大型设备时，可以先将设备的模型制作出来，以便收集更全面、更准确的数据资料。对初步选定的方案还需进一加以充实和完善，然后从技术以及经济的角度做出准确的评估，最终做出选定方案的决策。

6.4　机电一体化系统的详细设计

详细设计主要是对系统总体方案采取具体实施步骤的设计，其主要依据是总体方案框架。从技术上将其细节逐步展开，直至完成试制产品样机所需的全部技

电一体化产品的详细设计主要包括以下内容：机械系统设计、
计、伺服驱动系统设计、接口设计和计算机控制系统的设计等。

6.5 机电一体化系统的评价与决策

6.5.1 系统的评价

所谓评价，一般是指按照明确目标测定对象的属性，并把它变成主观效用（满足主体要求的程度）的行为，即明确价值的过程。在这个过程中，我们要对评价的事物与一定的对象进行比较，从而确定该事物的价值。

6.5.1.1 系统评价的目的与任务

系统的评价需要根据既定的系统设计目的，进行认真的调查和研究，采取科学的方法和合理的程序，来对系统的技术价值、经济价值以及综合价值做出判定，从备选方案中做出合理的选择，保证所选的方案在技术上较为先进，在经济上较为合理，在建设上具体可行。所以进行方案评价的最终目的是为科学的决策提供可靠的依据。

在方案设计阶段，进行系统评价主要是对该方案在各方面能产生的后果及其影响进行评价，以便提供决策所需的定性及定量的信息资料。

在系统的运行阶段，进行系统评价主要是对系统现状进行分析和评价，以便弄清问题，对现状做到心中有数，以便有效地改进工作，及时调整方向，抓住机会，做出合理的决策。

在系统方案完成以后，进行系统评价主要是定量地掌握系统已经实现的目标以及与预定目标的差距，为下一步决策或其他系统的开发设计工作提供信息。

系统的评价是否科学合理，决定着决策是否正确有效，要想取得良好的效益，就要做出成功的决策，要想做出成功的决策，就需要做出正确的评价。一旦评价失误，就会直接引发决策失败。

（1）技术评价。系统的开发、设计及运行的根本目的是实现特定的功能，以便为人们提供物质和精神的财富，或是带来生活的便利。技术评价就是评定该系统方案是否实现预定目标。系统结构的合理性、先进性、适用性、属性的完善性等，都属于技术评价。

（2）经济评价，即对系统设计方案进行经济效益的评价。比如对产品的性能以及价格进行分析，对投入与产出比进行分析，对产品的生产成本进行分析，对资金占用量进行分析，对设计方案的可行性进行分析等。

（3）综合评价。综合评价主要是对机电一体化系统的目的、性能以及功能结构展开的评价。进一步提高所生产产品的附加值是机电一体化的最终目的，可以将产品结构的质量、产品的性能等指标作为依据进行衡量。在设计机电一体化的具体方案时，会通过各种不同的设计方案来实现产品的不同功能、不同规格、不同性能指标。所以需要综合性地评价方案所具有的价值，以便筛选出最优的设计方案，供决策者做出决策。

6.5.1.2　系统评价的原则、方法和步骤

6.5.1.2.1　系统评价的原则

（1）客观性原则。客观性一方面是指参加评价的人员应站在客观立场，实事求是地进行资料收集、方法选择及对其评价结果做客观解释，另一方面是指评价资料应当真实可靠和正确。

（2）可比性原则。指被评价的方案之间在基本功能、基本属性及强度上要有可比性。例如，将一台洗衣机和一台电视机放在一起进行对比评价，就很难指出两者之间的优劣，而一台石英电暖器和一台充油式电暖器之间就较容易从技术指标、经济性及适用性等方面进行比较，做出合理的评价。

（3）合理性原则。指所选择的评价指标应当正确反映预定的评价目的，要符合逻辑、有科学依据。

（4）整体性原则。指评价指标应当相互关联、相互补充，形成一个有机整体，能从多侧面综合反映评价方案。如果片面强调某一方面的指标，就可能歪曲系统的真实情况，诱导决策者做出错误的决策。

6.5.1.2.2　系统评价的常用方法

价值是评价者根据评价目的及自身的观点、环境等前提条件对评价对象是否满足某种需要而做出的定量或定性的估量。然而有些价值量可以使用绝对尺度进行度量，如成本、利润等经济指标，很多价值量只具有相对性，如技术先进性等，因此在技术评价时，往往采用定性分析和定量计算相结合的方法。常见的方法有德尔菲法（专家评价法）、评分法、层次分析法及模糊综合评价方法等。常常采用多种方法对同一系统方案进行评价，以便更客观、更合理地反映被评价系统。

6.5.1.2.3　系统评价的步骤

（1）明确系统评价的目的。尽管系统评价的总目的都是更好地向决策者提供尽可能合理的综合性的有用信息，但是对于具体的系统而言，其评价的目的仍然有所不同，因而评价的要求及侧重点也有所差异。一般来讲，系统评价主要有以下几个目的：一是找出系统的主要问题，促使系统更优；二是对参与评价的若干

行综合评价，提供优先度信息，以便决策者作出决策；三是当后，为使决策者能被有关单位及人员理解、支持和执行，通过系提供系统的利弊得失等重要资料，以便陈述事实、协调行动；四是为了总结经验，积累资料，以便以后开发设计出更优的系统。

（2）分析系统、熟悉系统。要详细了解系统的基本功能、基本属性及与环境的协调程度。参与评价的各系统在定性分析了解的基础上，应详尽收集该系统的有关资料数据，对系统现状做到心中有数，并对未来做出尽可能准确的预测。

（3）建立评价指标体系。在对系统有了较为深入全面的了解之后，应根据系统特点及评价目的选择若干评价指标。评价指标应对系统评价目的各个主要方面都有所反映。当评价系统比较复杂、评价指标数量较多时，评价指标体系应当具有层状结构，以便清楚地体现评价指标与评价目的之间、评价指标与评价指标之间的相互关系，以利于评价指标的权重计算。

（4）确定评价尺度。对于直接与被评价系统相关联的评价指标，应当确定评价尺度，将被评价系统的某种属性划分为若干个（通常为9级或5级）状态并给定每种状态的分值及内涵的说明。

（5）确定评价方法。应根据系统特点、评价目的及资料的完备程度选用适当的评价方法，通常应当定性与定量相结合，既有数据，又有文字甚至图形说明。

（6）计算评价值。对所采用方案进行逐项评价，得出各单项评价指标值。

（7）综合评价。综合评价有两个方面的含义，一方面，应综合各个评价指标的价值量及权重，计算评价方案的综合价值量；另一方面，应采用多种评价方法对评价系统进行全面的综合评价，分析各种评价方法的优缺点，对评价结果作综合比较说明，以供决策者做出科学合理的决策。

6.5.2　系统的决策

6.5.2.1　系统决策的概念

决策是指为了实现某个特定目标，在占有一定信息和经验的基础上，根据客观条件与环境的可能性，借助于一定的科学方法，从各种可供选择的方案中，选出作为实现特定目标的最佳方案的活动。早期的决策活动主要借助于决策者个人的才智和经验。随着运筹学、系统理论、信息理论、控制论的相继问世，以及计算机广泛运用于人类的决策活动，为决策从经验到科学提供了现代的理论、方法和手段，使得决策由定性分析进入到定量化阶段。决策活动一般具有以下特点：

（1）具有无法控制的自然状态，如竞争对象所采取的策略、市场需求、施工中的晴天或雨天等均属于无法控制的各种状态。

（2）应尽量回避毫无选择余地的所谓“选择”，否则无法获得最佳方案。

（3）没有目标就无从决策，不追求优化决策也就毫无意义。

（4）任何决策最后都要付诸实施，不准备实施的决策也就失去决策的意义。

6.5.2.2　系统决策的过程

决策的过程随情况不同而异，但一般遵循如下步骤：发现问题、确定目标、找出各种选择的方案、对每个方案进行评估、选择其中最佳方案、执行。

（1）发现问题。发现问题、提出问题是系统分析的起点，也是决策的起点，并作为决策的前提和确定目标的依据。

（2）确定目标。目标是根据需要与可能来确定期望达到的结果，因此树立的目标必须切合实际，即经过努力可以争取实现。

（3）制订方案。根据目标，依据主客观条件，设计出可供决策者选择的可实现目标的各种方案。设计方案须遵循可行性、客观性、详尽性三条原则。

（4）评价与决策。通常最终选出一个最佳方案。

一般会选择代价最低、时间最短，可获得最佳效果的方案。但有时也会在权衡各种因素后选择风险性较小的方案。

（5）反馈。当实际实施的结果与目标给定值之间产生偏差，就需要及时将这方面的信息输送到决策系统，以便对原方案进行修正。

思考题与习题

6-1 简述机电一体化系统设计流程。

6-2 开发性设计、适应性设计、变型设计有何异同？

6-3 何谓概念设计？简述其具体设计步骤。

6-4 如何进行设计任务抽象化？其作用是什么？

6-5 总功能为什么要分解？应如何进行分解？

6-6 简述功能、行为、结构三者的关系。

6-7 为什么要进行系统的评价和决策？分别简述其步骤。

参考文献

[1] 隋丽娟．机械电子工程与人工智能的关系探究［J］．科技风，2018（31）：92.

[2] 隋丽娟．探析机械电子工程行业现状分析及未来发展趋势［J］．科技风，2018（27）：154.

[3] 扬百坪．机械电子工程融合计算机发展研究［J］．电脑迷，2018（08）：126.

[4] 郭晓萌．人工智能技术在机械电子工程领域的应用探讨［J］．内燃机与配件，2018（19）：218-219.

[5] 胡锴．机电一体化系统建模技术与仿真软件的研究与分析［J］．电子技术与软件工程，2018（14）：53.

[6] 何祚勇，赵元航，王良礼，等．机电一体化在工程机械中的技术应用分析［J］．南方农机，2018（19）：170.

[7] 张建国，吴新佳．机电一体化技术的应用及发展趋势探究［J］．南方农机，2018，49（18）：117-118.

[8] 朱振涛．机电一体化在机械控制系统中的应用［J］．内燃机与配件，2018（18）：199-200.

[9] 雷鸣宇．机电一体化技术的现状及发展趋势［J］．中国战略新兴产业，2018（40）：28.

[10] 李晓娜．传统机械加工机床机电一体化改造探析［J］．中国设备工程，2018（17）：46-47.

[11] 郭宇超．机电一体化系统建模技术与仿真软件的研究与分析［J］．科技经济导刊，2017（23）:18.

[12] 叶福气．浅谈机电一体化中的接口问题［J］．河南建材，2016（02）：134-135.

[13] 侯辉．机电接口技术的内涵与机电一体化发展［J］．科技与企业，2015（16）：172.

[14] 潘浩彬．机电接口技术的内涵与机电一体化发展［J］．科技创新与应用，2014（24）：89.

[15] 金丽敏，乔玉坛．机电一体化中接口技术的分析应用［J］．科技传播，2012，4（19）：144+161.

[16] 邓利专．机电一体化中接口技术的研究［J］．价值工程，2010，29（14）:44.

[17] 陈荷娟．机电一体化系统设计［M］．北京：北京理工大学出版社，2008.

[18] 张建民．机电一体化系统设计［M］．第 3 版．北京：高等教育出版社，2008.

[19] 高安邦．机电一体化系统设计实例精解［M］．北京：机械工业出版社，2008.

[20] 程玉华．西门子 S7—200 工程应用实例分析［M］．北京：电子工业出版社，2008.